AI 大模型赋能系列

AI提示工程

基础·应用·实例

万 欣 角志浩 徐 栋 编著

电子工业出版社

Publishing House of Electronics Industry

北京·BEIJING

内 容 简 介

本书旨在探讨 AI 提示工程(通常简称提示工程或 Prompt 工程)在各领域的应用。大语言模型是人工智能领域的重要成果,在自然语言处理和生成任务中发挥着重要的作用。读者通过深入了解和应用提示工程,能充分挖掘和利用大语言模型的潜力,提升效率、促进创新,并解决实际问题。本书涵盖人工智能发展历程,提示工程的概念和设计原则、策略和技巧、不同领域的典型应用,以及数据分析与挖掘领域的应用。本书旨在以通俗易懂的方式呈现复杂概念和技术,并通过案例和实践指导,帮助读者掌握和应用提示工程,以取得更好的成果。

本书适合从事 AI 提示工作的人员阅读,也可以作为各类学校相关课程的教材,还可以作为提示工程培训用书。

图书在版编目(CIP)数据

AI 提示工程:基础·应用·实例 / 万欣,角志浩,徐栋编著. —北京:电子工业出版社,2024.1
ISBN 978-7-121-47057-8

Ⅰ. ①A… Ⅱ. ①万… ②角… ③徐… Ⅲ. ①人工智能 Ⅳ. ①TP18

中国国家版本馆 CIP 数据核字(2024)第 006585 号

责任编辑:王二华
特约编辑:角志磐
印　　刷:三河市良远印务有限公司
装　　订:三河市良远印务有限公司
出版发行:电子工业出版社
　　　　　北京市海淀区万寿路 173 信箱　　邮编:100036
开　　本:720×1000　1/16　印张:16.5　字数:277.2 千字
版　　次:2024 年 1 月第 1 版
印　　次:2024 年 1 月第 1 次印刷
定　　价:79.00 元

凡所购买电子工业出版社图书有缺损问题,请向购买书店调换。若书店售缺,请与本社发行部联系,联系及邮购电话:(010)88254888,88258888。
质量投诉请发邮件至 zlts@phei.com.cn,盗版侵权举报请发邮件至 dbqq@phei.com.cn。
本书咨询联系方式:wangrh@phei.com.cn。

前　言

1．写作目的

提示工程（Prompt Engineering）是一门旨在开发和优化提示信息以有效地利用语言模型（LM）进行各种应用和主题研究的学科。提示信息是人类与大语言模型交互的一种方式，它可以帮助大语言模型理解人类的意图，并生成符合人类要求的输出。通过精心设计的提示信息，可以提高大语言模型的性能，使其生成更准确、更相关的输出，从而增强大语言模型的表达能力和应用效果。同时，提示信息可以拓展大语言模型的应用范围，使其能够适用于新的领域和任务，进一步发挥其潜力和价值。此外，通过研究提示信息的效果，我们可以更好地理解大语言模型的工作原理，并改进大语言模型的设计和性能。

学习提示工程对于不同角色的人群都具有重要的意义和价值。一般读者可以通过了解提示工程，更好地与大语言模型进行交互，并获得更符合自身需求的输出结果。学生利用提示工程，可以提高学习效率，通过有针对性的指导和引导，帮助学生更快速地理解概念、解决问题，优化学习过程，提升学业成绩和自信心。研究人员利用提示工程，可以获得研究方向的引导、实验设计的指导和结果分析的支持，从而提升研究效率，加速实验进展，提供更准确和有价值的研究成果。开发人员利用提示工程，可以进行代码的自动编写和补全、错误检测并给出建议，从而提高开发效率，减少潜在错误，并提供更高质量的代码编写体验。总而言之，提示工程是一门新兴的学科，具有重要的研究价值和应用价值。学习提示工程可以帮助我们更好地理解大语言模型，并利用大语言模型来解决实际问题。了解和学习提示工程可以拓宽读者视野,并为其职业发展提供机遇。

2．本书特色

本书的特色在于全面介绍了提示工程在不同领域的应用，并深入讨论了相关的策略和技巧，重点突出了提示工程在数据分析与挖掘等领域的应用。

①全面介绍提示工程：本书提供了提示工程概述。第 1 章提供了从人工智能的发展历程、机器学习与深度学习，到自然语言处理和大语言模型等基础知识；第 2 章提供了提示工程的概念、作用，以及提示信息的设计原则和框架，并探讨了提示工程在人工智能生成内容中的应用及提示信息的评估。以上内容为读者提供了一个全面的提示工程框架，并为后续章节的深入讨论奠定了基础。

②策略和技巧的深入讨论：本书的第 3 章详细介绍了提示工程的策略和技巧，包括提高提示信息量、提升一致性，以及结合其他能力、主动学习和强化反馈提示等。读者可以学习如何应用这些策略和技巧来优化提示工程的效果。

③典型领域的应用：本书的第 4 章探讨了提示工程在职场、大型创作、知识等典型领域的应用。特别是，以作者通过使用大语言模型进行辅助编写的教材《大数据分析与挖掘实验教程》为例，展示了大语言模型如何进行智能写作和创作辅助，读者可以了解如何拟定提纲、优化章节标题、处理内容中断问题等。第 4 章还介绍了如何利用提示工程创建原创数据实验和自动纠错，以提高书籍编写的效率和质量。

④重点突出数据分析与挖掘：本书在第 5 章和第 6 章详细介绍了提示工程在数据分析与挖掘中的应用，涵盖了数据收集的提示技巧、数据清洗技巧、数据探索技术、数据可视化技术及数据分析方法与模型。通过具体案例，读者可以学习如何利用提示工程进行基于市场数据的产品分析与决策（零代码）、销售数据分析与挖掘（SQL），以及房价分析（Python）。

本书旨在帮助读者全面了解、掌握和应用提示工程的核心概念、技术和方法；针对不同读者群体提供实用的指导和经验，帮助读者快速上手和应用提示工程。无论是学生、研究人员、开发人员、职场小白还是数据分析师，都能从本书中获得价值和启发。本书配有思政知识讲解视频，可扫下面二维码观看。

3．注意

为了真实呈现 AI 技术原貌，其生成内容存在的小瑕疵未作处理。

4．致谢

本书的出版融汇了许多人的辛勤劳动。全书由万欣策划、编写和统稿。角志浩和徐栋对本书的内容架构、案例分析给了许多宝贵意见，并对部分内容进行了修改、增加和编写；角志浩还对全书进行了精心的版面设计，以增加本书的易读性。本书的出版得到了武汉纺织大学管理学院领导和同事们的大力支持，在此一并表示感谢。作者特别感谢电子工业出版社的王二华老师对本书出版的大力支持。

限于作者的学识水平，书中难免存在不足和疏漏之处，敬请读者批评指正。

作者

目　　录

第1章

智领未来
——走近大语言模型

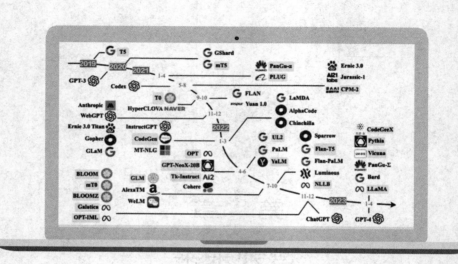

本章将带领读者进入智能科技的新纪元，探索大语言模型的世界。我们将追溯人工智能的发展历程，深入了解机器学习和深度学习的基本原理。随后，我们将重点关注自然语言处理领域，介绍大语言模型的概念及其在机器翻译和文本生成中的应用。最后，我们将引入大语言模型，重点介绍 Transformer 架构及 GPT、ChatGPT 模型。通过本章的学习，读者将全面了解大语言模型的原理和应用领域，为后续章节的深入探讨打下坚实基础。

1.1 人工智能的发展历程

> [AI] **什么是 iABCD 时代？请描述其主要特点。**
>
> [AI] iABCD 时代是指人工智能、区块链、云计算大数据和物联网五个方面的技术融合，是新一代信息技术的发展趋势。其中，人工智能是 iABCD 时代的核心技术之一，它可以通过学习和自我进化来提高自身的智能水平，从而实现更加智能化的应用。区块链技术则可以保证数据的安全性和不可篡改性，为数字经济的发展提供了保障。云计算技术可以大幅降低各种市场主体的数据化运营成本，方便云端平台提供各种服务。大数据技术则可以帮助企业更好地了解客户需求，提高客户满意度。物联网技术则可以实现设备之间的互联互通，为智能家居、智慧城市等领域提供了技术支持

[AI] 讯飞星火

我们正处于 iABCD 时代。这一时代不断推动科技创新，促进数字化转型，改变产业和社会，引入了智能化、去中心化、数据驱动和高度连接的新范式。它为我们带来了丰富的机遇和挑战。举例来说，特斯拉于 2014 年利用传感器和人工智能算法实现了自主驾驶，其 Autopilot 系统具备道路标志、车辆和行人识别、自动变道和泊车等功能，在汽车行业引起了广泛关注。2016 年，DeepMind 开发的人工智能程序 AlphaGo 通过深度强化学习在围棋比赛中击败了世界冠军李世石，展示了人工智能在复杂策略游戏中的强大能力。数字艺术领域也取得了突破，2022 年 8 月，在美国科罗拉多州举办的新兴数字艺术家竞赛中，一幅由人工智能生成的名为《太空歌剧院》的作品荣获数字艺术/数字修饰照片类别的一等奖。

> **AI** 请展示杰森·艾伦的绘画作品《太空歌剧院》。
>
> **AI** 很抱歉，我无法展示杰森·艾伦的绘画作品《太空歌剧院》。但是，我可以为您提供一些有关该作品创作过程的信息。
> 这幅作品是由 AI 技术创作的。
> 该作品获得了美国科罗拉多州新兴数字艺术家竞赛的数字艺术/数字修饰照片一等奖。
> 作者杰森·艾伦并非专业的画家，而是游戏设计师。
> 杰森·艾伦使用了一款名叫 Midjourney 的 AI 绘图工具来创作这幅作品。
> 杰森·艾伦通过一个类似"文字游戏"的过程，输入了题材、光线、场景、角度、氛围等有关画面效果的关键词，并进行了反复的调整和修改。
> 杰森·艾伦从 900 多幅 AI 生成的画面中，选出了三幅自己最满意的作品做进一步的渲染，最后还利用其他绘图软件手动修饰画面，最终完成了该作品。
> 以上信息仅供参考，如果需要更多关于《太空歌剧院》的信息，可以到相关网站查询或咨询专业人士。

AI 文心一言

2023 年 2 月，一位美国纽约的推销员 Brett Schickler，利用 ChatGPT 在短短数小时内创作了一本题为《聪明的小松鼠：储蓄和投资的故事》包含插图的儿童电子书，全书共 30 页。另外，人工智能还在其他诸多领域迅速渗透，广泛应用于医疗和健康、金融和保险、制造和物流、零售和电子商务、教育和培训、交通和城市管理、能源和环境、安全和军事、媒体和娱乐、农业和食品等领域。人工智能不断推动技术和产业的发展，为各行各业带来了丰富的机遇和挑战。

人工智能是当今世界最令人瞩目的技术之一，研究如何让机器拥有模拟、延伸和扩展人类智能的能力。20 世纪 50 年代，美国计算机科学家约翰·麦卡锡首次提出"人工智能"这个术语，并将其定义为"用计算机做出似人类完成的智能行为"。它涉及开发和应用各种算法和技术，使计算机能够感知环境、理解和解释信息、学习和适应、推理和决策，以及与人类进行交互和沟通。

人工智能的发展可以追溯到 20 世纪 50 年代，当时研究人员开始探索如何利用机器来模拟人类的思维和智能行为。初期的人工智能研究主要集中在符号逻辑推理和专家系统领域，通过编写规则和知识库的方式来实现人工智能。这一时期的研究基于符号主义方法和理性主义思想，主要关注逻辑智能，通过人工设计的算法来模拟人类的逻辑推理和问题解决能力，并且认为只要赋予机器逻辑推理能力，机器就能表现出智能。代表性的成果包括图灵测试、通用问题求解器、人工神经网络和专家系统等。

20 世纪 60 年代至 80 年代，早期采用符号逻辑推理方法的人工智能研究遇到了处理复杂问题的限制,这导致了人工智能领域的"第一次冬天"。直到 20 世纪 80 年代,机器学习的兴起为人工智能带来了新的突破。机器学习利用统计学方法使计算机能够从数据中自动学习模式和规律,从而实现任务的自动化。这一时期的研究主要基于符号主义和经验主义,认为要使机器具有智能,就必须设法让机器拥有知识,重点是计算智能。在 20 世纪 80 年代后期,知识库系统和贝叶斯网络等技术的进步使人工智能研究重新活跃起来。到了 20 世纪 90 年代后期,统计学习方法逐渐占据主导地位,其中代表性的成果是支持向量机(SVM)。

[AI] **为什么说支持向量机(SVM)对人工智能的发展具有里程碑式的意义?**

AI　支持向量机(SVM)对人工智能的发展具有里程碑式的意义,主要是因为它在以下几个方面做出了重要贡献:

解决小样本、非线性和高维问题:在传统的机器学习方法中,处理小样本、非线性和高维数据问题具有一定的挑战性。而 SVM 在这些方面表现出较强的性能,为解决这类问题提供了有力支持。

泛化能力:SVM 在训练集和测试集上的表现具有较高的一致性,具有良好的泛化能力。这使得 SVM 在面对新的未知数据时,具有更好的预测和分类能力。

核函数:SVM 提出了核函数的概念,使得原本难以处理的非线性问题可以通过核函数进行转换,从而实现线性化处理。这大大扩展了 SVM 的应用范围,包括处理高维数据和非线性问题。

可扩展性:SVM 可以很容易地扩展到多分类问题和多任务学习等领域,为解决复杂问题提供了强大的支持。

启发式方法:SVM 的算法思想具有一定的启发性,为其他机器学习方法和优化算法提供了新的思路。例如,SVM 的拉格朗日乘子法和 KKT 条件等优化算法已被广泛应用于其他领域。

综上所述,支持向量机(SVM)在解决传统机器学习方法难以应对的问题、提高泛化能力、扩展应用范围等方面做出了重要贡献,因此它对人工智能的发展具有里程碑式的意义。

[AI] 智谱清言

在 20 世纪 80 年代至 90 年代,人工智能领域面临了一系列挑战,导致其发展进入了一个低谷期,被称为"第二次冬天"。这一时期,知识获取面临困难,通过获取足够的知识来构建专家系统遇到了瓶颈。同时,计算机硬件的发展也限制了机器学习算法的进一步提升。早期的商业化失败导致了研究资金的流失,进一步加剧了困境。此外,统计学习方法逐渐取代传统的符号推理方法成为主流,在学术界引发了一些分歧,研究资金也因此减少,给人工智能领域的发展带来了挑战。这些因素共同促使人工智能的发展陷入低谷,遭遇了"第二次冬天"。

进入 21 世纪,机器学习方法凭借大数据积累和计算能力的提升逐渐取代了传统的符号主义，成为人工智能领域的主流。基于连接主义和经验主义思想的神经网络经过改进，发展出了深度学习技术，使得机器能够拥有类似人类大脑的学习能力。深度学习技术的推动引领了人工智能的新浪潮，"第二次冬天"的结束标志着人工智能进入了快速发展的黄金时期，人工智能产业得到了蓬勃的发展。

1.2 机器学习与深度学习

机器学习是人工智能领域的核心原理和技术之一。它通常被定义为"如果一个程序在执行某类任务（T）时，利用既有的经验（E）不断改善其在完成任务（T）时的性能（P），那么该程序被认为具备学习能力"。学习是基于经验和一系列任务的过程，并通过提高在这些任务上的表现来衡量。随着经验的积累，计算机在执行预先定义的任务中能够提高自身性能，从而被认为具备学习能力。

机器学习的本质是寻找函数的能力。它使用训练数据构建模型，并利用该模型对新数据进行预测和分类。机器学习的广泛应用与大数据密切相关，大数据是机器学习应用的最佳场景。

常见的机器学习算法包括有监督学习（如决策树、支持向量机、朴素贝叶斯、神经网络）、无监督学习（如聚类、降维）和强化学习等。机器学习的工作方式将特征表示和分析处理分离，因此它能够快速应用于各种领域（如图 1-1 所示）。

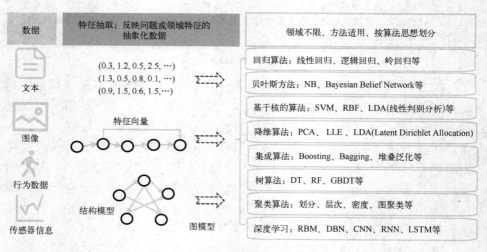

图 1-1

深度学习是机器学习领域的一个分支,其核心是基于多层次的神经网络模型进行信息处理和学习。通过大规模的数据和强大的计算资源进行训练,深度学习能够自动地提取和学习特征表示,从而实现更高级别的认知和智能功能。深度学习的本质在于构建具有多个隐层的机器学习模型,并利用海量的训练数据来学习更有用的特征,以提升分类或预测的准确性。

在深度学习中,常用的模型包括卷积神经网络(Convolutional Neural Networks,CNN)、循环神经网络(Recurrent Neural Networks,RNN)和变换器(Transformer)等。这些模型在计算机视觉、自然语言处理等领域已经取得了重大突破,为相关应用带来了显著的进展。

深度学习是一种特殊的机器学习方法,具有较高的性能和良好的灵活性。它通过使用由概念组成的层级结构来表示世界。深度学习与传统机器学习的主要区别如下。

①特征选取:在传统的机器学习算法中,通常需要由专家指定或基于先验知识确定特征,以适应不同的数据域和数据类型。而深度学习算法尝试从数据中自动学习高层次的特征表示,减少了对手动特征工程的需求。

②解决问题的方式:传统的机器学习算法通常将问题分解成多个子问题,并逐个解决,最后再将结果进行组合。而深度学习算法采用端到端的方式一次性地解决整个问题,直接从原始输入到最终输出,避免了中间步骤的人工设计和干预。

③可解释性:传统的机器学习算法的模型通常具有较好的可解释性,可以理解它是如何做出预测或分类的。相比之下,深度学习算法的模型的可解释性相对较低,由于其复杂的网络结构和大量参数,很难准确解释模型内部的决策过程。

总体而言,深度学习在特征选取和端到端问题求解方面具有显著优势,但在可解释性方面相对较弱,这使得它在处理复杂任务和大规模数据时较为出色。

人工智能成为研究和应用的热点,其主要原因可以归结为三个因素:大数据、算法和计算能力。首先,大数据提供了丰富的信息和样本,使得机器能够从中学习和提取有价值的知识。大规模的数据集为人工智能提供了更广阔的知识空间,有助于发现模式、规律和趋势,从而提升预测和决策的准确性。其次,算法的不断发展和改进为人工智能的应用提供了强有力的支持。研究人员和工程师们不断改进和创新各种算法,使得人工智能能够更好地处理和分析数据。新的算法和技术使得人工智能能够更好地理解复杂的数据结构、抽取关键特征，并实现更精确的预测、分类和决策。最后，随着计算机算力的提升，人工智能能够更快地处理复杂的计算任务，加速学习和推理过程。高性能的计算设备和并行处理技术使得人工智能算法能够高效地运行，以处理大规模数据和复杂模型，从而提高模型训练和推断的速度。这三个因素的综合作用，为人工智能的快速发展和广泛应用奠定了坚实的基础。大数据提供了丰富的学习资源，算法的进步使数据得以更好的利用，而计算能力的提升则提高了人工智能的处理能力，推动了人工智能在各个领域的广泛应用。

1.3　自然语言处理

自然语言处理（Natural Language Processing，NLP）是一门研究人类语言与计算机之间相互作用的学科。它涉及处理、理解、解析和生成自然语言文本或语音的开发方法和技术。自然语言处理的目标是使计算机能够理解、分析和生成人类语言，从而实现与人类之间更自然、高效的沟通和交流。该学科主要关注模拟人类的高级认知能力，如理解、推理和创造，需要具备抽象和推理能力，属于认知智能的范畴。自然语言处理可分为自然语言理解（Natural Language Understanding，NLU）和自然语言生成（Natural Language Generation，NLG）两个主要部分。

自然语言理解旨在让计算机能够理解和解释人类语言，包括语义分析、语法解析、命名实体识别等技术，以便从文本或语音中提取有意义的信息。这使得计算机能够处理理解用户意图、回答问题、进行情感分析等任务。自然语言生成则致力于让计算机能够生成自然流畅的人类语言，以回应用户的查询、产生摘要、生成对话等。它涉及从计算机内部的结构化数据或知识中生成自然语言文本的技术，使得计算机能够以易于理解和接受的方式与人类进行交流。通过对自然语言处理的研究和应用，我们可以为计算机赋予处理和理解人类语言的能力，从而促进更智能、更自然的人机交互和信息处理。

随着人工智能的演进，自然语言处理经历了多个阶段和范式的发展。首先是从 20 世纪 50 年代末到 60 年代的符号学派和随机学派的初创时期，这一阶段主要探索了基于规则和统计方法处理自然语言的方法。接着是 20 世纪 70 年代到 80 年代的理性主义时期，采用了基于逻辑、规则和随机方法的范式。这一时期的研究主要关注通过逻辑推理和规则系统来推断和处理自然语言。在从 20 世纪 90 年代到 21 世纪初的经验主义时期，基于机器学习和数据驱动的方法成为主流。研究人员开始利用大量的语言数据和机器学习算法来训练模型，使计算机可以从数据中学习语言模式和规律。自 2006 年以来，深度学习开始崭露头角，即深度学习时期。基于深度神经网络和向量表示的方法取得了重大突破，使得自然语言处理在诸多任务上取得了显著的进展。深度学习的模型结构和训练方法使得计算机能够更好地理解和生成自然语言。目前，我们正处于超大规模语言模型时期。大规模的预训练语言模型，如 GPT（生成式预训练转换器）系列、BERT（双向编码器表示器）等，通过对大量文本的学习，使得计算机能够更好地理解、生成和应用自然语言。这些模型在自然语言处理任务中取得了令人瞩目的成果，并推动了该领域的发展。

总体而言，自然语言处理经历了符号学派、随机学派的初创时期，基于逻辑规则、随机方法的范式理性主义时期，基于机器学习和数据驱动的经验主义时期，以及深度学习和超大规模语言模型时期。这些不同的阶段和方法为自然语言处理的进步奠定了基础，并推动了其在实践中的广泛应用。

1.3.1 大语言模型

大语言模型是自然语言处理中的重要概念之一，用于对语言的概率分布进行建模，以便生成新的文本或评估给定文本的合理性。大语言模型的基本原理是基于已观察到的文本数据,学习其中的规律和概率分布，从而能够对未知文本进行预测和生成。

首先，为了进行语言建模，计算机需要一种方法来表示语言符号，也就是语言表示。词向量（Word Embedding）是一种常用的表示方法，通过将一个词映射为一个固定长度的数字向量来捕捉其语义信息。例如，"猫"的词向量可以表示为[0.2, 0.5, 0.8,…]，而"狗"的词向量可以表示为[0.3, 0.1, 0.7,…]。词向量的设计使得相似词之间的向量距离较近，从而使大语言模型能够通过对词向量进行运算来捕捉词语之间的关系。其次，计算机需要利用这些词向量来建模语言的规则，以使机器能够真正理解语句的语法和语义，而不仅仅是单个词的含义。在这个过程中，大语言模型发挥着关键作用。大语言模型通过学习已有文本数据中的语言规律和概率分布，能够对给定的文本序列的合理性进行评估，并利用这些规律来生成新的文本。通过大语言模型的建模和应用，计算机能够更好地理解和处理自然语言，使得自然语言处理任务，如机器翻译、语音识别、文本生成等取得了显著的进展。大语言模型的发展也推动了自然语言处理领域的研究和应用的不断演进。

大语言模型实质是一个概率模型，它定义了在给定前面词语的条件下，后面词语出现的概率。比如，在句子"我喜欢吃苹果"中，模型可能学到在"我喜欢吃"后面出现"苹果"的概率很大（如图 1-2 所示）。

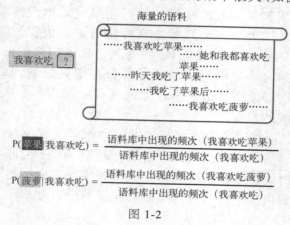

$$P(\text{苹果}|\text{我喜欢吃}) = \frac{\text{语料库中出现的频次（我喜欢吃苹果）}}{\text{语料库中出现的频次（我喜欢吃）}}$$

$$P(\text{菠萝}|\text{我喜欢吃}) = \frac{\text{语料库中出现的频次（我喜欢吃菠萝）}}{\text{语料库中出现的频次（我喜欢吃）}}$$

图 1-2

语义信息可以用 $1000 \sim 10000$ 次元的词向量表示，即使在只有 1000 个维度而且每个维度只能取 -1 或 1 两个值的情况下，也可以表示约 $2^{1000} \approx 10^{300}$ 个不同的词向量。相似词词向量之间数值距离较近（如图 1-3 所示）。

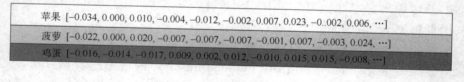

苹果 [−0.034, 0.000, 0.010, −0.004, −0.012, −0.002, 0.007, 0.023, −0..002, 0.006, ···]

菠萝 [−0.022, 0.000, 0.020, −0.007, −0.007, −0.007, −0.001, 0.007, −0.003, 0.024, ···]

鸡蛋 [−0.016, −0.014, −0.017, 0.009, 0.002, 0.012, −0.010, 0.015, 0.015, −0.008, ···]

图 1-3

统计语言模型是最早提出的大语言模型之一，它基于统计学原理，通过计算词语在给定上下文中出现的概率来建模语言。常见的统计语言模型包括 *n*-gram 模型，其中 *n* 表示模型中考虑的上下文的长度。*n*-gram 模型假设当前词出现的概率只与前 $n-1$ 个词相关，忽略了更长的上下文依赖关系。

> **AI** 什么是"马尔可夫假设"？
>
> **AI** 马尔可夫假设（Markov Assumption）是自然语言处理中的一种假设，用于描述语言模型中的状态转移关系。简单来说，马尔可夫假设是指下一个词的出现仅依赖于它前面的一个或几个词。这个假设是理解 HMM 的前提之一。
>
> **AI** 什么是 HMM？
>
> **AI** HMM 是隐马尔可夫模型（Hidden Markov Model）的缩写，是一种经典的机器学习序列模型，广泛用于语音识别、中文分词等序列标注领域。HMM 是一种无向图模型，其中含有一个可见的隐含层的马尔可夫模型（即状态转移概率矩阵），用以描述系统状态之间的转移关系，每个隐含层节点 i 在给定一隐藏层状态 $X=\{x1, x2, \cdots, xN\}$ 的条件下，可以转移到任意一层的状态 $Y=\{y1, y2, \cdots, yM\}$，条件概率 $P(Y|X)=\pi(yj|xi)$，其中 π 表示状态转移概率矩阵。

AI 讯飞星火

随着深度神经网络的不断发展，神经网络的语言模型展示出了比 *n*-gram 模型更强大的学习能力。神经网络的先进结构使其能够有效地建模长距离的上下文依赖关系。以词向量为代表的分布式表示语言模型对自然语言处理领域的其他模型和应用产生了深远的影响，几乎取代了传统的 *n*-gram 模型。类似于传统的 *n*-gram 模型，前馈神经网络语言模型也采用了马尔可夫假设，即下一个词只与前 *n*-1 个词相关。然而，在实际场景中，固定长度的历史词并不能始终提供充分的信息。对于信息较为复杂的长文本，大语言模型需要依赖更长的历史才能做出准确的预测。为了解决这个问题，循环神经网络被广泛应用于处理序列结构的数据。循环神经网络具有一个特点，即上一时刻的隐藏层状态会作为当前时刻模型的输入，每个时刻的隐藏层状态都会维持过去所有词的信息。循环神经网络语言模型不再基于马尔可夫假设，而是每个时刻的词都会考虑到过去所有时刻的词。词之间的依赖关系通过隐藏层状态来获取，从而能够捕捉到更长期的上下文信息。这正好解决了大语言模型需要动态依赖的问题（如图 1-4 所示）。

基于变换器（Transformer）架构的大语言模型，如 GPT（Generative Pre-trained Transformer），通过自注意力机制对文本中的各个位置进行建模，取得了显著的性能提升。通过在大规模数据上进行预训练，Transformer 能够构建一个庞大而全面的词共生关联网络图，其中包含了词与词之间的共生关联关系，这种关联关系也被称为注意力。相对于传统基于循环神经网络的序列模型，基于 Transformer 架构的大语言模型的设计使其能够处理更长的文本序列，并且能够以并行化的方式高效地训练模型。注意力机制解决了词与词之间的长距离依赖问题，使得大语言模型能够像人类一样准确地提取出生成下一个词所需的关键词汇，从而生成流畅且自然的文本。基于 Transformer 架构的大语言模型的关键创新在于通过计算每个词与句子中的所有其他词之间的相关度，确定该词在句子中更准确的语义表示。这种自注意力机制使得模型能够更好地理解全局上下文信息，而不仅仅局限于局部的上下文。

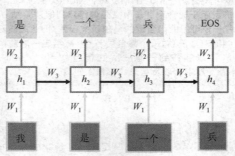

注：EOS 为 End of Sentence 的缩写，在自然语言处理中通常指句子结束的标识符。

图 1-4

AI　举一个例子，形象地说明什么是"注意力机制"。

AI　假设你正在阅读一篇英文文章，遇到一个不认识的单词"commerce"。此时，"commerce"对你来说是一个需要额外注意的"关键信息"。你的大脑会首先将"commerce"标记为重要信息，并分配给它更多的"注意力"。这意味着你会更容易记住这个单词，而不会被文章中其他你已经认识的单词分散注意力。

这个过程就是"注意力机制"在起作用。你的大脑会根据信息的重要性来自动分配注意力，以便更好地处理和记忆关键信息。

在深度学习中，"注意力机制"是一种同样的概念。它允许模型在处理信息时自动聚焦于最重要的部分，从而提高模型的性能和准确性。

例如，在自然语言翻译中，注意力机制可以帮助模型将输入语句中的每个单词都正确地翻译成目标语言，同时确保语句的整体意义得到准确传达。

形象地说，如果将输入句子视为一个"能量场"，每个单词都对应于该场中的一点，那么注意力机制就像是一个能够自动调节能量分布的"能量分配器"。它能够将更多的能量分配给重要的单词或短语，从而让模型更加关注这些关键信息。

AI　文心一言

基于 Transformer 架构的大语言模型在自然语言处理领域取得了重大突破。通过自注意力机制和对海量数据的预训练，Transformer 能够捕捉长距离的依赖关系，生成更准确和连贯的文本。这种模型架构设计的成功应用使得大语言模型能够更好地理解和生成自然语言，推动了自然语言处理领域的发展。

1.3.2 机器翻译与文本生成

机器翻译是自然语言处理中的一项关键任务，旨在将源语言文本自动翻译成目标语言文本。机器翻译的目标是实现不同语言之间的自动化翻译，以便实现跨语言交流和信息传递。机器翻译方法分为统计机器翻译（Statistical Machine Translation，SMT）和神经机器翻译（Neural Machine Translation，NMT）两大类。在此，我们着重介绍神经机器翻译。

神经机器翻译是近年来快速发展的机器翻译方法，它基于深度神经网络模型来实现翻译。神经机器翻译模型将源语言句子作为输入，通过编码器将其转换为一个连续的向量表示，然后通过解码器将向量表示转换为目标语言句子。编码器和解码器通常是基于循环神经网络或注意力机制（Attention Mechanism）的变体，它们能够学习源语言和目标语言之间的语义和句法关系。神经机器翻译模型通过端到端的训练方式，直接从平行语料中学习翻译模型的参数，避免了手工设计特征和翻译规则的复杂过程。

神经机器翻译的主要流程包括以下几个步骤，以将中文翻译成英文为例（如图 1-5 所示）。

①分词：将中文句子分割为单个词语单位。

②生成词向量：为每个中文词生成固定长度的数字向量，该数字向量记录了词的语义信息。

③编码：采用由一系列计算模块串联组成的编码器网络，分别处理每个词向量，并输出一系列中间状态向量。这个过程类似于解析句子的语法结构和词语顺序。

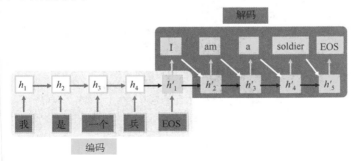

图 1-5

④解码：采用由多个计算模块构成的解码器网络，基于编码器输出的中间状态向量，生成英文句子的词向量。这个过程类似于重新组织词

序，并转化为目标语言的句式。

⑤生成翻译：将解码器网络生成的英文词向量转换为英文单词，并将它们拼接在一起，形成最终的翻译结果。

神经机器翻译通过将输入的句子转化为词向量表示，并利用编码器和解码器网络相互配合，实现了从源语言到目标语言的翻译过程。这种方法充分利用了神经网络的学习能力，能够在大规模的训练数据上进行端到端的训练，从而提高翻译的质量和准确性。

基于注意力机制的神经网络翻译，通过使用注意力机制自动识别句子中的重点单词，赋予它们更高的权重（如图 1-6 所示）。

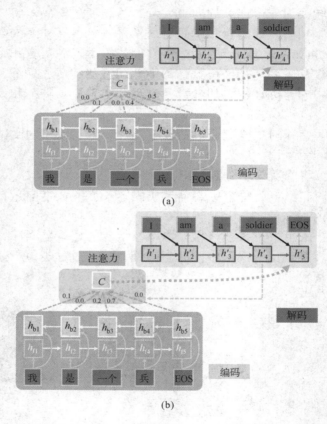

图 1-6

文本生成是自然语言处理中的另一个重要任务，是利用大语言模型生成新的文本内容的过程。通过对已有文本的学习，大语言模型可以预测下一个词或短语，并逐步生成连贯的文本（如图 1-7 所示）。基于大语言模型，可以通过给定一个初始文本或一个前缀，通过采样或搜索来生成后续的词语或句子。文本生成可以应用于多个任务，包括机器翻译、对话系统、文本摘要、文案创作等。在这些生成式任务中，大语言模型能够根据给定的上下文和任务要求，生成符合语法和语义规则的新文本，实现自动化的文本创作和生成。

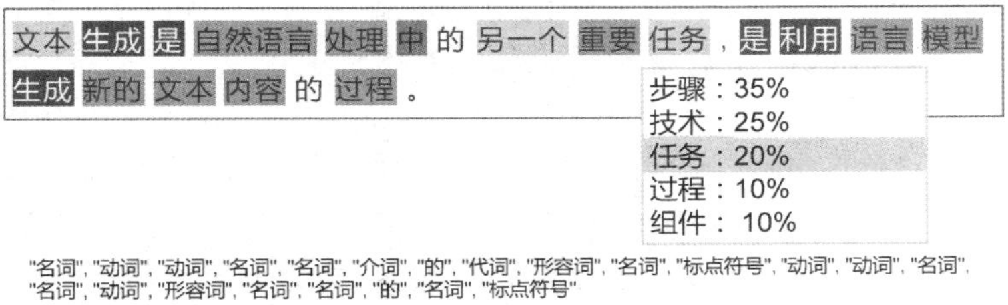

文本	生成	是	自然语言	处理	中	的	另一个	重要	任务	，	是	利用	语言	模型
生成	新的	文本	内容	的	过程	。								

步骤：35%
技术：25%
任务：20%
过程：10%
组件：10%

"名词","动词","动词","名词","名词","介词","的","代词","形容词","名词","标点符号","动词","动词","名词", "名词","动词","形容词","名词","名词","的","名词","标点符号"

图 1-7

1.4　大语言模型

大语言模型属于一类基于深度学习技术构建的模型，具备庞大的参数规模和强大的语言生成能力。它通过从大规模文本数据中学习语言的统计规律和语义表示，能够自动生成具有一定语法正确性和合理性的文本序列。大语言模型的主要特点如下：

①模型参数规模庞大，通常包含数百万至数十亿乃至更多的参数；

②具备更强的表达能力，能够更好地捕捉数据中的复杂模式和特征，从而提升模型的准确性和性能；

③具备高度的语言生成能力，能够生成连贯且有意义的文本；

④具备一定的语义理解能力，能够捕捉上下文信息并生成合理的语言表达；

⑤资源和计算开销更高，由于庞大的参数规模，其对计算资源和存储空间的需求也相应增加，因此在一定程度上增加了开发和应用的成本，以及技术挑战。

1.4.1　Transformer 与大语言模型

大语言模型的发展历程可以追溯到早期的基于 *n*-gram 模型和隐马尔可夫模型的语言建模方法。然而，这些传统方法在处理长文本和复杂语义关系时面临困难。随着深度学习技术的迅速发展，尤其是基于

Transformer 架构的大语言模型的提出，大语言模型在近年来取得了显著的进展。

基于 Transformer 架构的大语言模型是一种基于自注意力机制的深度学习模型，其核心思想是通过自注意力机制有效地建模输入序列中的上下文关系。自注意力机制允许模型对输入序列中的不同位置进行加权处理，从而捕捉到输入序列中的长距离依赖关系。通过堆叠多个自注意力层，基于 Transformer 架构的大语言模型能够在不同层次上学习和表示输入序列的语义信息。与传统的基于 n-gram 模型和隐马尔可夫模型相比，基于 Transformer 架构的大语言模型能够更好地处理长文本和复杂语义关系。基于 Transformer 架构的大语言模型的自注意力机制能够捕捉输入序列中的全局依赖关系，而不受距离限制。这使得大语言模型能够生成更加连贯、准确和富有创造性的文本。

在大语言模型的发展过程中，Transformer 架构扮演着关键角色，许多最先进的语言处理模型都是基于 Transformer 构建的。大语言模型的发展可以按照 GPT、T5 和 BERT 三个分支进行划分，这些分支代表了不同的模型架构和任务目标（如图 1-8 所示）。

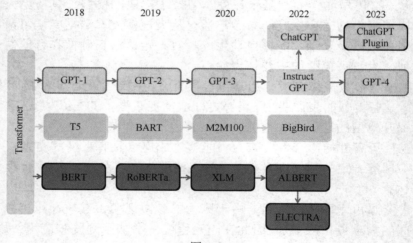

图 1-8

1. GPT（Generative Pre-trained Transformer）系列模型

GPT 系列模型的核心是生成式预训练，它们是通过无监督学习从大规模文本数据中学习的语言模型。GPT-1 采用 Transformer 架构，并使用自回归机制来生成文本；GPT-2 在 GPT-1 的基础上增加了模型规模和参数量，提升了生成能力和语言理解能力；GPT-3 进一步扩大了模型规模，引入了更多的参数和注意力头数，展现出更强的语言生成和理解能力。

InstructGPT 通过给定指令和示例，能够生成符合要求和上下文的详细文本解决方案；ChatGPT 类似于 InstructGPT，在 GPT-3 的基础上进行了优化，使其能够进行更加流畅的对话、问答和完成指定任务；相较于 ChatGPT，GPT-4 拥有更大的模型规模、更先进的网络架构，并具备处理常识和对话的更强能力。

2. T5(Text-to-Text Transfer Transformer)系列模型

T5 系列模型以文本转换为基础，通过将各种自然语言处理任务统一为文本转换问题，实现了端到端学习的能力。T5 采用预训练和微调的方式，能够统一建模和解决各种任务，并具备广泛的应用能力；BART 采用双向 Transformer 架构，在预训练阶段使用自回归机制，而在微调阶段使用自编码解码机制；M2M100 通过预训练和微调针对多语种数据，实现了跨语种的自然语言处理，为多语种应用提供了强大的支持；BigBird 通过稀疏注意力机制，密集表示局部区域，稀疏表示远距离关系，以降低计算和存储成本，在高效处理长文本任务的同时保持传统基于 Transformer 架构的大语言模型的性能水平。

3. BERT(Bidirectional Encoder Representations from Transformer)系列模型

BERT 系列模型采用双向预训练的方法，使得模型能够全面理解上下文信息。BERT 通过预训练语言模型，学习文本的双向表示，为各种自然语言处理任务提供了强大的特征表示能力；RoBERTa 是在 BERT 基础上进行改进的模型，利用更大的数据集、更长的训练时间及无句子级任务训练等策略，提升了语言表示能力；XLM 是面向跨语种处理的 BERT 系列模型，通过多语种预训练，具备处理不同语言共性和差异的能力；ALBERT 是一种轻量级 BERT 系列模型，采用参数共享和跨层参数共享的策略，以减少参数量和计算复杂度，同时保持性能和效率；ELECTRA 是基于判别式预训练的 BERT 系列模型，通过替换生成器和判别器结构，实现高效的预训练和学习语言表示的方法。

在使用大语言模型时，需要将人类语境进行数字化处理。人类语境数字化是指将人类的语言和文化背景转换为数字形式，以便计算机系统能够理解和处理。该技术的目标是提升计算机对人类语言的细微差异、含义和文化背景的理解和应对能力。在人类语言中，我们使用字母、单词、句子、段落和文本来表达意义和传递信息，这些构成了我们日常交流和写作的基础单位。然而，在像 ChatGPT 这样的大语言模型中，语言被表示为标记（Token）的形式。标记是对文本进行分割和编码的最小单位，可以是一个字母、一个单词或一个更大的单元。大语言模型通过对输入文本进行标记化，将文本划分为一系列标记，并将其转化为模型能够理解和处理的数字表示形式（如图 1-9 所示）。

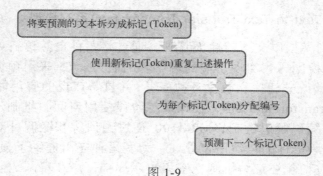

图 1-9

大语言模型回答问题的过程可以表述为：用户输入一段文本后，系统会将该文本转换为一个向量表示；随后，系统通过与模型内部参数的匹配，找出与该向量相关性最高的词语，并将其作为下一步处理的输入。这一过程基于模型对词语之间概率关系的学习和理解。通过不断迭代，用户输入的文本和模型生成的回答之间的交互将逐渐丰富并完善对话的内容（如图 1-10 所示）。

语料	现在是过去的未来，但是现在不是未来的过去										
分词	现在	是	过去	的	未来	但是	现在	不	是	未来	的	过去
Token ID 映射表	1	2	5	8	25	33	49					
	是	的	不	但是	现在	未来	过去					
Token ID 序列	[25, 1, 49, 2, 33, 8, 25, 5, 1, 33, 2, 49]											

图 1-10

大语言模型利用 Transformer 架构的优势，能够生成具备一定语法正确性和合理性的文本序列。通过大规模无标注文本数据的预训练，大语言模型能够学习文本数据的统计规律和语义表示，并生成对语言理解和生成任务有帮助的表示形式。Transformer 架构的核心创新在于通过计算每个词与句子中所有其他词的相关度，从而确定该词在句子中的更准确的语义含义。这种注意力机制使得模型能够对输入文本的不同部分进行加权关注，更好地捕捉上下文信息和语义关联，进而生成更准确、连贯的文本序列。

1.4.2　GPT 及 ChatGPT

GPT 是 OpenAI 公司于 2018 年提出的一种重要的大语言模型，具备强大的语言生成和上下文理解能力。该模型采用了 Transformer 架构，并引入了自注意力机制（Self-Attention）和位置编码（Positional Encoding），可以有效地捕捉输入序列中的上下文信息。GPT 是单向的语言模型，仅使用 Transformer 的解码部分，并通过多层堆叠进行建模。

BERT 的编码部分由多个 Transformer Block 组成，每个块包含多头自注意力机制和前馈神经网络。与 GPT 不同，BERT 是双向的语言模型，它不仅考虑上下文信息，还同时考虑文本序列两个方向上的信息。

在参数量较小（数亿级）的情况下，BERT 在自然语言处理的性能方面优于 GPT。然而，在参数量较大（千亿级）的条件下，由于 BERT 容易出现过拟合现象，其适应复杂场景的泛化能力不如 GPT。请参考表 1-1 获取更详细的信息。

表 1-1

模型系列	BERT	GPT
模型结构	编码器（分类）	解码器（预测）
注意力方向	双向，上下文	单向，仅上文
能力侧重	擅长理解，常用于文本分析类应用	擅长生成，常用于生成文本内容
典型应用	相似度比较 完形填空 文本分类 情感分析 命名实体识别	文本生成 问答对话 翻译 文本摘要

GPT 采用预训练和微调的方法进行模型训练，旨在从大规模无标注文本中学习语言的统计规律和语义表示。在预训练阶段，GPT 通过自监督学习，在大规模无标注文本上进行训练。模型通过预测下一个词或填充掩码部分词的任务，来学习上下文表示的能力。这一阶段的目标是使模型能够捕捉文本序列中的语言模式和语义关系。

在微调阶段，GPT 在特定任务上进行有监督学习，利用标注数据来调整模型参数。通过在带有标签的数据上进行训练，GPT 能够微调模型以适应不同的任务，如文本分类和命名实体识别。微调的目标是使模型能够更好地适应特定任务的要求，并提升性能。在文本预测或生成过程中，GPT 的输入是一个文本序列，输出则是对该序列的预测或生成结果。模型会根据输入的上下文信息和学习到的语言表示，生成与输入序列相关的文本结果。

在预测任务中，模型接收一个文本序列作为输入，并输出该序列所属的类别或标签。在此过程中，模型会对输入文本进行编码，并利用全连接层等结构进行分类预测。在生成任务中，模型接收一个起始文本序列作为输入，并逐步生成下一个单词，直到生成完整的文本序列。在此过程中，模型对输入文本进行编码，然后通过自回归方式生成下一个单词，直至完成整个文本序列的生成（如图 1-11 所示）。

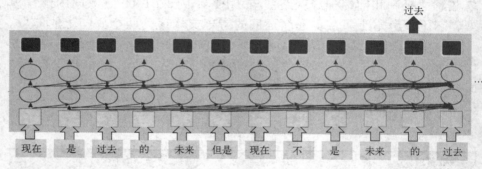

图 1-11

GPT-2 是 GPT 系列模型的一个更大规模版本，通过增加模型参数和训练数据规模来实现。GPT-2 拥有 1.5 亿到 15 亿个参数，是 2009 年 2 月发布时最大的语言模型之一。这种规模的增加使得 GPT-2 能够生成更准确、连贯和富有创造性的文本。GPT-2 的训练方法与 GPT 相似，通过预训练和微调两个阶段进行模型训练。GPT-2 在各种自然语言处理任务中展现出了卓越的性能，包括文本生成、机器翻译和对话系统等。

GPT-3 是 GPT 系列模型的第三代成员，是一种具有巨大影响力的大语言模型。GPT-3 引入了创新的多模态语言模型，不仅可以处理文本数据，还可以处理图像、声音和其他非文本形式的数据。GPT-3 拥有数百亿个参数，其训练方法与之前的版本类似，但在训练数据规模和模型复杂度上有显著提升。由于其包含各种类型的训练语料（如表 1-2 所示），因此 GPT-3 的泛化能力得到了质的提升，并且基于此获得了巨大规模的通用大语言模型（参数 1750 亿个）。GPT-3 在自动摘要、问答系统和语义搜索等多个领域展示了卓越的性能。

表 1-2

模型	GPT-1	GPT-2	GPT-3
论文年份	2018	2019	2020
Transformer 层数	12	48	175～1750
参数量	1.17 亿个	15.8 亿个	1750 亿个
预训练数据量	7000 本未出版的书，长文较多；5GB	网络文本，800 万文档；40GB	互联网信息、网络文本、书籍、维基百科等；45TB

一个人一生可以阅读多少文字呢？如果一个人活 100 年，每天花费 4 个小时阅读，每小时可以读 20000 个单词，那么一年读的字数大约为 3.5 亿个，一生能读 350 亿个字。

"正常人一生读多少字？

AI 这是一个复杂的问题，因为一个人一生读的字数取决于很多因素，如读的材料类型、阅读速度、读书时间等。根据一些研究和估计，一个人一生读的字数大约在几百万到几千万之间。以下是一些相关数据和估计：
根据一项研究，一个人在学校期间（包括小学、初中、高中和大学）读的字数在 1000 万个到 2000 万个之间。
根据另一项研究，一个平均阅读速度的成年人每分钟可以读 200 个到 300 个单词，也就是每小时可以读 12000 个到 18000 个单词。如果一个人每天花费 2 个小时阅读，那么一年读的字数在 200 万个到 300 万个之间。
如果一个人每周读一本 300 页的书，那么一年可以读约 30 本书，每本书平均有 60 万个到 80 万个单词，因此一年读的字数在 1800 万个到 2400 万个之间。
如果一个人每天花费 4 个小时阅读每小时可以读 20000 个单词，那么一年读的字数大约在 3.5 亿个左右。
需要注意的是，这些数字只是估计值，实际情况会因人而异。此外，这些数字只涉及阅读的字数，还有许多其他因素可以影响一个人的知识和智力水平，包括听讲、思考、实践等"

AI ChatGPT

GPT-3 大约精读了 4990 亿个字，是一个人一生阅读量的 14.25 倍，也就是说，普通人（已经是阅读时间和效率超高的水平）要活 14.25 次才能达成 GPT-3 的阅读量。

GPT、InstructGPT 和 ChatGPT 是基于 GPT 架构的模型，它们具有相似之处，同时也有一些区别（如图 1-12 所示）。首先，它们都采用了 Transformer 架构，这种架构具备对上下文的建模能力，可以处理自然语言生成和理解任务。在预训练阶段，这些模型都使用了无监督的语言模型训练方法，并通过生成下一个词的任务来学习语言的概率分布。

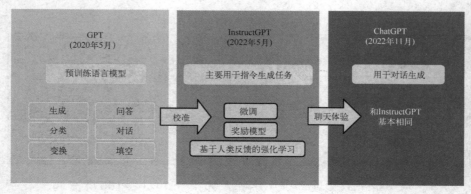

图 1-12

GPT、InstructGPT 和 ChatGPT 在目标任务和训练数据上存在一些区别。GPT 主要用于生成连贯的文本，它通过自回归机制生成下一个词，适用于生成文本、分类、摘要等任务。InstructGPT 则专注于根据给定的指令和示例生成详细的文本解决方案，适用于任务导向的生成。而 ChatGPT 则专注于生成对话，具备与用户进行自然对话的能力。

GPT、InstructGPT 和 ChatGPT 在训练数据和规模上也存在差异。GPT 使用大规模的通用语料进行训练，InstructGPT 使用特定领域的指令和示例进行训练，而 ChatGPT 则使用对话数据进行训练，以更好地模拟对话场景。这些模型共享相似的基础架构和预训练方法，但在目标任务、训练数据和应用场景上存在一定的差异，这使它们适用于不同的自然语言处理应用领域。

ChatGPT 是一种基于 GPT3.5 架构的大语言模型，它是一种自回归语言模型，通过使用大量自然语言数据进行预训练，能够生成自然流畅的语言，用于各种自然语言处理任务，如对话、问答和文章创作。ChatGPT 具备强大的语言理解和生成能力，可以模仿人类进行自然语言交互。

ChatGPT 采用了强化学习与人类反馈(RLHF)的优化方法，以实现对话式交流。首先，使用监督式微调来训练一个初始模型。在这个过程中，人类 AI 训练者扮演用户和 AI 助手的角色，提供对话以帮助生成自然而引人入胜的回复。接下来，强化学习方法被应用于模型的优化过程。它使用奖励模型或系统来帮助机器学习模型改进。模型收集了比较数据，即对两个或更多个模型的回应进行质量排名。模型获取了 AI 训练者与聊天机器人之间的对话，随机选择一个模型生成的消息，并随机生成多个替代消息，然后让 AI 训练者对模型回应的质量进行排名。AI 训练者能够使用这些奖励模型，并使用近端策略优化(PPO)进行微调。

> **AI** 请简述"RLHF"。
>
> **AI** RLHF 是 Reinforcement Learning from Human Feedback 的缩写，即使用强化学习的方法，利用人类反馈信号直接优化语言模型。
>
> **AI** 请问它的主要工作原理是什么？
>
> **AI** RLHF 的工作原理是利用人类反馈信号直接优化语言模型。具体来说，RLHF 的训练过程可以分解为三个核心步骤：预训练语言模型(LM)、收集数据并训练奖励模型、通过强化学习微调 LM。在 RLHF 中，需要一个奖励模型来评估大语言模型回答的是好是坏，这个奖励模型通常比被评估的大语言模型小一些。
>
> **AI** RLHF 的作用和意义是什么呢？
>
> **AI** RLHF 的作用和意义是利用人类反馈信号直接优化语言模型，使得模型输出的结果能和人类对齐。在 RLHF 中，需要一个奖励模型来评估大语言模型回答的是好是坏，这个奖励模型通常比被评估的大语言模型小一些。通过分析用户的反馈，模型可以确定哪些方面需要改进，并尝试生成更高质量的文本。

AI 讯飞星火

ChatGPT 的预训练过程可以分为三个步骤，具体细节因 OpenAI 的更新而有所变化，但总体思路如图 1-13 所示。这些步骤包括预训练阶段、监督式微调和强化学习微调，以使模型具备出色的对话生成能力。

第一步，收集示范数据，并训练有监督的策略(如图 1-14 所示)；

第二步，收集比较数据，并训练奖励(Reward)模型(如图 1-15 所示)；

第三步，使用 PPO(Proximal Policy Optimization)根据奖励模型优化策略(如图 1-16 所示)。

ChatGPT 的一个重要改进是通过人类反馈进行强化学习。这种方法实质上是对 ChatGPT 在预训练阶段通过大规模数据所纳入的人类语境进行进一步的强化。尽管 ChatGPT 从数百万条聊天记录中提取了规则和关联，但它实际上并不具备真正的理解能力，而只是进行模式匹配。另外，由于 ChatGPT 是通过纳入大量人类语境的数据进行训练的，因此它生成的文本在语言逻辑上通常是严密的。然而，符合语言逻辑并不必然意味着其内容符合逻辑和确切的事实，这可能导致一种称为"幻觉"的现象。因此，ChatGPT 生成的文本有时可能缺乏意义、不准确或与事实不符。

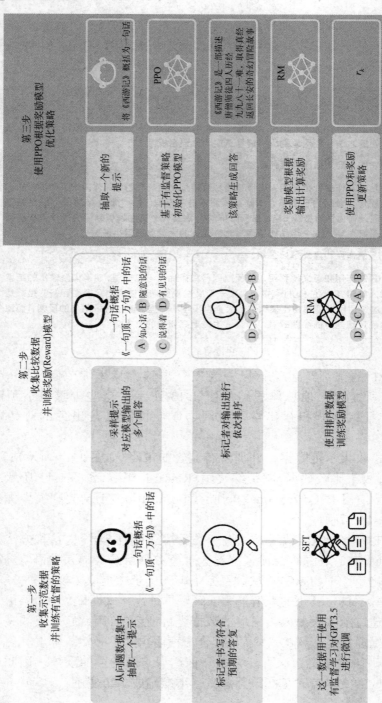

图 1-13

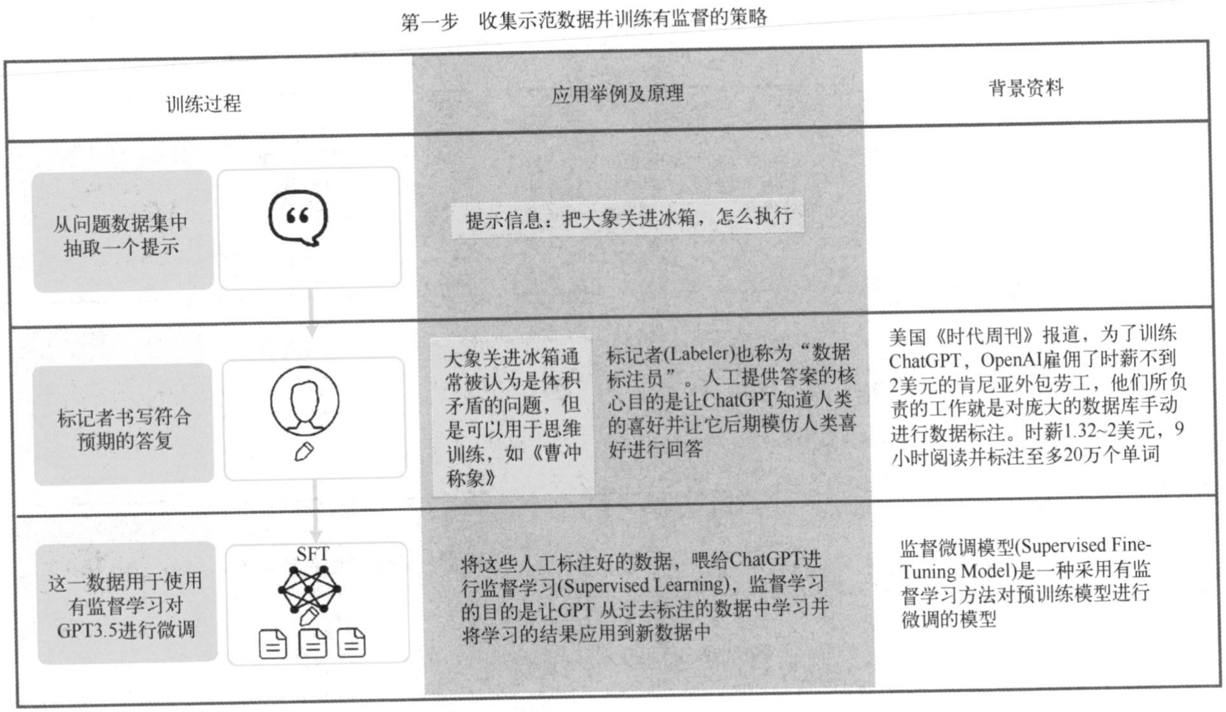

第一步 收集示范数据并训练有监督的策略

训练过程	应用举例及原理	背景资料
从问题数据集中抽取一个提示	提示信息: 把大象关进冰箱, 怎么执行	
标记者书写符合预期的答复	大象关进冰箱通常被认为是体积矛盾的问题, 但是可以用于思维训练, 如《曹冲称象》 标记者(Labeler)也称为"数据标注员"。人工是提供答案的核心目的是让 ChatGPT 知道人类的喜好并让它后期模仿人类喜好进行回答	美国《时代周刊》报道, 为了训练 ChatGPT, OpenAI 雇用了时薪不到 2 美元的肯尼亚外包劳工, 他们所负责的工作就是对庞大的数据库手动进行数据标注。时薪 1.32~2 美元, 9 小时阅读并标注至多 20 万个单词
这一数据用于使用有监督学习对 GPT3.5 进行微调	将这些人工标注好的数据, 喂给 ChatGPT 进行监督学习(Supervised Learning), 监督学习的目的是让 GPT 从过去标注的数据中将举一反三的结果应用到新数据中	监督微调模型(Supervised Fine-Tuning Model)是一种采用有监督学习方法对预训练模型进行微调的模型

图 1-14

第二步 收集比较数据并训练奖励(Reward)模型

训练过程	应用举例及原理	背景资料
采样提示，对应模型输出的多个回答 《一句顶一万句》中的话 A 知心话　B 随意说的话 C 说得着的话　D 有见识的话	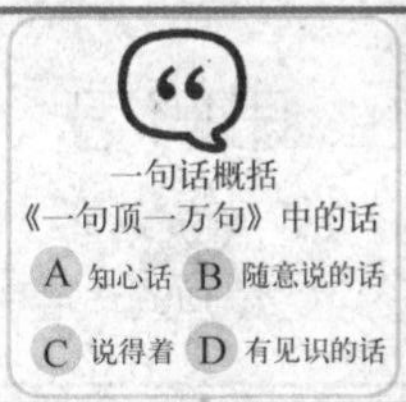 提示信息：把大象关进冰箱，怎么执行？ 将大象关进冰箱通常被认为是一个不可能的任务，因为大象体积庞大、无法进入一个普通的家用冰箱，将这个问题作为一种抽象的思维游戏，可以尝试以下4种方案： A 将大象分解后装入冰箱　B 制造一个巨大的冰箱 C 用冰冻光线将大象冻在原地　D 让大象处于梦境状态	系统会随机抽取一批新问题，这些问题大部分和第一阶段类似
 标记者对输出进行依次排序 Q　D>C>A>B	标记者对N个输出答案的质量进行综合排序，排序答案的参考维度有很多，如关联性、法律法规、暴力、种族歧视等。在本案例中，要考虑动物保护等法律及道德问题 D>C>A>B	
使用排序数据训练奖励模型 RM　D>C>A>B	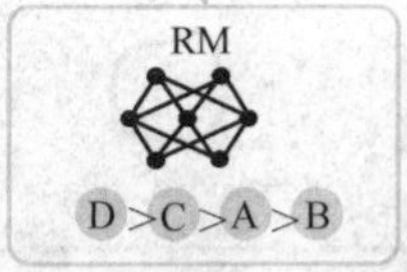 利用标记者标注过的数据集（数据集包括问题、答案、人类打分等）来训练一个奖励模型(Reward Model)	RM模型对每个答案进行打分反馈，本训练过程让ChatGPT越来越能懂人类深层意思，循序渐进、不断打分，提升答案质量

图 1-15

第三步 使用PPO根据奖励模型优化策略

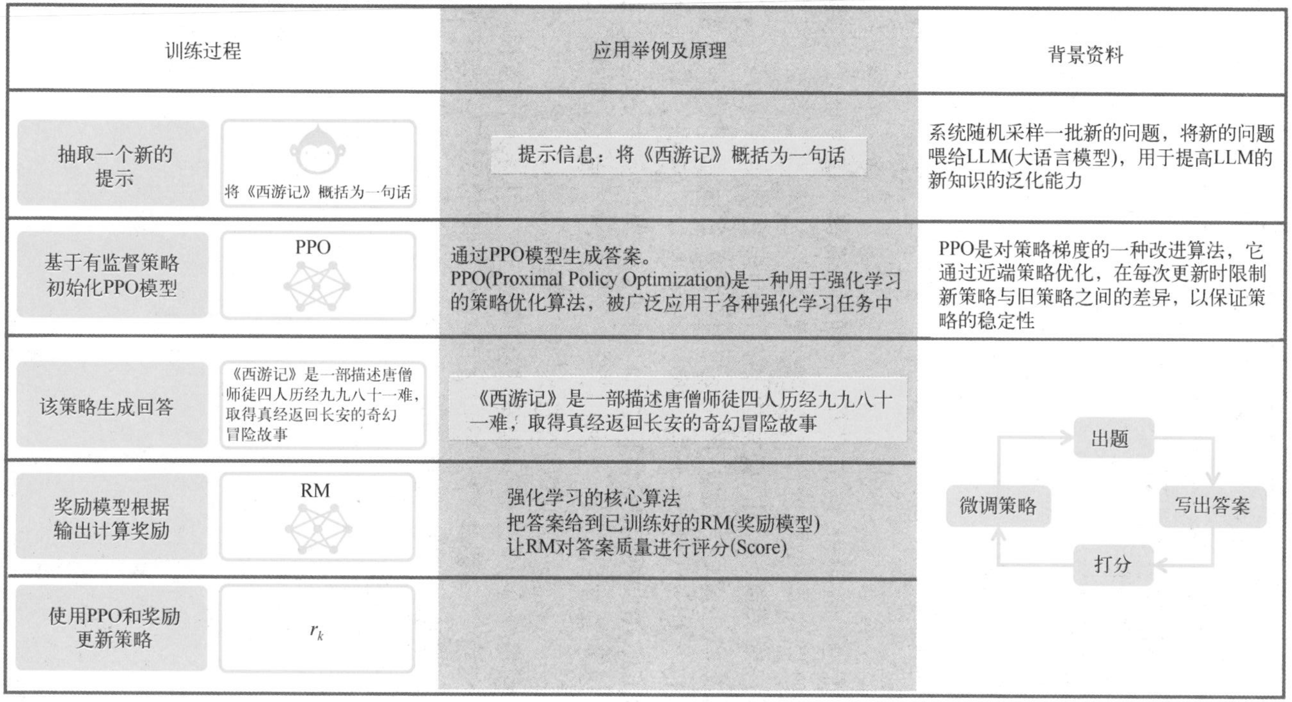

训练过程		应用举例及原理	背景资料
抽取一个新的提示	将《西游记》概括为一句话	提示信息：将《西游记》概括为一句话	系统随机采样一批新的问题，将新的问题喂给LLM(大语言模型)，用于提高LLM的新知识的泛化能力
基于有监督策略初始化PPO模型	PPO	通过PPO模型生成答案。PPO(Proximal Policy Optimization)是一种用于强化学习的策略优化算法，被广泛应用于各种强化学习任务中	PPO是对策略梯度的一种改进算法，它通过近端策略优化，在每次更新时限制新策略与旧策略之间的差异，以保证策略的稳定性
该策略生成回答	《西游记》是一部描述唐僧徒四人历经九九八十一难，取得真经返回长安的奇幻冒险故事	《西游记》是一部描述唐僧徒四人历经九九八十一难，取得真经返回长安的奇幻冒险故事	出题 → 打分 → 写出答案 → 微调策略（循环）
奖励模型根据输出计算出奖励	RM	强化学习的核心算法。把答案给到训练好的RM(奖励模型)让RM对答案质量进行评分(Score)	
使用PPO和奖励更新新策略	r_k		

图 1-16

　　除了 ChatGPT，GPT 系列模型还包括其他变种模型和扩展应用。GPT-4 是对 GPT-3 的进一步改进和扩展，通过增加模型规模和改进训练方法来提高性能。其目的是提供更强大、更高效的语言处理能力。还有一些基于 GPT 架构的变种模型，如 GPT-Neo 和 GPT-J 等。这些变种模型在模型规模、训练数据和计算资源等方面进行了调整和优化。它们旨在满足不同应用场景和资源限制下的需求，为自然语言处理和相关领域提供更多选择和解决方案。变种模型丰富了 GPT 系列模型的应用领域，并为不同规模和需求的任务提供了更好的适配性，在自然语言处理领域及其他相关领域中发挥着重要的作用，为研究和实践带来了更多的可能性。

1.5　小　　结

　　本章系统地介绍了大语言模型。我们从了解人工智能的发展历程出发，探讨了机器学习和深度学习的基本概念和技术。接着，我们深入研究了自然语言处理领域，重点关注了大语言模型的作用和应用，探讨了机器翻译和文本生成的技术。随后，我们引入了大语言模型，重点阐述了 Transformer 架构及其在大语言模型中的应用。最后，我们重点介绍了 GPT 及 ChatGPT，展示了它们在自然语言处理任务中的强大性能和广泛应用。通过本章的学习，对大语言模型的原理、发展历程和实际应用有了全面的认识，为后续章节的探索奠定基础。

　　提示工程是一种通过提供提示或条件信息来引导大语言模型生成文本的技术。大语言模型和提示工程之间存在密切的关系，提示工程为大语言模型的应用赋予了更高的灵活性和控制性。

第2章

提示工程概述

解决方案
结果 情况 目的 角色 信息
格式
任务 背景
计划
场景
目标 功能 意图 定义 示例 指导
语言 所需 具体任务
类型
步骤 语境 观点 建议
问题 情景 列表
答案

Prompt

本章将引领读者进入提示工程的世界，探索其在大语言模型中的关键作用。本章将介绍提示工程的概念和作用，并深入研究提示信息的设计原则和框架。随后，我们将重点关注提示工程在生成任务中的应用，探讨如何利用有效的提示信息设计来引导模型生成所需的输出。最后，我们将探讨提示信息的评估方法，帮助读者了解如何准确评估和优化提示信息的效果。通过本章的学习，读者将掌握提示工程的关键概念和技巧，能够设计出高效的提示信息，提升大语言模型的生成能力和质量。

2.1　提示工程的概念和作用

OpenAI 的首席执行官萨姆·奥尔特曼指出，编写一个优秀的聊天机器人角色提示信息是一项非常高效的技能，同时也是自然语言编程的一个早期示例。萨姆·奥尔特曼指出了提示信息所带来的具有划时代意义的双重革命。首先，提示信息被视为一种基于人工智能的"编程技能"，其显著特征在于"非常高效"，也就是说熟练掌握该项技能能够大幅提升效能；其次，提示信息作为自然语言编程的一种早期实践，提供了一种更为友好且更接近自然语言的通信媒介，提示信息可以被视为一种基于自然语言的编程语言。显而易见，提示信息带来了激动人心的技术变革，人类首次有望在不具备计算机语言（包括机器语言、汇编语言和高级语言）基础的前提下，参与"自然语言编程"的工作。这进一步提升了大语言模型的效能，使其能够参与面向通用人工智能的伙伴或助手的训练任务。

提示工程是一种被广泛应用于生成任务的技术，旨在通过引入明确的提示信息来指导模型生成结果的输出。ChatGPT 对什么是提示工程的回答如下。

[AI]　**什么是提示工程？**

AI　"提示工程"是指在使用大语言模型时，为了获得更准确、有针对性的回答或生成文本，对输入的问题或指令进行精心设计和构造的过程。通过合理设计的提示信息，可以引导模型在生成文本时遵循特定的指导方向或约束，以产生符合预期的输出。提示工程涉及选择合适的提示语、问题陈述或上下文设置，以引导大语言模型产生特定类型的回答或文本。通过调整提示信息的形式、内容和结构，可以控制模型的输出风格、语气、内容的深度或广度等方面。

提示工程的目的是优化大语言模型的性能，使其更好地满足特定的需求。它可以用于各种应用场景，如自动摘要、文本生成、问题回答等。通过精心设计的提示信息，可以增加与用户交互的灵活性，并提高模型生成文本的质量和一致性。

需要注意的是，提示工程是一个有挑战性的任务，涉及对模型的理解、试错和迭代优化。不同的提示信息设计可能会产生不同的效果，因此需要不断尝试和调整，以找到最佳的提示信息设置。

AI ChatGPT

提示工程的核心概念是在生成任务中引入明确的提示信息，以指导模型的输出。这些提示信息包括文本形式的指导语句、示例输入和输出对、填空式的占位符或引导问题等。常用的提示信息有以下几种类型。

①填空式提示信息：使用特定的占位符或标记替换关键信息，模型根据占位符的提示进行结果生成。

②示例式提示信息：提供示例输入和输出对，引导模型生成类似的结果。

③引导问题提示信息：通过提出问题或提示信息，引导模型生成符合问题要求的输出。

④约束条件提示信息：引入特定的约束条件，限制模型生成结果的特征和属性。

⑤优化目标提示信息：将生成任务转化为一个优化目标，通过优化算法引导模型生成最优结果。

通过使用提示信息，模型可以更好地理解任务的要求和预期结果，从而生成符合要求的输出。在文本生成任务中，提示信息可以帮助模型生成符合特定主题、风格或格式要求的文本；在对话任务中，提示信息可以引导模型生成连贯、有逻辑的对话内容；在代码生成任务中，提示信息可以指导模型生成具有特定功能或结构的代码片段等。通过提供明确的提示信息来控制和引导模型的生成结果，可以提高生成结果的质量和可控性。

提示工程在多任务的执行中具有多重作用，能够极大地提升学习和工作效能，甚至成为日常生活中的"智能助手"。

首先，提示工程可以有效帮助模型克服数据偏差的问题。生成模型通常是通过在大规模数据上进行训练得到的，而这些数据可能存在特定领域或特定样式的偏差。通过合理设计提示信息，可以有效引导模型生成符合特定领域或样式要求的输出，从而降低数据偏差的影响，使大语言模型对问题的理解更加准确，输出结果更加合理。

其次，提示工程可以显著提高生成结果的一致性和可控性。生成模型通常具有一定的输出多样性，这可能导致生成结果难以控制或产生不稳定性。通过引入明确的提示信息，可以约束模型的输出，使其更加一致和可控。通过设计合适的提示信息，可以指导模型生成特定主题或风格的文本，从而使大语言模型的生成结果与用户的预期需求的一致性和可控性显著提高。

再次，提示工程可以在很大程度上提高模型生成结果的可解释性和可理解性。生成模型通常被认为是黑盒模型，其生成的结果难以解释和理解。通过使用明确的提示信息，可以提高生成结果的可解释性，用户可以更好地理解模型生成结果的基础和逻辑，这对于对生成结果解释性要求较高的应用场景具有重要意义。通过合理设计和应用提示工程，不但能够有效提升生成任务的质量和效果，而且可以掌握持续提升大语言模型生成质量的方法，使大语言模型在更多应用场景中高效解决问题。

2.2 提示信息的设计原则和框架

在探讨提示信息的设计原则和框架之前，首先对大语言模型进行提问：请问用什么样的方式提问，你才能更加完美、清晰有条理地回答我的问题？大语言模型 ChatGPT、Claude 分别做出了回答，如下所示。

> **请问用什么样的方式提问，你才能更加完美、清晰有条理地回答我的问题？**
>
> AI 要让我能够更好地理解并回答您的问题，请考虑以下几点：
>
> 1. 简短明了的问题：尽可能简短地表达您的问题，这样我可以更快地理解您的问题，并提供更准确的答案。
> 2. 具体详细的问题：请提供足够的细节，如涉及的领域、背景信息相关条件等，这样我才能更好地理解您的问题，并提供更有价值的答案。
> 3. 避免模糊或含糊不清的问题：如果您的问题含糊不清或不够具体，我可能需要更多的信息才能回答您的问题。因此，请尽可能明确您的问题，避免使用模糊的词语或术语。
> 4. 尽可能使用简单的语言：虽然我对各种领域有所涉猎，但使用简单的语言可以让我更容易理解您的问题，并更好地回答它。
> 5. 避免重复的问题：在向我提问之前，请先查看是否已有类似的问题和答案。这可以帮助您节省时间，并避免重复的问题。
> 如果您按照以上建议提出问题，我将能够更好地理解您的问题，并尽可能提供清晰、完整和有条理的答案。
>
> **请问用什么样的方式提问，你才能更加完美、清晰有条理地回答我的问题？**
>
> AI 感谢您的提问。要获得完美清晰和有条理的回答，提问方式确实很重要。这里总结几点建议：

1．明确需求或问题。将你的需求或问题表达得非常明确和具体，不要过于粗略或模棱两可。

2．分解复杂问题。如果问题比较复杂，可以尝试将其分解为多个子问题逐个提出。

3．提供背景信息。在提问时提供必要的背景信息和上下文，这可以帮助理解问题的环境。

4．使用示例。使用具体的示例或场景来说明问题，这可以让问题更具体、形象。

5．思路清晰。自己先对问题有一个清晰的思路，包括已知条件、需要达成的目标等。

6．排序重要性。根据重要性对问题进行排序，先提出最关键的问题。

7．避免模糊词。尽量使用精确和无歧义的词语来表述，避免使用过于模糊的词。

8．语言简洁。使用简洁和精练的语言表达问题，避免过多修饰和冗余。

9．完整句子。使用完整的句子，避免使用难以理解的缩写。

10．客观描述。用客观和中立的方式描述问题，避免带有太多主观色彩。

11．思维开放。对可能的答案保持开放思维，不要期望只接收自己预期的答案。

12．验证理解。提出问题后验证对方是否正确理解了你的问题。

13．总结重点。最后进行概括，强调问题的核心要点。

按照这些原则提问，可以帮助我更清楚地理解你的问题，从而给出更完美清晰和有条理的回答，如果任何地方还有需要补充或示例解释的，请告诉我，我会继续优化回答的质量。

AI ChatGPT&Claude

下面将通过大语言模型 Claude 探索知名的计算机科学家和人工智能专家吴恩达讲授的 "ChatGPT Prompt Engineering for Developers" 的课程。

提示信息：请将文档中的主要内容总结为思维导图。

下面是根据提供的 "ChatGPT Prompt Engineering for Developers" 课程的内容生成的思维导图总结。

PDF ChatGPT Prom.. 2.16MB

请将文档中的主要内容总结为思维导图。

AI
```mermaid
graph TD
A[课程概述] -->B(提示的两大原则)
B --> C[清晰具体的提示信息]
B --> D[给模型思考时间]

C --> E[使用分隔符]
C --> F[要求结构化输出]
C --> G[要求检查条件]
C --> H[少样本提示]

D --> I[指定完成任务的步骤]
```

```
D --> J[教导模型自己解决问题]
A --> K(迭代开发提示)
A --> L(应用领域)

L --> M[摘要任务]
L --> N[推理任务]
L --> O[转换任务]
L --> P[扩充任务]
L --> Q[聊天机器人]

classDef default fill: #B9C2D1, stroke: #006EAF, stroke-width: 1px;
classDef highlight fill: #FFF176, stroke: #E37222, stroke-width: 1px;

class A, K highlight;
......
```

AI Claude

总结中主要包含课程概述、提示的两大原则(清晰具体的提示信息、给模型思考时间)、迭代开发提示,以及应用领域(摘要任务、推理任务、转换任务、扩充任务、聊天机器人)。针对两大原则,分别列出具体的策略,如使用分隔符、要求结构化输出等。总体来说,这张思维导图概括总结了课程的主要框架和内容。

提示信息:生成的思维导图如何显示?

> **AI** **生成的思维导图如何显示?**
>
> **AI** 您提供的 ChatGPT Prompt Engineering for Developers 课程内容非常丰富,我已经尽可能地生成了一个涵盖主要内容的思维导图。
> 但是思维导图在文本形式中无法很好地展示,建议您可以使用在线思维导图工具将代码可视化。例如:
> 1. 访问 https://mermaid.live 网站;
> 2. 将刚才生成的思维导图代码复制粘贴到编辑器中;
> 3. 点击预览按钮,就可以看到可视化的思维导图效果;
> 4. 也可以点击编辑器右上角的图标,选择不同样式来自定义思维导图的显示效果;
> 5. 完成后点击保存,就可以获取思维导图的图片或链接进行分享。

AI Claude

通过这样的思维导图工具,可以更直观地展示思维导图的框架,也方便进行编辑调整。如果您需要进一步优化思维导图,可以参考该工具提供的各种功能。

总体来说,使用在线工具可视化思维导图是一个好方法,可以让思维导图的效果更好地呈现出来。

　　提示信息：根据上面的文章的内容，请总结一个更加详细的思维导图。

AI　根据上面的文章的内容，请总结一个更加详细的思维导图。

AI　好的，根据提供的 ChatGPT Prompt Engineering for Developers 课程内容，我生成了一个更加详细的思维导图：

```mermaid
graph TD
A[课程概述] --> B{提示工程}
B --> C[提示的两大原则]
C --> D[清晰具体的提示]
D --> E[使用分隔符]
D --> F[要求结构化输出]
D --> G[要求检查条件]
D --> H[少样本提示]
C --> I[给模型思考时间]
I --> J[指定完成任务步骤]
I --> K[教导模型自己解决问题]

B --> L[迭代开发提示]

A --> M{应用领域}
M --> N[摘要任务]
N --> O[生成评论摘要]
N --> P[指定信息摘要]
N --> Q[提取指定信息]
N --> R[多条评论摘要]
M --> S[推理任务]
S --> T[文本情绪分类]
S --> U[控制输出样式]
S --> V[输出 JSON 格式]
S --> W[集成多个任务]
S --> X[文本主题推断]
S --> Y[文本主题索引]
S --> Z[主题内容提醒]

M --> A1[转换任务]
A1 --> B1[文本翻译]
A1 --> C1[通用翻译器]
A1 --> D1[语气风格变换]
A1 --> E1[文本格式转换]
A1 --> F1[拼写/语法检查]

M --> G1[扩充任务]
G1 --> H1[AI 自动回复邮件]
G1 --> I1[温度参数影响]

M --> J1[聊天机器人]
J1 --> K1[聊天格式设计]
J1 --> L1[上下文内容]
J1 --> M1[点餐机器人]

classDef default fill: #B9C2D1, stroke: #006EAF, stroke-width: 1px;
classDef highlight fill: #FFF176, stroke: #E37222, stroke-width: 1px;

class A, B, L highlight;
```

AI Claude

　　新生成的思维导图比之前的更加详细，将课程的知识结构延展到更细的粒度。在提示工程部分，思维导图列出了两大原则及相关策略。在应用领域部分，将摘要任务、推理任务等分解为更多具体的小任务。思维导图涵盖了课程的主要知识框架，包括概述、提示工程、迭代开发、各类应用任务等，关系清晰，内容详细。如果需要进一步完善，可以考

虑加入更多关于每个具体策略或任务的细节描述。总体而言，大语言模型生成了一个非常全面详细的思维导图。

经过多轮对话后，大语言模型将提示的两大原则归纳为：清晰具体的提示和给模型思考时间，并且给出了具体的策略，如使用分隔符、要求结构化输出等(如图 2-1 所示)。

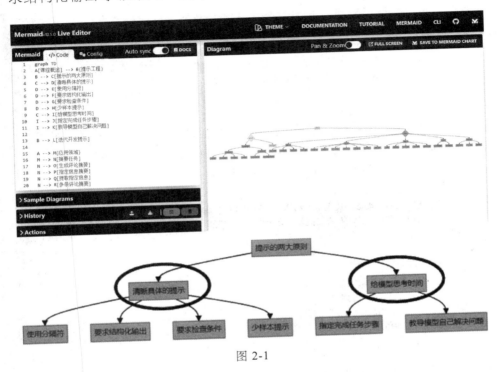

图 2-1

2.2.1 清晰具体的提示

①**使用分隔符**：提示信息中的分隔符可以将不同的指令、上下文、输入隔开，避免意外的混淆。使用分隔符可以有效防止提示信息注入(Prompt Rejection)。所谓提示信息注入就是用户输入的文本可能包含与其预设提示信息相冲突的内容，如果不加分隔，这些输入就可能"注入"并操纵大语言模型，导致模型产生毫无关联的输出。

提示信息示例："公主和王子从此过上了幸福的生活……"，请续写内容，50 字左右。

在上例中，给出一段话并要求 GPT 进行续写，在该示例中使用""

来作为分隔符。如果提示信息或命令行本身就出现了常规分隔符，就可以使用'''等特殊分隔符，以便大语言模型准确判断命令指向的对象。

②要求结构化输出：结构化输出就是按照某种格式组织内容，如 JSON、HTML 等。这种输出非常适合在代码中进一步解析和处理。例如，你可以在 Python 中将其读入字典或列表中。

AI | "公主和王子从此过上了幸福的生活……"，请续写内容，50 字左右。

AI | 他们在美丽的王国中建立了和谐而繁荣的社会，共同努力为人民创造更美好的明天。公主和王子携手共度每一个日出和黄昏，彼此相互扶持，共同面对挑战。他们的爱情永恒，幸福生活将伴随他们走向永远。

AI ChatGPT

提示信息示例：请生成包括始发站、目的地、乘车日期的三个虚构的、非真实存在的中文火车票信息清单，并以 JSON 格式提供，其中包含以下键：t_id，origin，destination，date。

AI | 请生成包括始发站、目的地、乘车日期的三个虚构的、非真实存在的中文火车票信息清单，并以 JSON 格式提供，其中包含以下键：t_id, origin, destination, date。

AI

```json
[
    {
        "t_id": "A123",
        "origin": "北京",
        "destination": "上海",
        "date": "2023-09-20"
    },
    {
        "t_id": "B456",
        "origin": "广州",
        "destination": "深圳",
        "date": "2023-09-21"
    },
    {
        "t_id": "C789",
        "origin": "成都",
        "destination": "重庆",
        "date": "2023-09-22"
    }
]
```

AI ChatGPT

在以上示例中，命令大语言模型生成三个火车票的始发站、目的地和乘车日期，要求以 JSON 格式将结果返回给我们，并且为便于解析，指定了 JSON 的键。大语言模型以 JSON 格式提供了非真实存在的中文火车票信息清单，请注意这些信息是虚构的，仅用于示例目的。

③要求检查条件：通过提示要求检查条件，请求模型判断其是否包含一系列步骤，若包含则按照给定格式重新编写指令，若不包含则回答"未提供步骤"。

以下用引号括起来的文本中，如果它包含一系列的步骤，则需要按照以下格式重新编写这些指令：第一步-······第二步-······第 *N* 步-······，如果文本中不包含一系列的指令，则直接写"未提供步骤"。

文本如下："准备材料，焯水五花肉。炒姜蒜葱，加冰糖炒化。煎五花肉上色，加料酒生抽老抽翻炒。加水炖煮，转入砂锅焖煮 1.5～2 小时。收汁调味，切块装盘。"

AI

第一步-准备材料，焯水五花肉。
第二步-炒姜蒜葱，加冰糖炒化。
第三步-煎五花肉上色，加料酒生抽老抽翻炒。
第四步-加水炖煮，转入砂锅焖煮 1.5～2 小时。
第五步-收汁调味，切块装盘。

AI ChatGPT

④少样本提示：即在要求模型执行实际任务之前，给模型提供少量已完成的样例，让模型更精准地理解命令要求的输出样式。相关技巧请参见 3.1.3 节。

少样本提示的优点是训练速度快、样本量少，但需要模型具有较强的泛化能力。合理使用少样本提示可以让提示工程的工作更高效。

2.2.2 给模型思考的时间

为了能让大语言模型更深入地思考问题，可以运用提示信息来引导其进行分析。首先要求大语言模型列出对特定问题的各种观点，然后解释推理依据，最终得出结论。在提示信息中添加逐步推理的请求，可以调动大语言模型的逻辑思维潜力，避免大语言模型做出"拍脑袋"的输出，从而输出更可靠和更准确的结果。

(1)指定完成任务步骤

对于给定的复杂任务,可以事先给出完成该复杂任务的一系列步骤。例如，对特定文本执行以下操作。

AI

1－用一句话概括下面用引号括起来的文本。
2－将摘要翻译成英语。
3－在英语摘要中列出每个地名。
4－输出一个 JSON 对象，其中包含以下键：英文摘要，地名数量。
请用换行符分隔您的答案。
"面条是中国最常见的食品之一。由于制条、调味、粗细的不同，从而使中国各地出现了数以千计的面条品种，遍布各地。北方地区著名的面食有：山西的刀削面、焖面、猫耳朵、饸饹、剔尖、拨鱼、栲栳栳、不烂子等；北京的炸酱面（胶东大面的一种吃法）；河北的劲面王、麻酱面、保定大慈阁素面；山东的龙须面、济南麻汁凉面、红烧牛肉面（鲁菜红烧技法的体现）、威海海鲜手擀面、福山拉面（包括炸酱面）、鸡鸭和乐、安丘金丝面、夏津银丝面、炝锅面、疙瘩汤、摔面、打卤面（包括鱼卤、肉卤、素卤、三鲜等做法）；陕西的油泼面、岐山臊子面、杨凌蘸水面、武功镇的旗花面、扯面、浆水面；河南的烩面、道口麻鸭面、糊涂面条；兰州的兰州牛肉拉面；吉林的延边冷面、狗肉汤面、头道温吞；黑龙江的烤冷面。"

AI

1－ "面条是中国最常见的食品之一，各地有数以千计的面条品种。"
2－ Noodles are one of the most common foods in China, with thousands of varieties found across different regions.
3－ North China: Shanxi's knife-cut noodles, braised noodles, cat ear noodles, heledou noodles, tijian noodles, boyu noodles, kaolalang noodles, and bulanzi noodles; Beijing's fried sauce noodles (a variation of Jiaodong-style noodles); Hebei's jinmianwang noodles, sesame sauce noodles, Baoding Dacige vegetarian noodles; Shandong's long beard noodles, Jinan sesame cold noodles, braised beef noodles (a showcase of Shandong cuisine's braising technique), Weihai seafood hand-pulled noodles, Fushan pulled noodles (including fried sauce noodles), chicken and joy noodles, Anqiu golden silk noodles, Xiajin silver silk noodles, sauté ed pot noodles, geda soup, shuai noodles, and braised noodles (including fish, meat, vegetarian, and three-delights variations); Shaanxi's oil splash noodles, Qishan saozi noodles, Yangling dipping water noodles, Wugong Town qihua noodles, torn noodles, and jiāngshuǐ noodles; Henan's stewed noodles, Daokou duck noodles, confused noodles; Lanzhou's Lanzhou beef hand-pulled noodles; Jilin's Yanbian cold noodles, dog meat soup noodles, and todao warm noodles; Heilongjiang's roasted cold noodles.
4－ {"英文摘要": "Noodles are one of the most common foods in China, with thousands of varieties found across different regions.", "地名数量": 24}

AI ChatGPT

通过实测可知，大语言模型在应对复杂任务时，表现出了较强的能力，提示信息中的四项请求一一得到了有效执行。

（2）教导模型自己解决问题

要求模型首先自行解决问题，再根据模型生成的解法与给定的解法进行对比，从而判断给定的解法是否正确。同时，提示信息规定了输出的格式要求。通过拆分任务、明确步骤，让模型有更多时间思考，有时可以获得更准确的结果。

请判断提供的 A 方案是否正确，请通过如下步骤解决这个问题。

步骤：

首先，自己解决问题。

然后将您的解决方案与 A 方案进行比较，对比计算得到的总费用与 A 方案计算的总费用是否一致，并评估 A 方案是否正确。

在自己完成问题之前，请勿决定 A 方案是否正确。

使用以下格式：

问题：问题文本

A 方案：A 方案文本

实际解决方案和步骤：实际解决方案和步骤文本

A 方案计算的总费用：A 方案计算得到的总费用

实际计算的总费用：实际计算出的总费用

A 方案计算的费用和实际计算的费用是否相同：是或否

A 方案的解决方案和实际解决方案是否相同：是或否

A 方案的成绩：正确或不正确

问题：

我正在进行房屋装修，需要帮助计算总金额。

- 地板为每平方米 200 元
- 瓷砖每平方米 250 元
- 装修工人工资底薪 1 万元，并额外支付地板每平方 5 元、瓷砖每平方 6 元；

请问总费用是多少。

A 方案：

设 x 为需要铺设地板的面积，单位为平方米。y 为需要铺设瓷砖的面积，单位为平方米，单位为元

费用：

1. 地板费用：200x
2. 瓷砖费用：250y
3. 装修工人费用：10000+5x+6y

总费用：200x+250y+（10000+5x+6y）=10000+205x+256y

实际解决方案和步骤：

AI

问题：我正在进行房屋装修，需要帮助计算总金额。

- 地板为每平方米 200 元
- 瓷砖每平方米 250 元
- 装修工人工资底薪 1 万元，并额外支付地板每平方 5 元、瓷砖每平方 6 元；

请问总费用是多少。

A 方案：

设 x 为需要铺设地板的面积，单位为平方米。y 为需要铺设瓷砖的面积，单位为平方米。

费用：

1. 地板费用：200x
2. 瓷砖费用：250y
3. 装修工人费用：10000+5x+6y

总费用：200x+250y+（10000+5x+6y）=10000+205x+256y

实际解决方案和步骤：

1. 计算地板费用：地板面积乘以单价，即 200x 元。

2. 计算瓷砖费用：瓷砖面积乘以单价，即 250y 元。

3. 计算装修工人费用：底薪 1 万元加上地板面积乘以每平方 5 元，再加上瓷砖面积乘以每平方 6 元，即 10000+5x+6y 元。

4. 计算总费用：将上述三项费用相加，即总费用为 200x+250y+10 000+ 5x+6y 元，简化为 10000+205x+256y 元。

A 方案计算的总费用：10000+205x+256y 元

实际计算的总费用：10000+205x+256y 元

A 方案计算的总费用和实际计算的总费用是否相同：是

A 方案的解决方案和实际解决方案是否相同：是

A 方案的成绩：正确

AI ChatGPT

2.2.3 提示信息的设计原则

在设计提示信息时需要遵循一些原则和采用适当的方法，以确保生成结果的质量和可控性。

①明确性原则。提示信息应具备明确性，即提供清晰明确的指导信息，确保生成结果符合预期。明确性可以通过以下方式实现。

确定任务要求：明确定义生成任务的要求和目标，包括期望的输出类型、内容、格式等。

使用具体语言：提示信息中的语言应具体明确，避免模糊和歧义的表达，以便模型准确理解和执行。

②可解释性原则。提示信息应具备可解释性，使用户能够理解模型生成结果的基础和逻辑。可以通过以下方式提高提示信息的可解释性。

提供背景信息：提示信息可以包含任务相关的背景信息，帮助模型了解任务上下文和预期结果。

明确生成逻辑：提示信息可以明确指导模型的生成逻辑，包括所需的步骤、关键要素等。

解释生成结果：提示信息可以包含对生成结果的解释说明，帮助用户理解结果的含义和产生方式。

③灵活性原则。提示信息应具备一定的灵活性，以适应不同任务和场景的需求。灵活性可以通过以下方式实现。

支持参数化设计：提示信息可以包含参数，并支持用户根据具体需求进行自定义和调整。

提供可选项：提示信息可以提供多个可选项，以满足不同用户的需求和偏好。

可扩展性：提示信息应具备可扩展性，允许在需要时引入新的提示信息或修改现有提示信息。

④多样性原则。提示信息应考虑生成结果的多样性，以允许模型生成不同风格、内容或形式的输出。可以通过以下方式提高多样性。

引入随机性：提示信息中可以引入一定程度的随机性，使模型在生成结果时具有一定的多样性。

提供变体选项：提示信息可以提供不同的变体选项，允许用户根据需求选择不同的生成方式或特性。

结合其他技术：提示信息可以结合其他生成技术，如温度调节、采样策略等，以增加生成结果的多样性。

2.2.4　提示框架

提示框架是一种人工智能技术，用于引导模型学习数据的特征和模式，旨在构建对话或文本生成任务的输入提示信息。该框架提供了一种结构化的方式，通过在输入中引入明确的提示信息，以指导模型产生与提示信息相关的输出。这些提示信息可以是问题、陈述性的指令或完整的上下文，旨在为模型提供明确的任务要求和背景信息，以生成更准确、连贯和有意义的结果。通过提示框架的应用，生成模型可以更好地理解任务的上下文和目标，并生成与之相适应的文本。

AI　请给出一个基本的提示信息框架。

AI

1. 确定任务类型：明确你希望模型完成的任务类型，如对话生成、问题回答、文本摘要等。

2. 提供上下文信息：提供与任务相关的上下文信息，以帮助模型更好地理解任务的背景和语境。上下文可以是一段前置文本、对话历史或相关背景知识。

3. 设计问题或指令：设计一个明确的问题或指令，引导模型生成相关的响应或文本。问题或指令应该简明扼要、清晰明确，确保模型能够正确理解任务需求。

4. 控制生成长度：为了控制生成的长度，可以设置一个适当的文本长度限制或生成步数，以确保生成的响应或文本不会过长或过短。

5. 迭代和调试：根据生成结果进行迭代和调试，根据需要调整任务定义、上下文、问题或指令，以获得更准确和有用的生成结果。

以下是一个关于对话生成任务的示例：

1. 确定任务类型：对话生成。

2. 提供上下文信息：提供一段前置对话历史作为上下文，例如：

　　上下文：用户：你有什么要推荐的旅行目的地吗？

3. 设计问题或指令：设计一个明确的问题或指令，引导模型生成相关的回答，例如：

> 问题：请为用户推荐一些受欢迎的旅行目的地。
> 4. 控制生成长度：设置生成的回答长度限制，例如：
>   生成长度限制：最多生成一句话作为回答。
> 5. 迭代和调试：根据生成结果进行迭代和调试，根据需要调整上下文、问题或指令，以获得更准确和有用的生成结果。

以上示例明确了任务类型为对话生成，提供了上一句对话作为上下文，设计了一个明确的问题或指令，控制了生成的回答长度，并进行了迭代和调试，以获得更好的生成结果。

提示框架可以根据具体的任务和要求进行调整和扩展。本示例只是一个基本的框架，实际应用中可能需要更多的细化和调整，取决于具体的任务和生成模型的需求。

提示框架的关键在于提供明确而具体的任务提示，以引导生成模型生成符合任务要求的文本。这种框架可以广泛应用于各种生成任务，包括对话系统、文本生成和问答系统等。通过精心设计和调试，可以提高生成模型的质量和生成结果的准确性。

CREATE（Character，Request，Examples，Adjustmen，Type of Output，Extras）框架：角色、请求、示例、调整、输出类型、附加功能。

角色（Character）：明确定义大语言模型扮演的角色。角色可以是一个专家、顾问、教练或任何指定的角色。为角色提供必要的背景信息，以便模型理解其在特定领域或情景中的经验和知识。

请求（Request）：详细说明需要什么类型的回答或帮助。确保请求清晰明确，避免模棱两可的描述。如果需要特定的信息、解释、建议或创意，就确保在请求中明确提及。

示例（Example）：给出类似的问题或情景示例，或者提供一些语句或关键词来指导模型的生成。示例有助于模型更好地理解你的意图并生成更准确的回答。

调整（Adjustment）：如果在生成的回答中发现有不符合预期的地方，就要进行调整。调整包括修改请求的明确性、调整示例的特定内容或格式，或者向模型提供更明确的指导。在调整时，尽量提供具体的说明，以便模型能更好地满足需求。

输出类型（Type of Output）：明确描述期望的回答的输出格式或类型。输出的类型可以是一篇文章、一个段落、一个列表、一份建议或任何适合需求的形式。确保在请求中明确指定所需的输出类型，以便模型生成符合期望的答案。

附加功能（Extras）： 如果对生成的回答有特定的格式要求、需要使用特定的术语或希望突出某些信息，那么可以在附加功能中提及。例如，使用粗体、斜体、引用、编号列表等。这些额外的说明可以帮助模型更好地满足要求。

使用 CREATE 框架，可以更有针对性地引导大语言模型，以获得更准确、有用和满足需求的答案。确保在每个步骤中提供明确和具体的指导，以便模型理解意图并生成符合预期的回答，同时根据需要进行调整和优化，以获得更满意的结果。

下面是一个详细且具体的使用 CREATE 框架的提示信息示例。

角色： 如果你是一位人力资源经理，负责招聘和选拔合适的候选人。
请求： 请为一家科技初创公司编写一段招聘广告，吸引有才华的软件工程师加入团队。
示例： 作为一家创新型科技公司，我们正在寻找有激情和才华的软件工程师加入我们的团队。你将有机会参与设计和开发下一代科技产品，推动行业的变革。如果你对挑战性的工作环境和追求卓越的团队文化感兴趣，那么我们期待与你合作。
调整： 请使用简洁明了的语言，避免使用过于官方或行业特定的术语。
输出类型： 请提供一段招聘广告文本，100～150 个字。
附加功能： 请在文本中使用粗体字突出、强调关键信息。

AI

加入我们，迎接挑战，改变世界！
我们是一家创新型科技公司，正在寻找有激情和才华的软件工程师加入我们的团队。作为一名软件工程师，你将有机会参与设计和开发下一代科技产品，推动行业的变革。我们提供创造性的工作环境，鼓励团队合作和自主创新。如果你对挑战性的工作环境和追求卓越的团队文化感兴趣，那么我们期待与你合作。
我们正在寻找具备以下技能和经验的候选人：
– 熟悉多种编程语言和开发工具；
– 在软件开发项目中有成功的经验；
– 具备问题解决和团队协作的能力；
– 对新兴技术和行业趋势保持敏感。
如果你对技术充满热情，有创造力和创新思维，愿意与充满激情的团队共同努力，那么加入我们，一起迎接挑战，改变世界！
如果您对此职位感兴趣，请发送您的简历和个人陈述至 [职位邮箱]。我们期待与您进一步交流，并期待见到您加入我们的团队。
我们欢迎你的加入！

AI ChatGPT

以上示例在 CREATE 框架的指导下，明确了角色、请求和输出类型，并提供了示例和附加功能，以确保所得到的答案满足预期的要求。在构建提示信息时，确保使用明确的语言，并根据需要进行调整，以便更好地引导大语言模型生成正确和有用的答案。

　　常用的提示框架还包括 APE、CARE、TRACE、TAG、SAGE、ROSES、RTF、SPAR、SCOPE 等(如表 2-1 所示)。需要注意的是，提示框架并非万能解决方案，不同的任务和模型需要不同的调整和技巧。同时，生成模型的结果也受限于其训练数据和模型架构的限制。因此，在使用提示框架时，需要进行实验和评估，确保生成模型的输出符合预期，并满足任务的要求。

表 2-1

APE 框架：行动、目的、期望(Action, Purpose, Expectation)	TAG 框架：任务、行动、目标(Task, Action, Goal)	RTF 框架：角色、任务、格式(Role, Task, Format)
• 行动：定义要完成的工作或活动 • 目的：讨论意图或目标 • 期望：说明期望的结果	• 任务：定义具体任务 • 行动：描述需要做什么 • 目标：解释最终目标	• 角色：指定大语言模型的角色 • 任务：定义具体任务 • 格式：定义您想要的答案的方式
CARE 框架：语境、行动、结果、示例(Context, Action, Result, Example)	SAGE 框架：情况、行动、目标、期望(Situation, Action, Goal, Expectation)	SPAR 框架：场景、问题、行动、结果(Scenario, Problem, Action, Result)
• 背景：设置讨论的舞台或背景 • 行动：描述您想要做什么 • 结果：描述期望的结果 • 示例：举例说明观点	• 情况：描述背景或情况 • 行动：描述需要做什么 • 目标：解释最终目标 • 期望：描述期望结果	• 场景：描述背景或情况 • 问题：解释问题 • 行动：概述要采取的行动 • 结果：描述期望的结果
TRACE 框架：任务、请求、操作、语境、示例(Task, Request, Action, Context, Example)	ROSES 框架：角色、目标、场景、预期解决方案、步骤(Role, Objective, Scenario, Expected Solution, Steps)	SCOPE 框架：场景、并发症、目标、计划、评估(Scenario, Complications, Objective, Plan, Evaluation)
• 任务：定义具体任务 • 请求：描述您的请求 • 行动：说明您需要采取的行动 • 语境：提供背景或情况 • 示例：举例说明观点	• 角色：指定 ChatGPT 的角色 • 目标：说明目的或目标 • 场景：描述情况 • 解决方案：定义期望的结果 • 步骤：询问达成解决方案所需的行动	• 场景：描述情况 • 并发症：讨论任何潜在的问题 • 目标：陈述预期结果 • 计划：详细说明实现目标的步骤 • 评估：如何评估成功

　　虽然提示框架众多，却也呈现出一定的规律。通过对 CREAT、APE、CARE、TRACE、TAG、SAGE、ROSES、RTF、SPAR、SCOPE 等框架涉及要素进行进一步归纳，统计词频并进行排序，可以生成基于提示信息关键要素的词云图(如图 2-2 所示)。

　　可见，提示框架揭示了提示工程是以目标和结果为导向的自动生成工程。提示信息要特别关注结果、目标、任务的准确描述，再加入角色、示例等细节，大语言模型就会"自动"执行命令，生成结果。也就是说，提示信息只管分配"任务"和提出"目标"，具体工作交给大语言模型去执行并完成，这是一种典型的智力外包行为。而大语言模型执行的结果，既依赖于其固有的训练水平，又表现为任务分配者运用提示技能的展现。因此，提示技能完全可以被认为是一种基于自然语言的编程能力，具体表现为特定角色制定目标和分配任务，并对结果进行评估和控制的能力。

图 2-2

2.3 提示工程在人工智能生成内容（AIGC）中的应用

提示工程作为一种在生成任务中广泛应用的技术，已经在各种领域和多场景任务中展现出显著的效果和应用潜力。本节将介绍提示工程在不同生成任务中的应用情况，并探讨其对生成结果质量和可控性的影响。

AI	请简要介绍 AIGC 及多模态能力。
AI	AIGC 是一种集成了多种 AI 技术的生成协同技术，可以处理和生成不同模态的数据，包括自然语言处理(NLP)、图像处理、声音处理等多种技术。通过将不同模态的数据进行结合和整合，AIGC 能够实现更加全面、准确的智能决策和预测。 AIGC 的多模态能力体现在可以生成丰富多彩的内容，包括文本、音频、图像和视频等。不同模态之间的融合还可以实现跨模态内容生成，进一步提升 AIGC 的生成能力。

AI 文心一言

　　人工智能生成内容（AIGC）表现出让人惊艳的多模态和跨模态生成能力。但是，由于提示工程的水平不同，其生成结果的差异也非常明显。

　　AIGC 的历史可以追溯到 20 世纪 50 年代，当时美国的约瑟夫·维纳（Joseph Weizenbaum）开发了世界上第一个聊天机器人"艾莉莎"（ELIZA）。艾莉莎是一种模拟人类对话的程序，它使用了简单的规则来生成回复，这些规则基于人类语言的统计模式。虽然艾莉莎的功能非常有限，但它标志着人工智能生成内容（AIGC）领域的开端。2014 年以来，由于深度学习技术的快速发展和大规模的可用训练数据，AIGC 取得了快速的发展。

　　AIGC 的多模态能力是指其能够同时处理和理解多种不同类型的数据和信息，包括文本、图像、声音等多个模态。传统的人工智能系统通常只专注于单一模态的数据处理，而 AIGC 通过整合多种 AI 技术，能够跨越多个模态进行综合分析和生成。AIGC 的多模态能力意味着它可以处理文本、图像和声音等不同形式的输入，并能够在这些模态之间建立联系和理解上下文。例如，当给定一张图像时，AIGC 可以通过计算机视觉技术分析图像内容，并结合自然语言处理能力生成相关的文本描述。同样地，当给定一段语音时，AIGC 可以通过声音处理技术提取其中的文本信息，并能够生成相应的文本输出。

　　跨模态生成是指使用一个模态的数据作为输入，但生成另一个模态的数据作为输出，即它通过从一个模态到另一个模态的转换，实现不同类型数据之间的创造性生成。例如，跨模态生成可以实现从文本到图像的转换，即给定一段文字描述，系统能够生成与描述相符的图像。在这种情况下，系统通过理解文本的语义和上下文，将其转化为视觉信息，生成与文本内容相关的图像。跨模态生成的应用广泛，可以用于图像生成、图像描述、文本生成、音频合成等方面。它能够丰富和拓展多模态数据的应用领域，实现跨模态数据的创造性生成和交互。

2.3.1　文本生成任务

　　基于文本的生成，是大语言模型的基础能力，自然语言处理技术是大语言模型得以发展的基石。大语言模型表现出的诸如创作、对话的能力，已经达到了很高的智能水平，有些能力甚至已经具备通过"图灵测试"的水平。

　　文本生成核心能力可以简要地分为创作、二次创作、翻译、代码和对话五大能力，每项能力对应不同的应用场景和任务要求（如表 2-2 所示）。

表 2-2

文本生成核心能力	创作	二次创作			翻译	代码	对话
		文本添加	文本抽取	文本转换			
任务类型及应用举例	创作文学作品（诗歌、剧本、作文）应用文写作（工作报告、新闻写作、营销文案、短视频剧本）	扩写续写衍生作品同人作品评论	缩写摘要抽取特定信息	仿写改变写作风格（创作者风格，如鲁迅风格等；传播对象风格，如"小红书"风格等）	将文本翻译成其他语种，支持同时翻译成不同语种	生成多种计算机语言代码生成代码补齐代码纠错代码解释	知识库提问；基于特定文本的复杂提问；简单问答；模仿特定角色参与讨论；多轮对话

在文本生成任务中，通过设计明确的提示信息，可以引导模型生成特定风格、主题或内容的文本。例如，在生成新闻摘要时，提示信息可以指示模型生成简洁准确的摘要内容；在生成对话时，提示信息可以约束模型生成相关、连贯的对话言语；此外，提示信息还可以用于生成特定领域的文本，如科技报道、医学文献等，以确保生成结果符合特定领域的要求。

当涉及文本生成任务时，提示工程可以应用于多种情景和应用场景。以下是一些关于文本生成任务中提示工程的具体应用例子。

（1）新闻摘要生成

提示信息：根据以下文章生成一篇简洁准确的新闻摘要。

> [A] 请为下面的新闻稿写一篇 200 字左右的摘要。《中国自主研发的人工智能大模型首次向公众开放服务》新华社北京 9 月 3 日电，百度的文心一言、抖音的云雀大模型、中科院的紫东太初大模型等 8 款由中国科技企业或科研机构自主研发的人工智能大模型，8 月 31 日宣布正式面向公众开放服务。
> 这是中国自主研发的人工智能大模型首次向公众开放服务。业内认为，这意味着中国人工智能大模型将获得更大的数据规模、更广泛的应用空间、更快速的技术迭代机会。近来，中国人工智能大模型如雨后春笋般涌现，但此前它们一直未面向公众开放。8 月 15 日正式实施的《生成式人工智能服务管理暂行办法》提出，利用生成式人工智能产品向公众提供服务前，应按照《具有舆论属性或社会动员能力的互联网信息服务安全评估规定》向国家网信部门申报安全评估，并按照《互联网信息服务算法推荐管理规定》履行算法备案和变更、注销备案手续。
> 日前，百度、字节、商汤、百川智能等 11 家企业或机构的大模型位列首批通过备案的名单。除 8 月 31 日宣布面向公众开放服务的 8 款外，还有 3 款产品或将择机向公众开放。
> "当文心一言向数以亿计的互联网用户大规模开放服务后，能够获得真实世界更多的人工反馈，将有助于基础模型的进一步改进与产品的更快速迭代，创造更优的用户体验。"百度创始人、董事长兼首席执行官李彦宏认为，中国人工智能企业应发挥优势，进一步探索应用场景、构建应用生态。

天眼查提供的数据显示,2023 年上半年中国与大模型直接相关的融资事件超过 20 起,中国国内已发布的各类大模型数量超过 100 个,呈现出"百模大战"的态势。中国国内从事大模型研发的"厂商"主要包括百度、腾讯、阿里、商汤、华为等企业,也有智源研究院、中科院自动化所等研究机构。

AI 8 款由中国科技企业或科研机构自主研发的人工智能大模型,包括百度的文心一言、抖音的云雀大模型、中科院的紫东太初大模型等,于 8 月 31 日正式面向公众开放服务。这是中国自主研发的人工智能大模型首次向公众开放服务。这些大模型的开放将加速其技术迭代和应用生态的构建,同时为互联网用户提供更优的用户体验。在此之前,百度、字节、商汤、百川智能等 11 家企业或机构的大模型已通过备案。据天眼查提供的数据,2023 年上半年中国与大模型直接相关的融资事件超过 20 起,中国国内已发布的各类大模型数量超过 100 个。如果您对此职位感兴趣,请发送您的简历和个人陈述至[职位邮箱]。我们期待与您进一步交流,并期待见到您加入我们的团队。

AI 文心一言

通过这个提示信息,模型可以根据给定的文章内容生成与之相关的新闻摘要,确保生成结果符合新闻报道的要求,包括简洁、准确和完整。

(2)对话生成

提示信息:模拟以下对话场景并生成连贯的对话内容。

请模拟"傅盛"和"李彦宏",就"通用大模型"和"行业大模型"进行辩论,傅盛支持行业大模型,李彦宏支持通用大模型,350 字左右。

AI 傅盛:李彦宏先生,您认为通用大模型是未来的方向,但我认为行业大模型更有优势。

李彦宏:傅盛先生,我理解您的观点,但我仍然坚信通用大模型的潜力。它可以广泛应用于各种领域,而行业大模型只能在特定领域发挥作用。

傅盛:确实,通用大模型可以处理各种任务,但它缺乏针对性。以医疗行业为例,一个通用的大模型可能无法准确识别肿瘤细胞,而一个针对医疗行业的大模型则可以更准确地诊断和治疗疾病。

李彦宏:您的观点有一定道理,但我们不能忽视通用大模型的优势。首先,通用大模型的开发成本较低,可以快速应用于多个领域。其次,随着技术的发展,通用大模型的性能也会不断提高,逐渐接近行业大模型的水平。

傅盛:我同意通用大模型有降低成本的优势,但在实际应用中,我们需要考虑的是性能和准确性。行业大模型可以根据特定领域的知识进行优化,从而在性能上超过通用大模型。而且,行业大模型的数据量通常比通用大模型少得多,这有助于提高模型的训练速度和泛化能力。

李彦宏:傅盛先生,我认为我们在这个问题上可以找到一个平衡点。我们可以继续发展通用大模型,同时鼓励和支持行业大模型的研究和应用。这样既可以充分发挥两者的优势,又能为不同领域提供更高质量的人工智能解决方案。

傅盛:您的建议很有道理,李彦宏先生。我们应该在通用大模型和行业大模型之间寻求平衡,共同推动人工智能技术的发展。

AI 讯飞星火

通过这个提示信息，模型可以生成模拟对话场景的连贯对话内容，确保生成结果在逻辑上连贯且合理，符合真实对话的特点。

（3）文章风格改写

提示信息：请将文章改写为某种风格。

> [AI] 将张爱玲的描述"黑暗中他划燃了一根火柴，这橙红色的三角小旗缓缓地摇荡在它自己的风里，渐渐地它燃尽了自己的旗杆，归于寂灭。"进行风格改写，请转换成莫言先生的语言特点和叙事风格。
>
> [AI] 在那黑暗的角落里，他轻轻擦燃了一根火柴，那橙红色的三角形小旗就在这微弱的火光中，如同一个幽灵般缓缓地摇曳。仿佛有股神秘的力量在操控着它，引领它走向自己生命的终点。慢慢地，火柴燃尽了自己的生命，小旗也随之消失在黑暗中，无声无息。

[AI] 智谱清言

通过这个提示信息，模型可以基于给定的语料进行语言风格改写，以确保生成结果具备给定作家的语言特点和叙事风格。

（4）领域特定文本生成

提示信息：根据以下问题生成一篇 ** 领域的报道。

> [AI] 请归纳一下大模型的"涌现能力"对于提升电商信息流精准推送方面的赋能，字数 300 字。
>
> [AI] 大模型的"涌现能力"是指其能够通过自我学习和训练，从大量的数据中自动发现和提取规律，从而生成高质量的文本内容。对于电商信息流精准推送而言，大模型的涌现能力主要体现在以下几个方面：
> 提高推送效果：……。提高推送效率：……。提高推送多样性：……。提高推送创新性：……。
> 总的来说，大模型的涌现能力可以为电商信息流精准推送提供更高效、更高质量、更多样化和更具创新性的解决方案，从而提高电商营销的效果和效率。

[AI] 通义千问

通过本例，模型可以根据给定的问题生成符合科技报道要求的文本，确保生成结果具有相关的科技领域知识和专业性。

（5）诗歌生成

提示信息：根据以下主题生成一首自由诗。

通过这个提示信息，模型可以根据给定的主题生成一首符合主题要求的自由诗，保持诗歌的韵律、意境和美感。

51

AI 请为"图灵"写一首七言绝句。

AI 好的，以下是一首关于"图灵"的七言绝句：

《图灵》
图灵机解迷津长，
智能开创世纪章。
计算理论奠基者，
英名永存照远方。
这首诗主要表达了对"图灵"的赞美和敬仰之情。图灵机是他提出的一种抽象的计算模型，为现代计算机的发展奠定了理论基础。他还是人工智能领域的先驱，为开创世纪新篇章做出了重要贡献。他的英名将永远铭刻在人类科技发展的历史长河中，照亮远方的征程。

AI 豆 包

以上示例展示了提示工程在文本生成任务中的具体应用。通过设计明确的提示信息，可以引导模型生成特定风格、主题或内容的文本，以满足不同任务和应用场景的需求。

2.3.2 图像生成任务

在图像生成任务中，通过设计明确的提示信息，可以控制图像的内容、风格和特征。例如，在图像描述生成任务中，提示信息可以指导模型生成准确描述图像内容的文本；在图像风格转换任务中，提示信息可以约束模型生成特定风格的图像；提示信息还可以用于生成特定领域的图像，如医学影像、艺术绘画等，以满足特定领域的需求。

当涉及图像生成任务时，提示工程可以应用于多种情景和应用场景。以下是一些关于图像生成任务中提示工程的具体应用例子。

（1）描述图像

将图像上传到大语言模型。

提示信息：请描述图像中的视觉元素或视觉传达。

AI 思想者.png

AI 使用说文解画。

以下是我对图像的理解：

思考者雕像，沉思冥想。它静静地坐着，似乎沉浸在思考之中。它的身体和头部比例完美协调，呈现出一种独特的美感。雕塑的灰色部分是金属质地，黑色部分则是石头材质。它的姿态表现出深思熟虑、深入探究的思想状态。这尊雕像不仅是一件艺术品，更是对人类思考和探索的一种启示。

文心一言

通过这个提示信息，模型可以对图像中包含的视觉元素做详细描述，甚至可以分析并描述图像中视觉元素的姿态、情感和材质。

（2）风格转换

上传图像到大语言模型。

提示信息：将这张风景图像转换为**风格的图像。

将这张自然风景图像转换为印象派风格的图像。

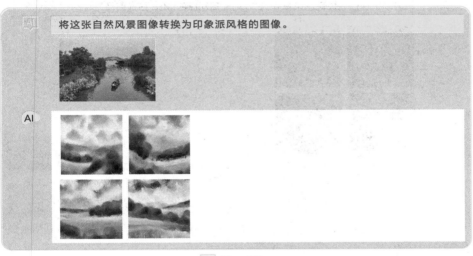

New Bing

通过这个提示信息，模型可以将给定的自然风景图像转换为具有印象派绘画风格的图像，以实现艺术风格的转换。

（3）文字描述生成图像

提示信息：根据以下描述生成一张图像："**"。

根据以下描述生成一张图像："一只猫在草地上玩耍"。

AI New Bing

通过提示信息，大语言模型可以生成一张符合描述的图像，包括猫和草地背景。模型可以根据提示信息中的描述指导生成过程。

(4)特定领域图像生成

提示信息：根据以下描述生成**影像："***"。

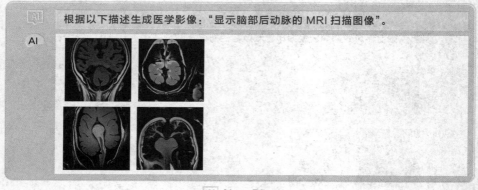

AI New Bing

通过提示信息，模型可以生成一张符合描述的医学影像，以满足医学领域的需求。提示信息中的描述可以指导模型生成与脑部后动脉相关的 MRI 图像。

以上示例展示了提示工程在图像生成任务中的具体应用。通过设计明确的提示信息，可以引导模型生成特定内容、风格或领域的图像，以满足不同任务和应用场景的需求。

在图像生成任务中，使用多个提示信息可以帮助模型约束图像的内容和风格，以获得更准确和多样化的生成结果。

以下是一些使用多个提示信息来约束图像内容和风格的技巧。

(1)组合多个关键词和描述

通过使用多个关键词和描述来引导生成图像的内容和风格。可以结合不同的关键词来指定图像的主题、场景、对象等，以及描述图像的外观、色彩、情感等。通过组合不同的关键词和描述，可以更具体地约束生成图像的特征。

(2) 引入条件语句

通过引入条件语句来约束图像的内容和风格。在提示信息中引入条件语句，以指定特定的约束条件，如"生成一幅抽象风格的城市夜景""在日落时刻，画一只飞翔的鸟"等。这样可以针对不同的条件生成不同风格或内容的图像。

(3) 对比和比较描述

通过使用对比和比较描述来约束图像的内容和风格。在提示信息中同时提供两个或多个描述，用于对比或比较不同的特征，如"生成一幅明亮的日间风景，与之相比生成一幅幽暗的夜景""画一只憨态可掬的小狗和一只优雅的猫"等。这样可以约束生成图像在不同特征之间进行选择或组合。

(4) 使用示例图像

通过提供示例图像来约束生成图像的内容和风格。您可以提供一些示例图像，作为生成图像的参考。例如，您可以附上几张具有类似风格或内容的图像，并描述所需的变化或修改。模型可以参考这些示例图像来生成符合要求的图像。

(5) 迭代和微调提示信息

迭代和微调提示信息是有效的策略。通过多个提示信息，生成一批图像，并根据结果对提示信息进行调整和优化。根据生成的图像，观察其与提示信息之间的关联，对提示信息进行微调，以逐步改善生成结果。

在使用多个提示信息时，尝试不同的组合方式和约束条件，以探索更多样化和准确的图像生成结果。重要的是保持提示信息清晰、具体和一致，以确保生成的图像符合需求。以下是一个使用多个提示信息来约束图像内容和风格的示例：提示信息 1："生成一幅自然风光插图……"；提示信息 2："为这幅插图选择柔和的色调……"；提示信息 3："确保插图中的细节清晰可见……"。

生成一幅自然风光插图，画面中有山脉和湖泊，以及若干棵常青树。请着重描绘山脉的壮丽和湖泊的宁静，同时保持整体画面的平衡和和谐感。

AI

Ａ
AI

为这幅插图选择柔和的色调，突出自然环境的美感。请使用温暖的色彩，如柔和的橙色和淡蓝色，并强调自然光线的效果。

Ａ
AI

确保插图中的细节清晰可见，如山峰的纹理、湖水的波纹和树木的细枝。请注意细节的精确性和真实感，以提升插图的质感和细腻度。

Ａ New Bing

　　在这个示例中，我们使用了三个不同的提示信息来约束图像内容和风格。第一个提示信息描述了场景和元素的要求，强调山脉、湖泊和常青树，并要求表达山脉的壮丽和湖泊的宁静。第二个提示信息则关注插图的色调和光线效果，要求使用柔和的色调和突出自然光线的效果。第三个提示信息强调细节的清晰可见性，要求准确描绘山峰、湖水和树木的细节。

　　通过这些提示信息，模型可以参考这些指示生成一幅符合要求的自然风光插图，并在色调、光线和细节方面满足您的期望；还可以根据具体需求和偏好进行调整和修改，确保生成的图像与您想要的风格和内容相匹配。

以下是一个具体的使用文本描述来约束生成任务的提示信息示例。

AI 文心一言

在这个示例中,我们提供了关于人物的详细描述。描述中包含了以下要素。

①性别及职业:程序员、男性(完成,年龄特征基本准确)。

②服装及配饰:穿红色格子上衣、戴黑框眼镜、戴口罩(完成,上衣为红黑格子,眼镜为黑框,因为口罩没有指定颜色)。

③要求:口罩是画面中心(完成);口罩叠加了一个屏幕,屏幕上闪烁着许多提示信息命令行(未完成,要求比较特殊)。

④景:背景深邃、有艺术感(完成暗色背景,艺术感没有体现)。

通过这个提示信息,模型可以参考这些指示来生成一幅符合要求的人物肖像,还可以根据具体需求和偏好进行调整和修改,确保生成图像满足期望。借助模型,没有绘画经验的人也可以很容易地得到逼真图像。除了用于娱乐,在未来,或许能帮助执法人员进行嫌疑人画像。

2.3.3 音频生成任务

在音频生成任务中,通过设计明确的提示信息,可以引导模型生成清晰、自然的音频结果。例如,在语音合成任务中,提示信息可以指示模型生成特定语速、语调和发音的音频;在音乐生成任务中,提示信息可以约束模型生成特定风格、曲调和节奏的音频;提示信息还可以用于生成特定领域的音频,如语言学习、语音治疗等,以满足特定领域的需求。

当涉及音频生成任务时,提示工程可以应用于多种情景和应用场景。以下是一些关于音频生成任务中提示工程的具体应用例子(本节示例采用 MusicGen 生成)。

（1）音乐生成

提示信息：根据以下提示信息生成一段欢快的钢琴音乐。

根据这个提示信息（如图 2-3 所示），模型可以生成一段符合提示信息的欢快钢琴音乐，以满足特定风格或情感要求，并确保生成结果具有音乐的连贯性和和谐感。

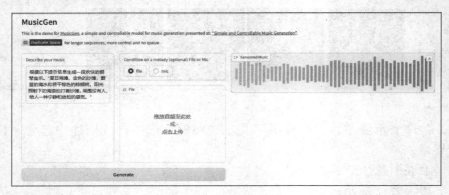

图 2-3

（2）语音合成

提示信息：根据以下文本生成一段自然流畅的语音。

根据这个提示信息（如图 2-4 所示），模型可以根据给定的文本生成自然流畅的语音，以满足语音合成的需求，包括语音的语调、音质和表达方式。

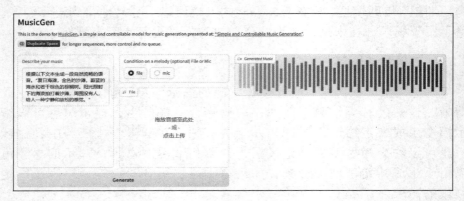

图 2-4

（3）音效生成

提示信息：根据以下场景生成一个适合的音效。

通过这个提示信息(如图 2-5 所示),模型可以根据给定的场景生成符合场景要求的音效,如环境音效、动作音效等,以增强特定场景的音频体验。

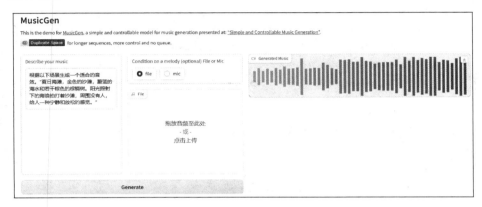

图 2-5

(4)语音对话生成

提示信息:模拟"***"对话场景生成连贯的语音对话内容。

根据这个提示信息(如图 2-6 所示),模型可以生成模拟对话场景的连贯语音对话内容,确保生成结果在语音表达和对话逻辑上连贯且合理,符合真实对话的特点。

(5)音频解释说明

提示信息:根据以下描述生成一段关于天文现象的音频解释说明。

通过这个提示信息(如图 2-7 所示),模型可以根据给定的描述生成一段关于天文现象的音频解释说明,以满足科普解说或教育需求。

以上示例展示了提示工程在音频生成任务中的具体应用。通过设计明确的提示信息,我们可以引导模型生成特定风格、音效或内容的音频,以满足不同任务和应用场景的需求。

2.3.4 其他生成任务

除了文本、图像和音频生成任务,提示工程还可以应用于其他类型的生成任务,如视频生成、代码生成、设计生成等。在这些任务中,提示信息的设计可以根据具体需求和任务特点进行调整和定制。通过合理应用提示工程,可以提高生成结果的质量和可控性,满足不同任务和应用场景的需求。

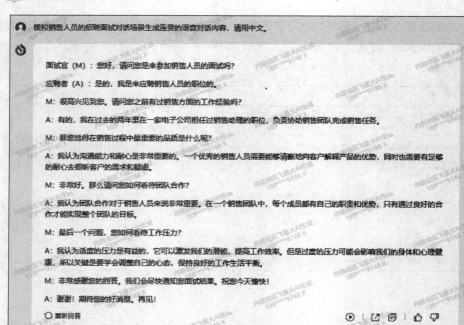

图 2-6

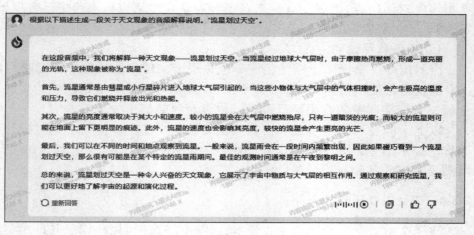

图 2-7

　　当涉及文本、图像和音频等生成任务时，提示工程的使用技巧可以根据任务类型的不同略有差异。以下是一些通用的使用技巧（如表 2-3 所示），涵盖了这些任务的多个方面。

表 2-3

指导方式	文本生成	图像生成	音频生成
明确描述任务和目标	确保提示信息的描述清晰明确,准确传达您期望生成的文本内容和风格	明确指定图像的内容、风格或特征,确保提示信息能够准确引导模型生成	清楚描述所需的音频内容、语调、音质等,以确保提示信息能够精确指导音频生成过程
控制生成的方向	使用关键词或具体指令来引导生成的文本方向,如要求生成对话、描述、解释等	明确指定所需的图像风格、内容或特征,以控制生成方向和风格转换的目标	通过具体描述语调、情感或音效要求,引导生成的音频方向,如欢快、悲伤、环境音效等
多样性的提示信息	使用多个提示信息来引导生成,结合不同的角度、问题或约束条件,以获得更多样化和丰富的文本生成结果	通过组合多个提示信息,可以同时约束图像的内容、风格和其他特征,以获得更准确的生成结果	尝试使用多个提示信息来约束音频的不同方面,如语调、音效、情感等,以获得更符合要求的音频生成结果
控制生成的细节	使用具体的描述、细节或约束条件来控制生成文本的特征,如人物性格、情感表达、场景设置等	通过指定特定的图像元素、位置、颜色等细节,控制生成图像的具体细节和特征	通过描述语调、音质、速度等细节,控制生成音频的具体特征和表达方式
迭代和调试	不同任务类型都可以通过迭代和调试来优化提示信息工程的效果。尝试不同的提示信息设计、微调描述或引入其他约束条件,以获得更理想的生成结果		
预训练模型的选择	针对不同生成任务,选择适合的预训练模型也很重要。不同的模型可能在不同任务上表现优势。尝试多个模型并比较它们的生成结果,以找到最适合您需求的模型		

　　这些使用技巧可以帮助我们在文本、图像和音频等生成任务中更好地应用提示工程,并获得更准确、符合要求的生成结果。根据具体任务和应用场景的需求,我们可以灵活调整和改进提示信息的设计,以获得更满意的生成效果。

2.4　提示信息的评估

　　提示信息的评估和迭代优化是一个重要的过程,通过对生成结果进行评估和反馈,不断调整和改进提示信息,以满足任务需求和用户期望。以下是一些常见的方法和指标。

　　(1)人工评估:通过人工评估生成结果的质量和一致性,以确定提示信息的效果。人工评估可以包括专家评估和用户调查,以获得对提示信息效果的客观反馈。

（2）自动评估指标：使用自动评估指标（如 BLEU、ROUGE、METOR 等）来量化生成结果与期望结果之间的相似度和质量。自动评估指标可以提供快速的评估结果，但并不能完全捕捉到生成文本的语义和逻辑准确性，也无法评估文本的一致性和流畅性。因此，在关键任务和应用领域中，人工评估仍然是必要的，以全面评估生成文本的质量和可用性。

下面介绍几种常用的评估指标。

①BLEU（Bilingual Evaluation Understudy）。BLEU 是一种常用的机器翻译评估指标，也可以用于文本生成任务。它通过比较生成文本与参考答案之间的 n-gram 重叠情况来衡量相似度。具体而言，BLEU 计算了生成文本中 n-gram 与参考答案中 n-gram 的匹配程度，然后将这些匹配的 n-gram 的数量归一化，得到一个 0 到 1 之间的分数，分数越高表示生成文本与参考答案越相似。

②ROUGE（Recall-Oriented Understudy for Gisting Evaluation）。ROUGE 是一组用于文本摘要评估的指标，也常用于文本生成的自动评估。ROUGE 主要基于 n-gram 的重叠来衡量生成文本与参考答案之间的相似度，同时还考虑了句子级别的重要性。ROUGE 指标包括 ROUGE-N（基于 n-gram 的重叠）、ROUGE-L（最长公共子序列）和 ROUGE-S（Skip-bigram）等。

③METOR（Metric for Evaluation of Translation with Optimized Rewriting）。METOR 是一种用于机器翻译评估的指标。METOR 的特点是它结合了自动评估和人工参与优化的方法。其评估过程包括两个主要阶段。A.自动评估阶段：METOR 使用自动评估指标（如 BLEU、TER 等）对机器翻译系统生成的译文进行评估。这些指标可以衡量译文的质量和与参考翻译之间的相似度。B.优化重写阶段：METOR 根据自动评估的结果，使用一种重写算法对机器翻译系统的译文进行优化。重写算法会根据评估指标的结果，对译文进行调整和修改，以提高其质量和与参考翻译的一致性。它能够综合考虑自动评估的效率和人工参与优化的精确性，从而提供更全面的评估指标，帮助改进机器翻译系统的性能。

（3）对比实验：通过与不同提示信息或对照组进行对比实验，评估生成结果的质量和用户满意度。这可以帮助确定哪种提示信息的设计和调整方法在特定任务中更有效。

根据评估结果和用户反馈，不断调整和改进提示信息，可以逐步提高生成结果的质量和一致性，以满足任务需求和用户期望。

2.5 小　结

　　本章系统地介绍了提示工程在大语言模型中的重要性和应用。首先，介绍了提示工程的概念和作用，强调了提示信息在引导模型生成中的关键作用。其次，深入研究了提示信息的设计原则和框架，包括如何选择合适的提示信息类型、构建清晰的指令和提供足够的上下文信息等。再次，重点关注了提示工程在生成任务中的应用，探讨了如何通过巧妙的提示信息设计来引导模型生成所需的输出，并提高生成结果的准确性和可控性；讨论了不同类型任务的提示信息设计策略，并提供了实际案例和示例。最后，本章探讨了提示信息的评估方法，介绍了常用的评估指标和技巧，帮助读者准确评估和优化提示信息的效果。

　　通过本章的学习，读者将深入理解提示工程的核心原理和实践技巧，能够设计出高效的提示信息，并在各类生成任务中取得更好的效果。接下来，我们将继续探索大语言模型的相关技术和应用，进一步提升生成能力和应用效果。

第 3 章

提示工程的
策略和技巧

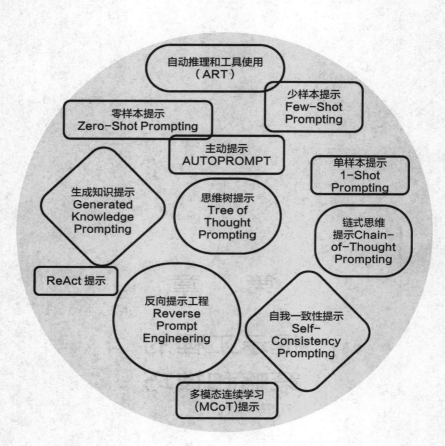

本章将探讨提示工程的策略和技巧，包括零样本提示、单样本提示、少样本提示、链式思维提示、生成知识提示、自我一致性提示、思维树提示、自动推理和工具使用（ART）提示、多模态连续学习提示、主动提示、ReAct 提示，以及强化反馈提示等。这些策略和技巧将帮助我们优化大语言模型的提示生成能力，提高其在实际应用中的效果和适应性。

3.1 提高提示信息量

提示工程的策略和技巧主要通过提供更丰富的上下文信息，帮助模型更好地理解需求。典型的策略包括零样本提示、单样本提示、少样本提示、链式思维提示、生成知识提示等。提供更多上下文信息可以减少歧义，让模型生成更符合预期的输出。

3.1.1 零样本提示（Zero-Shot Prompting）

假设有一个经过预训练的大语言模型，但它从未在关于摘要的特定任务上进行过微调。关于使用零样本提示策略的方法，我们可以提供一个模板。

文本摘要示例如下。

> **AI** 请把以下段落精简成一句摘要语句，需要包含原文的主要内容和观点，语句通顺连贯，避免重复和冗余词语：零样本提示（Zero-Shot Prompting）是在不依赖具体训练示例的情况下，仅利用自然语言描述的提示信息来指导语言模型完成特定任务。该方法的主要思想是通过构造包含任务描述的提示信息，直接引导语言模型生成所需的响应，而无须额外的训练示例来微调模型。
>
> **AI** 零样本提示通过自然语言描述的任务提示信息来引导语言模型完成特定任务，无须具体训练示例和额外微调模型。

AI ChatGPT

这个示例遵循了零样本提示的思路，仅用自然语言描述对摘要的要求，无须给出具体示例。生成的摘要语句包含了原文的主要观点，有较好的概括性和连贯性，避免了重复，达到了零样本提示的效果。

情感分析示例如下。

> **AI** 将文本分类为中立、消极或积极。文本："我觉得假期还可以。"情感：
>
> **AI** 中立

AI ChatGPT

　　提示信息传递给模型后，模型可以通过理解提示信息中的关键词和指令，以及其在预训练中学到的关于语言和世界知识的表示生成输出，即使它从未在这个具体的任务上进行过训练。

　　零样本提示的关键步骤包括详细描述任务需求和期望的模型响应样式，并将其构造为提示信息，然后使用该提示信息来引导大语言模型生成相应的结果。零样本提示的优势主要体现在以下几个方面：首先，它避免了人工数据标注的高成本，使得模型可以在少量甚至无数据的情况下应用于各种任务；其次，零样本提示能够更好地保留预训练模型所获得的知识，提供更高的泛化能力和灵活性；最后，零样本提示的构造相对容易迭代和实验，能够快速优化和调试，对于低资源语言尤其友好。

　　然而，零样本提示也存在一些限制。生成的效果很大程度上依赖于提示工程的质量，需要仔细设计和优化提示信息以获得理想的结果。零样本提示对预训练模型的要求较高，需要具备丰富的语言理解和生成能力。因此，结合其他技术来进一步优化提示信息的效果是必要的。当零样本提示无法完成特定任务或生成满意结果时，建议在提示信息中提供演示或示例，从而进行少样本提示。

3.1.2　单样本提示（1-Shot Prompting）

　　单样本提示允许模型在一次提示（如一个示例句子）的情况下生成高质量的文本。其目标是在仅有的提示信息下，使模型产生与给定主题或场景相关的连贯、合理和准确的输出。

　　单样本提示与传统的多样本学习方法相比具有以下优势。

　　①计算效率高。传统的多样本学习方法通常需要大量数据进行训练，而单样本提示只需要一个示例即可，在训练大型模型时大幅降低了计算成本。

　　②泛化能力强。由于单样本提示依赖于强大的预训练模型，这些模型已经从海量数据中学习了丰富的知识，因此单样本提示可以在不同场景下产生良好且多样化的输出，提高模型的泛化能力。

　　③灵活性强。单样本提示允许用户根据需要为模型提供不同的提示信息，从而生成多样化的文本。这为自然语言生成任务提供了更高的灵活性和可定制性。

　　下面是一个基于单样本提示的示例。

中国取名方式讲究"男楚辞女诗经"的文化传统，就是男性的名字取自《楚辞》，女性的名字取自《诗经》，如朱自清(自清取自宁廉洁正直以自清乎——《楚辞·卜居》)，屠呦呦(呦呦鹿鸣，食野之蒿——《诗经·小雅·鹿鸣》)。请为张姓女孩和王姓男孩取名字，每人提供三个方案并提供来源。

AI
张姓女孩名字方案：
张思柔。思柔取自《甫田之什·桑扈》："兕觥其觩，旨酒思柔"。寓意是思念柔和，形容性格温和柔顺。
张嘉卉。嘉卉取自《谷风之什·四月》："山有嘉卉，侯栗侯梅"。寓意是美好的花卉，形容容貌美丽。
张雅南。雅南取自《谷风之什·鼓钟》："以雅以南，以龠不僭"。寓意是高雅和南方，形容气质高贵典雅。
王姓男孩名字方案：
王怀信。怀信取自《九辩》："岂有怀信而欺吾兮，苟余情其信芳"。寓意是心怀信念，形容有坚定的信仰和诚实的品德。
王齐昭。齐昭取自《九歌·东方之日》："东方之日兮，既昭且明"。寓意是齐国的光明，形容有卓越的才华和光明的前途。
王辰星。辰星取自《远游》："奇傅说之托辰星兮，羡韩众之得一"。寓意是天上的星辰，形容有远大的理想和耀眼的光芒。
以上仅为一些取名的建议，具体的名字还需要结合个人的喜好和家庭的文化背景来选择。同时，名字也寄托了父母对孩子的祝福和期望，因此在取名时需要慎重考虑。

AI 豆包

上例表明，单样本提示也存在一定的挑战，如如何确保生成文本的质量和准确性、如何平衡多样性和连贯性等。例如，女孩名字的第三个方案和男孩名字的第二个方案，并不能严格执行给定的取名原则。研究人员正在不断探索和改进这一技术，以提高其性能和实用性。

3.1.3 少样本提示(Few-Shot Prompting)

少样本提示在零样本提示的基础上提供了极少量的训练示例来辅助模型完成特定任务。少样本提示的特点包括使用 1~10 个训练示例，结合自然语言描述的提示信息，直接引导模型生成新的响应，无须额外微调。示例的主要作用是减少提示信息的歧义，提高模型对任务理解的准确度。同时，该方法仍保留了预训练模型的知识，避免过拟合于少量示例。

文本摘要任务的提示信息示例如下。

AI
请读取以下段落，然后生成一句摘要语言，需要概括原文的主要内容，语句通顺流畅。
示例 1："机器学习是让计算机通过训练学习完成指定任务的技术。它可以替代人工设计规则，使计算机从数据中自动获取知识并进行预测。"
摘要：机器学习让计算机从数据中学习并预测，无须人工设计规则。

示例 2："深度学习是一种特殊的机器学习，通过模拟人脑神经网络进行学习。它
包含多层神经网络，可以学习数据的复杂模式。深度学习广泛应用在计算机视觉和
自然语言处理中。"
摘要：深度学习通过多层神经网络模拟人脑，可广泛应用于视觉和语言处理。
原文："机器学习正在重塑医疗健康领域，可用于辅助医生读片、药物研发、基因
测序等。它可以从大量医疗数据中发现隐藏的规律，进行疾病预测及诊断。但机器
学习也面临隐私与安全性等挑战。监管需要与技术同步，在推动创新与保障安全间
取得平衡。"

AI　摘要：机器学习在医疗领域应用广泛但也面临安全性挑战，需要在创新与安全间取
得平衡。

AI ChatGPT

本示例在文本摘要任务中同时给出了提示信息和两个样本，让模型
快速理解如何生成摘要。根据提示信息和示例，模型生成了概括原文主
要观点的摘要语句，达到了少样本提示的效果。

以下是一个少样本提示在文本情感分析任务中的应用示例。

AI　请判断以下文本表达的情感态度，正面为"正面"，负面为"负面"。
示例 1：
"这部电影非常精彩，剧情环环相扣，非常推荐大家去看。"
情感：正面
示例 2：
"这家酒店的服务太差了，房间还不干净，以后绝不会再住了。"
情感：负面
请判断以下文本的情感：
文本：这款手机的照相效果非常棒，价格也很合理，性价比很高。

AI　正面

AI ChatGPT

通过提示信息和两个样本演示了文本情感分析的过程，模型据此判
断了新的文本属于正面情感。整个过程只用到很少的示例，达到了少样
本提示的效果。

相较于零样本提示，少样本提示具有以下几个优势。首先，少样本
提示减少了对提示信息质量的依赖，因为样本能够提供更具体、更直接
的任务指导信息，使得模型更容易捕捉任务要求。其次，少样本提示使
得模型更易于推广到样本范围之外，因为样本的引入提供了更多的任务
背景和上下文。再次，少样本提示还提供了更直观的指导方式，使模型
能够更准确地理解任务并生成相应的输出。

少样本提示仍需仔细设计样本，以避免引入数据偏差或噪声对模型性能产生负面影响。样本数量的选择也很关键，过少的样本可能无法提供足够的信息，过多的样本则可能导致模型过度依赖示例而忽略了预训练模型所学到的知识。

标准的少样本提示在许多任务中表现良好，但在处理更复杂的推理任务时，少样本提示仍然不是一种完美的技术。

判断正误：数组中的奇数相加等于一个偶数：4、8、9、15、12、2、1。

答案是 False。

判断正误：数组中的奇数相加等于一个偶数：17、10、19、4、8、12、24。

答案是 True。

判断正误：数组中的奇数相加等于一个偶数：16、11、14、4、8、13、24。

答案是 True。

判断正误：数组中的奇数相加等于一个偶数：17、9、10、12、13、4、2。

答案是 False。

判断正误：数组中的奇数相加等于一个偶数：15、32、5、13、82、7、1。

AI　答案是 True

ChatGPT

从上面结果可知，少样本提示对于示例中的推理问题无法得到可靠的回答。观察提示信息中的任务基本信息，示例中任务类型涉及了更多的推理步骤。如果将问题分解成多个步骤，并向模型演示推理过程，会对提升回答质量有所帮助。

3.1.4　链式思维提示（Chain-of-Thought Prompting）

链式思维提示是提示工程领域中的一种应用广泛的技术，其核心思想是通过多步骤的提示，引导模型进行逻辑推理和链式思维，从而生成符合逻辑的响应。链式思维提示的主要特点包括将任务分解为多个子任务或思维步骤，形成提示信息序列；每个提示信息关注一个具体的思维环节，形成完整的逻辑链；模型根据提示信息的顺序逐步展开思考，输出符合逻辑的结果；它可以显式地引导模型进行复杂推理，而不仅仅是预测；同时，需要精心设计提示步骤，确保逻辑关系清晰且正确。

多步阅读理解示例如下。

[AI] 提示 1：请阅读以下篇章的第一段：
段落 1：
学习需要付出努力，没有任何捷径。成功的秘诀就是坚持不懈，只有不断努力，才能达到目标。许多优秀的人物都是通过不断的努力才取得非凡成就的。
提示 2：请总结第一段表达的主要观点是什么？
提示 3：现在请阅读以下篇章的第二段：
段落 2：
但是，有时候努力也需要方法。单凭努力不能保证成功，正确的学习方法很重要。智慧和策略也是必不可少的。所以我们需要学习怎样才能更聪明和更有效地努力。
提示 4：这两段观点是否一致？如果不一致，第二段相比第一段新增了什么观点？请回答。

[AI] 第一段表达的主要观点是学习需要付出努力，成功的秘诀是坚持不懈、不断努力以达到目标。
第二段与第一段的观点不完全一致。第二段强调了除努力外，正确的学习方法也是至关重要的，智慧和策略也是必不可少的。它新增了一种观点，即单纯的努力并不能保证成功，我们需要学习如何更聪明和更有效地努力。
以上示例表明，第一段强调了努力对于学习的重要性，而第二段则强调了除努力外，学习方法、智慧和策略也是成功的关键。因此，第二段相比第一段新增了学习方法和智慧策略的观点。

[AI] ChatGPT

本示例采用了多步骤的链式思维提示，引导模型逐步理解不同段落，进行比较，并生成有逻辑性的回答，达到了链式思维提示的效果。

数学计算和逻辑推理示例如下。

[AI] 提示 1：请阅读以下数学文字题：
小明有 32 个苹果，分给了几个同学，每个同学分到 4 个，没有剩下的，请计算小明共分给了多少同学？
提示 2：请回答这个数学题的计算过程和结果。
提示 3：现在请阅读下面的叙述：
文字题中，小明总共有 32 个苹果，如果每个同学分到 4 个，那么每分给一个同学，苹果数就减少 4 个。如果一直分给同学，直到苹果被分完，那么同学的数目就可以计算出来。
提示 4：上面的叙述是否正确？如果不正确，应该如何修改？请写出你的分析。

[AI] 提示 1：根据题目信息，小明有 32 个苹果，每个同学分到 4 个苹果，没有剩下的。我们需要计算小明共分给了多少个同学。
提示 2：计算过程如下：将 32 除以 4，得到的商就是小明共分给了多少个同学。
$32 \div 4 = 8$
所以小明共分给了 8 个同学。
提示 3：在题目中，小明总共有 32 个苹果。如果每个同学分到 4 个苹果，每分给一个同学，苹果数就减少 4 个。如果一直分给同学，直到苹果被分完，那么同学的数目就可以计算出来。

提示 4：上述叙述是正确的。根据题目的描述，每次分给一个同学，苹果数减少 4 个，直到苹果被分完。因此，我们可以用 32 除以 4，得到的商是 8，表示小明共分给了 8 个同学。

AI ChatGPT

示例通过多步骤的链式思维提示，引导模型完成数学题计算并分析叙述的合理性，生成了有逻辑性的结果，展示了链式思维的过程。

相较于其他提示方法，链式思维提示具有以下几个优点。首先，链式思维提示可以引导模型进行复杂推理，使模型能够在逻辑链的引导下进行多步骤的推理过程，而不仅仅进行简单的预测。其次，使用链式思维提示生成的输出更符合逻辑，具有更好的连贯性和一致性，使得模型的响应更加合理和可信。再次，链式思维提示的过程具有更高的可解释性和可检验性，因为每个步骤都可以被分析和评估，从而增加了模型的可靠性。最后，链式思维提示可以融合不同的思维技能，使得模型能够在多个维度上进行推理和思考，有效提高了模型的综合能力。

链式思维提示更加依赖于精心的提示信息设计，需要确保每个步骤之间的逻辑关联及整体的正确性。如果提示信息序列中的逻辑关系有误或存在错误，将会导致模型的推理过程出现错误。因此，在使用链式思维提示时，需要仔细考虑每个步骤的设计，确保提示信息序列能够正确引导模型进行逻辑推理，并生成准确的输出。

总之，链式思维提示是一种在提示工程领域中应用的高级技术，通过多步骤的提示信息序列引导模型进行逻辑推理和链式思维。它具有引导模型进行复杂推理、生成符合逻辑的输出、过程可解释性高，以及融合不同思维技能等优点。然而，链式思维提示的应用需要精心设计，确保每个步骤之间的逻辑关联和整体的正确性，以避免引导模型产生错误的推理结果。

案例 3.1

创造力与创新思维：使用涌现和链式思维进行头脑风暴。

创新可以被视为一种综合性的过程，涉及不同的要素和概念的融合，以创造出新的成果。创新过程包括对现有知识、技能和经验的重新整合，也包括借鉴不同领域的元素，以创造出全新的事物。Leibnitz 在《论组合艺术》中指出，人类看似复杂的思想，实际上是由一些简单的概念相互组合而成的。因此，创新的本质在于将原本独立存在的元素和概念进行重新组合，从而创造出新的解决方案、产品或理念。其组合过程既能够利用已有的知识和经验，进行重新组合和改进，也能够从其他领域中获取灵感和元素，以创造出独特而创新的成果。正是通过这种综合性的组合过程，人类能够不断推动知识的进步和创新的产生。

大语言模型通过广泛的数据训练积累了丰富的知识资源，具备了较高的知识储备。"涌现能力"是指在训练过程中，大语言模型展现出的一些非直接涉及的新能力。涌现能力包括组合泛化能力、迁移学习能力、对话理解能力、准则学习能力、多模交互能力、自主学习与推理能力等。涌现能力不是直接通过监督学习方式获得的，而是在处理大规模训练数据时通过自主学习的方式形成的。"涌现能力"展示了大语言模型在训练过程中所呈现出的非预期的新能力。

大语言模型的"涌现"是什么？

AI　"涌现"是一个抽象的概念，通常指的是一组简单的个体或元素在相互作用和协作的过程中，产生出一种新的、更高层次的整体特性或行为，这种特性或行为是无法通过单独研究个体或元素本身而预测或解释的。

在大语言模型中，"涌现"指的是通过对大量文本数据的学习和训练，模型能够自动地发现和学习语言中的规律和模式，从而具备了生成新的、有意义的语言表达的能力。这种能力不是通过对语言规则的显式编程实现的，而是从数据中自动涌现出来的。

大语言模型的涌现能力是通过深度神经网络结构和训练算法来实现的。在训练过程中，模型通过对大量文本数据的学习和推理，逐渐形成了对语言的理解和生成能力。这些能力是模型在学习过程中自动涌现出来的，而不是通过显式的规则或编程实现的。

涌现是大语言模型的一个重要特性，它使得模型能够从海量的文本数据中自动学习到语言的知识和规则，并且能够根据这些知识和规则生成新的文本。涌现能力的实现是大语言模型在自然语言处理领域中取得成功的关键之一。

AI　豆　包

链式思维技术是大型语言模型实现多轮对话和语境理解的关键技术之一。在人机对话过程中，大语言模型会记录前面对话的内容和脉络。在生成回复时，大语言模型会读取先前的对话链，以理解当前问题的上下文语境，并生成与前后关联相结合的回答。在下一轮对话中，该过程会被重复，从而实现流畅的多轮人机交互。通过持续追踪对话链，大语言模型能够学习到连贯的语义和逻辑，而不是每次对话都完全"忘记"并独立生成回复。链式思维技术使大语言模型能够进行更加自然、具有沟通价值的对话，并在交互中不断学习和完善自身。聊天机器人的上下文记忆和理解能力使其更贴近真实的人类对话场景，并且善于通过"广泛思考现有概念并将其连接成一个连贯的新思路"来生成新的想法。

下面的案例展示了如何通过多轮提示实现一款室内设计和装修类的手机游戏的营销方案。

> **[AI]** 你是一名专业的营销推广人员，我们要为一款室内设计和装修类的手机游戏设计营销方案。目标用户是 20～30 岁的年轻女性白领群体。让我们一起为这款室内设计游戏的营销进行头脑风暴，请遵循以下原则：
> 1. 提出尽可能多的新颖想法，不要过多考虑可行性。
> 2. 强调游戏中 DIY、设计、装修和打造理想家居相关的亮点。
> 3. 关注目标用户的喜好和特点，如注重生活品质、有审美愿望等。
> 4. 格式可以是视频、图片、文字等形式。
> 5. 提出想法后我们可以进行多轮讨论，保持思想活跃度，请按照以上原则，尽可能提出多种游戏营销思路。

AI
1. 创意视频系列：制作一系列精美的室内设计和装修创意视频，展示游戏中各种独特的 DIY 和设计元素，包括选择家具、调整布局、挑选装饰品等，激发目标用户对打造理想家居的兴趣。
2. 社交媒体挑战活动：在社交媒体平台上举办室内设计挑战活动，鼓励玩家分享他们在游戏中打造的理想家居，使用特定的标签和主题如"我的梦想家"，增加用户参与度和互动性。
3. 线下活动合作：与当地室内设计师、装修公司或家居品牌合作，举办线下工作坊或沙龙活动，教授目标用户有关室内设计和装修的技巧，并提到游戏中的相关特点，吸引用户参与并了解游戏。
4. 用户故事分享：邀请一些目标用户分享他们使用游戏进行室内设计和装修的故事，包括他们的创意、灵感和成就感，可以通过文字、图片或视频形式展示，以激发其他用户的兴趣和参与度。
5. 搭配家居杂志合作：与知名家居杂志或在线平台合作，推出特别版面或专栏，介绍游戏中的设计理念和实践技巧，结合真实案例展示，提供给目标用户灵感和指导。
6. 社交媒体广告：在社交媒体平台上投放精心设计的广告，突出游戏中的 DIY 和装修元素，引起目标用户的兴趣和好奇心，通过吸引人的图片和吸引人

[AI] ChatGPT

> **[AI]** 我们可以设计一个室内设计比赛，让玩家提交他们的设计作品并评选出最佳设计。

AI
绝对可以！设计一个室内设计比赛是一个很好的主意，可以有效地吸引目标用户的参与和互动。以下是一些关于这个比赛的细节和推广想法：
1. 比赛主题和规则：确定比赛的主题，如"打造梦想家"，并制定相关的规则和要求，如使用游戏中的特定家具和装饰品，限定使用的空间面积或预算等。
2. 提交设计作品：创建一个在线平台或社交媒体活动页面，允许玩家提交他们的室内设计作品。要求玩家提供设计平面图、照片或视频，以展示他们的创意和设计过程。
3. 评选最佳设计：组建一个评审团队，由专业室内设计师、游戏开发者和行业专家组成，评估和选择最佳设计。评选标准可以包括创意性、实用性、美观度和符合比赛主题等。
4. 奖项设置：设立奖项，如最佳设计奖、最具创意奖、最佳空间规划奖等，并为获奖者提供有吸引力的奖品，如游戏内虚拟货币、特殊装饰品或合作品牌的实物奖品。

我们可以在比赛结束后举办一个线下展览，展示获奖作品并吸引更多人参与。

AI 绝对可以！举办一个线下展览是一个很好的方式，可以将获奖作品展示给更多的人，并为他们提供一个实际触摸和体验的机会。以下是关于线下展览的一些建议：

1. 选择展览场地：选择一个适合举办展览的场地，如画廊、设计展示中心或时尚空间。确保场地能够展示室内设计作品并提供足够的空间供参观者参观和交流。

2. 设计展览布局：根据展览场地的特点和参展作品的数量，设计展览的布局和陈列方式。考虑使用展览板、投影屏幕、模型或虚拟展示等方式展示获奖作品，以吸引参观者的眼球。

3. 创造沉浸式体验：通过使用灯光、音效、装饰和家具等元素，创造沉浸式的展览体验，让参观者感受到室内设计的美感和舒适性，以及游戏中的创意和可能性。

4. 提供互动体验：在展览中设置互动区域，让参观者可以亲自体验游戏中的设计元素。例如，设置一个游戏试玩区，让参观者可以在展览现场体验游戏中的室内设计过程。

5. 主题演讲和工作坊：邀请专业室内设计师或行业专家进行主题演讲，分享他们的经验和见解。这将为参观者提供更多的学习和启发，同时增加展览的吸引力和参与度。

6. 社交媒体互动：在展览现场设置社交媒体互动区域，鼓励参观者拍照、分享和标记展览相关内容可以使用特定的展览标签和主题以让更多的人为你的创新点赞。

AI ChatGPT

请你根据我们上面的讨论写一份 1000 字的营销方案，要求诙谐有趣。

AI 标题：揭开设计宝藏！玩转室内设计比赛，让你的创意闪耀全城！

正文：亲爱的设计狂热者们和创意大咖们，你们准备好了吗？我们要给你们带来一场前所未有的室内设计盛宴！快抓紧时间，收起你的设计工具，插上你的创意翅膀，因为我们要举办一场让你的设计作品闪耀全城的室内设计比赛！

这可不是一场普通的比赛，我们要利用最新科技和游戏元素，将你的设计才华与虚拟世界完美结合。我们将提供一个令人兴奋的在线平台，让你尽情施展你的设计功力。无论是创造一个梦幻的卧室、打造一个未来感十足的客厅，还是设计一个令人叹为观止的办公空间，都可以尽情发挥你的想象力！

参与比赛非常简单。首先，访问我们的比赛网站或关注我们的社交媒体活动页面。在那里，你将找到有关比赛主题、规则和要求的详细信息。然后，拿出你最得意的设计作品，以平面图、照片或视频的形式提交给我们。别忘了，在作品中展示你的创意和设计过程，让我们刮目相看！

当然，我们不会让你的努力白费。我们将组建一个超级评审团队，由室内设计师、游戏开发者和行业专家组成。他们会仔细评估每一个作品，从中挑选出最佳的设计。创意性、实用性、美观度和符合比赛主题等方面将是评选标准。我们绝对不会让任何一个设计宝藏被埋没！

而且，获奖者们将获得丰厚的奖品！我们准备了游戏内虚拟货币、独特装饰品，甚至是合作品牌的实物奖品。这不仅能让你在游戏中炫耀你的设计成就，还能在现实生活中享受到一些额外的惊喜！

但是，比赛结束并不意味着故事的终结。我们将举办一场宏大的线下展览，让你的设计作品真正亮相！这不仅是给获奖者们一个展示自己创意的机会，还是给更多人领略室内设计之美的机会。在这个展览中，我们将用灯光、音效和互动元素打造一个令人陶醉的设计世界。你将有机会亲自感受游戏中的设计元素，并与其他设计狂热者们交流分享你的创意。

当然，我们也不会忘记让你的设计作品在社交媒体上大放异彩。我们将设置专门的社交媒体互动区域，鼓励你拍照、分享和标记展览相关内容。通过使用特定的展览标签和主题，你的设计作品将在社交媒体上扩散开来，让更多人为你的创意点赞！

最后，我们还将与家居品牌、装饰公司和设计机构合作，为这场盛宴带来更多的惊喜和支持。他们将为展览提供展品、家具、装饰品和其他资源，为你的设计作品增添更多的魅力和创意。

这场室内设计盛宴不仅是一次比赛，更是一次展示创意、学习交流和欢乐互动的机会！所以，快来加入我们，揭开设计宝藏，让你的创意在游戏和现实中闪耀全城！记得关注我们的比赛网站和社交媒体活动页面，不要错过任何一个重要的消息和截止日期！

我们迫不及待地期待着见到你的设计杰作，让我们一起开启这场诙谐有趣的室内设计之旅吧！设计狂热者们，准备好了吗？让我们一起玩转室内设计，点亮创意星空！

AI ChatGPT

大语言模型的涌现能力，使其成为一个出色的头脑风暴和创意思维工具。通过提出请求或对开放式问题提供广泛的答复来设计完整的项目计划，补充和扩展人类的创造力。

3.1.5 生成知识提示（Generated Knowledge Prompting）

为了提升常识推理的性能，研究者们提出在常识推理中引入生成的知识提示，即生成知识提示。该方法通过从大语言模型中生成知识并将其作为额外输入提供给问题回答模型来改善常识推理的性能。生成知识提示不需要特定任务的知识融合监督或访问结构化知识库，但在几个执行常识推理任务（NumerSense、CommonsenseQA 2.0、QASC）的先进大语言模型上取得了良好的结果。研究结果表明，生成知识提示能够提升常识推理的性能，并且大语言模型可以作为改进常识推理的灵活的外部知识来源。

生成知识提示的方法包括使用大语言模型生成有用的知识，并将该知识与问题连接作为输入。为了适应不同的设置，可以从通用大语言模型中以少量示例的方式提取知识。研究的实验结果显示，生成知识提示的方法在数值常识、通用常识和科学常识等多个常识推理任务上改善了零样本和微调模型的性能，并在其中三个数据集上取得了最新的最佳结果。

当使用生成知识提示策略进行提问时，可以按照以下示例进行构建。

> 问题：在高尔夫比赛中，获胜的是哪位选手？
> 知识提示：在高尔夫比赛中，分数最低的选手获胜。
>
> 问题：帮助他人是否会使人更快乐？
> 知识提示：在通常情况下，帮助他人会使人更快乐。
>
> 问题：海绵主要以什么为食？
> 知识提示：海绵主要以细菌和其他微小生物为食。
>
> 问题：在常识推理任务中，为什么引入生成知识提示能够提高性能？
> 知识提示：生成知识提示可以为常识推理提供额外的外部知识，并且大语言模型具有灵活性，可以利用这些知识来改进推理过程。

文心一言

总之，生成知识提示不仅可以提升常识推理的性能，同时也体现了大语言模型作为外部知识的灵活来源的潜力。

提高提示信息量的方法包括以下几个方面。

(1)使用子图嵌入进行问答任务的方法。将问题和答案表示为知识图谱中的节点，并学习这些节点的嵌入表示。使用知识图谱的子图作为上下文来回答问题。嵌入表示捕捉了实体之间的语义关系，有助于检索与回答问题相关的信息。

(2)用于检索增强生成(RAG)模型的微调方法。该模型结合了预训练的参数化记忆(seq2seq 模型)和非参数化记忆(Wikipedia 的稠密向量索引)，用于语言生成。RAG 模型接收输入并检索一组相关的支持性文档，给定一个来源(如维基百科、Bing 和百度等搜索引擎)。这些文档与原始输入提示信息一起连接为上下文，并输入文本生成器中生成最终输出。这使得 RAG 模型适应了事实可能随时间发展的情况。这对于大语言模型的参数化知识是静态的情况非常有用。RAG 模型允许大语言模型绕过重新训练，通过基于检索的生成获取最新的信息以生成可靠的输出。

总体来说，提高提示信息量是提示工程中非常重要的一类技术，可以通过多种手段丰富提示信息中的语义信息，帮助模型更准确地理解交互需求，从而生成高质量的响应。

3.2 提升一致性

提示工程策略和技巧的不同运用方法可以让模型生成更一致和连

贯的响应，如自我一致性提示、思维树提示等。一致性是合理的连续对话和叙述所必需的。

3.2.1 自我一致性提示（Self-Consistency Prompting）

自我一致性提示用于改进大语言模型在复杂推理任务中的表现。该策略用于替代链式思维提示中常用的贪婪解码方法。自我一致性提示利用了一种直觉，即复杂的推理问题通常会采用多种不同的思维方式来得出其独特的正确答案。自我一致性提示通过从少量思维链提示推导出的各种推理路径进行采样，然后利用一致性评价标准选择最符合逻辑的答案。通过少样本链式思维提示采样多个多样化的推理路径，并利用生成结果选择最一致的答案，有助于提升在涉及算术和常识推理的任务中的链式思维提示性能。

算术的示例（论文中的示例）如下。

问：林地里有 15 棵树。林地上的工人今天将在林地上种树。完成后，将有 21 棵树。林地工人今天种了多少棵树？
答：我们从 15 棵树开始。后来我们有了 21 棵树。差异就是他们种的树的数量。所以，他们种了 21-15=6 棵树。答案是 6。
问：停车场已经有 3 辆汽车，又有 2 辆汽车到达，停车场上现在共有多少辆汽车？
答：停车场已经有 3 辆汽车。又有 2 辆汽车到达。现在共有 3+2=5 辆汽车。答案是 5。
问：张山有 32 块巧克力，他的姐姐有 42 块。如果他们吃了 35 块，他们总共还剩下多少块？
答：张山有 32 块巧克力，他的姐姐有 42 块。这意味着原来有 32+42=74 块巧克力。吃掉了 35 块。所以他们总共还剩下 74-35=39 块巧克力。答案是 39。
问：李山有 20 个棒棒糖。他给了王山一些棒棒糖。现在李山只剩下 12 个棒棒糖。李山给了王山多少个棒棒糖？
答：李山有 20 个棒棒糖。因为现在他只剩下 12 个，所以他给王山的棒棒糖数量是 20-12=8 个。答案是 8。
问：张山有 5 个玩具。在圣诞节，他从妈妈和爸爸那里每人得到 2 个玩具。他现在有多少个玩具？
答：他有 5 个玩具。他从妈妈那里得到了 2 个，所以在那之后他有 5+2=7 个玩具。然后他又从爸爸那里得到 2 个，所以他总共有 7+2=9 个玩具。答案是 9。
问：服务器房间里有 9 台电脑。从周一到周四，每天增加 5 台电脑。现在服务器房间里有多少台电脑？
答：从周一到周四有 4 天。每天增加 5 台电脑。这意味着总共增加了 4×5=20 台电脑。一开始有 9 台电脑，所以现在有 9+20=29 台电脑。答案是 29。
问：张山有 58 个高尔夫球。星期二，他丢失了 23 个高尔夫球。星期三，他又丢了 2 个。星期三结束时他还剩下多少个高尔夫球？
答：张山最初有 58 个球。星期二丢了 23 个，所以那之后他还剩下 58-23=35 个球。星期三他又丢了 2 个，所以现在他还剩下 35-2=33 个球。答案是 33。
问：张山有 23 元。她用每个 3 元的价格买了 5 个饼。她还剩下多少钱？

答：她用每个 3 元的价格买了 5 个饼。这意味着她花了 15 元。她还剩下 8 元。

问：当我 6 岁时，我的妹妹的年龄是我的一半。现在我 70 岁了，我的妹妹多大了？

AI

输出 1：当我 6 岁时，我的姐姐的年龄是我的一半，所以她是 3 岁。现在我 70 岁了，所以她是 70-3=67 岁。答案是 67。

输出 2：当叙述者 6 岁时，他的姐姐的年龄是他的一半，也就是 3 岁。现在叙述者 70 岁了，他的姐姐应该是 70-3=67 岁。答案是 67。

输出 3：当我 6 岁时，我的姐姐的年龄是我的一半，所以她是 3 岁。现在我 70 岁了，所以她是 70/2=35 岁。答案是 35。

ChatGPT

计算最终答案涉及几个步骤（详细信息请参阅论文），我们可以看到已经出现了多数答案，因此它将成为最终答案。

以上示例表明，使用自我一致性提示策略，可以有效引导大语言模型进行多样化的推理，并通过比较选择最一致的答案作为最终结果。

3.2.2 思维树提示（Tree of Thought Prompting）

思维树提示利用树状结构组织多级提示，引导模型产生逻辑自洽的响应。思维树提示的主要特点包括使用树图来组织多级提示，其中不同的分支表示不同的思维方向；根节点是最高级的任务描述，而分支则表示详细的子任务或要点；模型根据树状结构逐步展开思考，以保持一致的上下文；该方法既可以表示任务的分解结构，也可以表示层级的逻辑推理；通过树状结构，明确了思维的组织与发展方向；相较于链式思维提示，思维树提示更具广度，可以表示并行的思考路径。

以下是一个思维树提示在多角度作文中的示例。

提示 1(根节点)：请你根据以下提示信息，写一篇讨论手机与人类社会交流的文章。

提示 2(分支 1)：思考手机如何帮助人们进行社交？

提示 3(分支 2)：思考过度使用手机是否会影响人与人交流？

提示 4(分支 3)：你认为应该如何正确看待手机的作用？

AI

根据给定的提示信息，下面是一篇讨论手机与人类社会交流的文章：

手机在当今社会成为人们生活中不可或缺的一部分。它不仅是一种通信工具，更是连接人与人之间的纽带。然而，手机对社交的影响是一个复杂而值得思考的问题。

首先，手机在帮助人们进行社交方面发挥着重要作用。人们可以随时随地使用手机与亲朋好友进行联系，分享生活中的点滴，提高社交圈的扩展性和多样性。社交媒体平台的兴起使得人们可以通过手机分享自己的想法、观点和经历，与他人进行互动和交流。手机的实时通信功能也使得人们能够在紧急情况下快速联系到他人，增强了社会交流的便捷性和紧密性。

然而，过度使用手机可能会对人与人之间的交流产生负面影响。当人们沉浸于手机世界中时，面对面的交流和互动可能会受到削弱。手机的存在使得人们更容易陷入自我封闭的状态，忽视身边的人和环境。此外，过度使用手机还可能导致沟通的表达变得肤浅和片面，难以真实地传递情感和意图。因此，我们需要审视自己对手机的使用，避免过度沉迷其中，以免影响人与人之间的深入交流和理解。

正确看待手机的作用是关键所在。手机作为一种工具，其价值取决于我们如何使用它。我们应该意识到手机只是社交的一种手段，而不是唯一的方式。在享受手机带来便利的同时，我们也应该认识到与人直接交流的重要性。面对面的交流让我们能够更好地理解他人的情感和意愿，建立更深入的人际关系。同时，我们应该培养自己的社交技能，包括倾听、表达和沟通的能力，以提升与他人的交流质量。

综上所述，手机在人类社会交流中扮演着重要的角色。它可以帮助人们进行社交，扩展社交圈并促进交流。然而，过度使用手机可能会对人与人之间的交流产生负面影响，因此我们需要审视自己的手机使用习惯。正确看待手机的作用，将其作为一种工具，并保持与人直接交流的习惯，将有助于我们建立更深入和有意义的人际关系，促进社会交流的发展。

AI ChatGPT

根据以上思维树提示，模型可以逐步组织思路，先从正面角度讨论手机对社交的帮助，然后谈到过度使用手机的负面影响，最后表明自己的观点，从而写出一个多角度讨论且内容连贯的文章。

上例展示了如何利用思维树提示引导模型进行多维度的思考，并逐级展开每个方向的思路，保持逻辑自洽。这可以帮助模型生成细致的、结构性强的长文本。

思维树提示相比于其他提示策略具有几个优势。首先，思维树提示能够引导模型进行结构性的思考，树状结构的组织方式可以帮助模型更好地理解任务的复杂性和层次结构。其次，思维树提示使模型的推理过程具备较高的可检验性和可解释性，因为每个分支和节点都可以被分析和评估，增加了模型推理过程的可靠性。再次，思维树提示可以表示更丰富的思维路径，允许模型在不同的分支上进行并行思考，使其更全面和多角度地完成任务。最后，使用思维树提示生成的输出更符合逻辑，前后具有一致性，使模型的响应更加合理和连贯。

使用思维树提示需要精心设计树状结构，以确保提示信息的组织合理且意图清晰。合理的树状结构可以帮助模型更好地理解任务的复杂性和层次结构，并引导模型进行准确的推理。因此，在使用思维树提示时，需要仔细考虑树的组织方式，确保每个节点和分支的信息传递清晰，避免模型产生错误的推理结果。思维树提示尤其适用于需要深入思考的复杂任务场景，可以帮助模型在大量信息和多个层次的逻辑推理中更好地进行决策和生成响应。

3.3 其他策略和技巧

3.3.1 结合其他能力

结合自动推理和工具使用提示、多模态连续学习提示等提示策略来增强模型对提示信息的理解，综合利用更多信息可以生成更丰富的响应。

(1)自动推理和工具使用(Automated Reasoning and Tool Use，ART)提示

自动推理和工具使用提示是一种利用外部知识和工具进行提示的方法。其主要思路包括使用自动推理模块进行逻辑推理，以增加提示信息的上下文信息量；结合外部知识库提供相关事实，以补充提示信息的细节；调用可用的工具模块进行运算、检索等操作，以辅助完成提示信息的要求；将推理过程、知识和工具结果嵌入提示信息中；最后，综合所有信息进行学习，给出符合逻辑的响应。

ART 提示的优势在于增强了提示信息的上下文信息量。通过引入外部知识和工具，减少了对模型自身的依赖，使得生成的响应更加准确合理，并能够处理更复杂的推理与决策问题，扩展了模型的能力范围。

使用 ART 提示，需要整合不同的外部模块，这会增加提示工程的工作量。尽管如此，ART 提示能够显著提升模型的语义理解能力，使得提示工程与其他 AI 能力更加紧密地结合。ART 提示通过将自动推理、外部知识和工具的功能融入提示信息中，为提升模型理解和应用复杂问题的能力提供了强大的方法。

ART 提示的工作方式是从任务库中选择多步推理和工具使用的演示来解决新任务。在测试时，当调用外部工具时，模型会暂停生成输出，并在恢复生成之前整合工具的输出。ART 提示鼓励模型从演示中推广，以分解新任务并在适当的位置使用工具，实现零样本学习。ART 提示具有可扩展性，可以通过更新任务和工具库来修复推理步骤中的错误或添加新工具。

(2)多模态连续学习(Multimodal Chain-of-Thought，MCoT)提示

多模态连续学习提示是一种将多模态信息与链式思维提示相结合的技术。其主要思路包括提供包含图像、音频、视频等非文本模态的信息，构建链式多步骤的语言提示来引导思考，并将每步的提示信息与不同模

态的内容相结合，形成多模态输入。模型通过学习多模态信息，完成链式推理，并生成最终的言语响应。

MCoT 提示的优势在于多模态信息充实了语义理解的上下文。通过链式思维提示，能够引导更深层次的推理思维。将多模态信息与语言提示相结合，使模型能够处理更复杂的语义联合推理，并生成更准确丰富的响应。此外，MCoT 提示对于低质量语言提示具有一定的补偿作用。

在使用 MCoT 提示时也面临一些挑战。首先是如何选择与提示信息相关的关键模态信息。其次是模态表示的提取与融合，即需要解决多模态数据的特征提取和融合方法。再次是多模态与语言提示的结合，即需要有效地将多模态信息与语言提示进行融合和协同处理。

MCoT 提示结合了多模态信息处理和链式思维提示的优势，产生了协同效应，是一个值得探索的研究方向。通过将不同模态的信息融合到连续的语言提示中，可以进一步提升模型在多模态场景下的语义理解和推理能力，为实现更强大的多模态智能系统提供潜在的解决方案。

3.3.2 主动学习

通过让模型主动请求信息的方式来改进其对提示信息的理解，如主动提示、ReAct 提示等，可以使对话更符合真实情况，减少误解。

（1）主动提示

主动提示是一种名为 AUTOPROMPT 的自动化方法，用于生成适用于预训练模型的提示信息。传统的分析方法需要手动编写提示信息，但手动编写提示信息耗时且对不同模型的适应性不明确。AUTOPROMPT 通过使用基于梯度的搜索策略，将原始任务输入与一组触发标记结合起来，创建了自定义提示。实验证明，使用 AUTOPROMPT 生成的提示信息可以有效地评估预训练模型的知识。通过在情感分析、自然语言推理和事实检索任务上进行测试，展示了 AUTOPROMPT 在目标任务上的良好性能。此外，AUTOPROMPT 还提供了一种无须微调的参数自由替代方法，可以作为模型分析工具和多任务模型的便捷选择。

（2）ReAct 提示

ReAct 提示是通过交替生成推理轨迹和任务特定的动作，使大语言模型能够进行推理和行动的协同工作的一种提示策略。生成推理轨迹使模型能够引导、跟踪和更新行动计划，并处理异常情况。行动步骤允许大语言模型与外部来源（如知识库或环境）进行接口和信息收集。

ReAct 提示的核心思想是通过大语言模型与外部工具进行交互，检索附加信息，从而产生更可靠和准确的回答。通过将推理和行动相结合，使用 ReAct 提示的大语言模型在语言和决策任务上优于其他基准模型。ReAct 提示还提高了大语言模型的可解释性和可信度。将 ReAct 提示与思维链提示相结合，可以在推理过程中利用内部知识并获取外部信息。

ReAct 提示的工作原理受到人类在学习新任务、进行决策或推理时"行动"和"推理"之间的协同作用的启发。思维链提示下的大语言模型在回答涉及算术和常识推理等问题时展示了强大的推理能力。然而，由于思维链提示无法访问未经训练的数据和实时数据，可能导致错误传播和事实幻觉等问题的发生。

ReAct 提示通过将推理和行动与大语言模型结合起来，提供了一种通用的解决方案。它通过提示大语言模型生成任务的口头推理轨迹和动作，使系统能够进行动态推理，并创建、维护和调整行动计划。同时，ReAct 提示允许大语言模型与外部环境(如维基百科、必应或百度等搜索引擎)进行交互，将训练数据之外的信息纳入推理过程中。具体而言，在问题回答(HotpotQA)和事实验证(Fever)任务中，ReAct 提示通过与简单的维基百科 API 等进行交互，生成人类化的任务解决轨迹，克服了思维链推理中常见的虚构和错误传播问题，并且比没有推理过程的基准模型更具可解释性。

总之，ReAct 提示通过交替生成推理轨迹和任务特定的动作，使大语言模型能够进行推理和行动的协同工作。它通过与外部工具交互并引入外部信息，提升了模型的性能和可信度。将 ReAct 提示与思维链提示相结合，使模型在推理过程中有效利用内部知识和获取的外部信息，进一步增强模型的能力。

ReAct 提示是一种推理和行动的协同生成的新方法，通过与外部资源交互并生成可解释的任务解决轨迹，提高了模型的可靠性和可解释性。ReAct 提示在多个任务上取得了较好的效果，为大语言模型在推理和决策领域的应用提供了新的可能性。

3.3.3 强化反馈提示

强化反馈提示是一种利用人类用户的反馈来持续改进模型对提示信息的理解能力的方法。其核心思想是通过用户对模型生成响应的正反馈和负反馈，不断优化模型的表现。用户的反馈意见被收集，并与相应的提示示例进行标记，形成带有反馈的提示-响应对作为训练数据，用于微调模型。通过强化用户反馈的学习过程，模型对提示信息的理解能力得到持续增强。

强化反馈提示的主要优势之一是用户反馈具有直接高效、针对性强等特性。由于用户可以直接表达对模型生成响应的满意程度或提出需要改进的方面，因此强化反馈提示对于改进模型的性能非常有帮助。通过收集用户反馈并将其用作训练数据，模型的改进更贴近实际使用需求，使其更符合用户的期望。

强化反馈提示可以自动进行优化循环，无须手动调整。通过不断收集和运用用户反馈，模型可以进行增量学习和自我优化，从而逐步提高对提示信息的理解能力。自动化的优化过程使得模型的性能提升更加高效和便捷。

由于高质量的用户反馈对于模型的改进至关重要，因此需要确保收集到的反馈具有准确性和相关性。此外，由于用户反馈可能带来社会偏见，需要在收集和使用反馈数据时加以控制，以确保模型的公平性和无偏性。

强化反馈提示通过用户的反馈指导模型的持续改进，是一种重要的方式。它通过直接、高效的用户反馈和自动化的优化循环，不断提升模型对提示信息的理解能力，从而使模型更好地满足实际需求。然而，在应用中需要注意反馈质量和社会偏见等问题，以确保模型的高性能和公平性。

为了让模型可以基于有限的提示信息，生成与需求尽可能一致和合理的响应，提示工程策略主要根据自身的机制和目的来进行选择。

3.4 反向提示工程（Reverse Prompt Engineering）

反向提示工程是指从输出文本反向生成提示信息。通过反向提示工程，我们可以揭示提示信息与生成文本之间的复杂关系，从而提高文本生成模型的性能。反向提示工程首先使用大语言模型生成与输出文本相匹配的文本，然后使用反向传播算法来更新提示信息，使其生成的文本更加接近于输出文本。

反向提示工程具有许多潜在的应用，其功能和作用可以归纳为以下三个方面。

①生成与特定文本风格或内容相匹配的提示信息，以便于大语言模型生成所需的文本。

②理解大语言模型生成文本的内部机制，以帮助改进大语言模型的性能。

③创建新的大语言模型训练数据，以提高大语言模型的准确性和通用性。

在提示工程领域，反向提示工程是一项具有重要意义的研究。它类似于观看魔术表演时询问魔术师是如何将玫瑰花从手绢里变出来的。通过理解这些"魔术技巧"，我们可以大幅提升文本生成模型的性能。反向提示工程是一项具有潜力改变文本生成模型未来发展的技术。随着技术的进一步发展，反向提示工程有望成为一种强大的工具，用于创造出更准确、更有影响力的文本。

反向提示工程是一种相对较新的技术，具有许多潜在的应用，它的具体步骤如下。

①模型预热：对大语言模型进行预热，以便使其能够理解反向提示工程任务的上下文。这一步可以通过提供一系列的输入文本来完成。例如，可以告诉大语言模型："使用反向提示工程，请帮助我根据提供的文本创建、优化理想的提示信息，以生成类似的内容。"

②提供内容：选择需要进行反向提示工程的文本或代码。它可以是来自微博或论文库等渠道的文本，也可以是一段代码。关键是选择与想要生成的内容类型相符的文本。选择好起始文本后，将其复制并粘贴到大语言模型的预热界面中。

大语言模型一经预热并具有提供的内容，就可以开始生成反向提示了。这是反向提示工程的核心。当点击提交按钮时，大语言模型将返回一个反向提示。这个反向提示提供了一个通用结构，可以作为重写反向提示的参考，使其更通用化。

假设一家名为"Star Coffee"的奶茶咖啡公司，注意到竞争对手"RX"有非常吸引人的产品描述，且推动了销售。"Star Coffee"想模仿"RX"的风格，但是还要避免重复"RX"的内容。"RX"的网站上的产品描述为"咖啡没有故事，有故事的，只是喝咖啡的人。苦，但是清醒，热爱从不降温。""Star Coffee"对其进行反向提示工程。

下面，展示反向提示工程的两个步骤。

①步骤 1：模型预热。

> [AI] 我想使用反向提示工程，请你帮助我根据提供的文本创建优化理想的提示信息，以生成类似的内容。我将提供一种特定类型的内容，我希望你尽可能具体地根据语气、风格、语法、语言和任何其他你认为相关的因素提供提示信息。如果明白，请回复。

AI　好的，我明白了您的要求。我将尽我所能根据您的提供的内容，生成、优化理想的提示信息。我将尽可能具体地考虑语气、风格、语法、语言和任何其他您认为相关的因素。

请您提供您想要生成的内容的具体类型。我需要了解您的内容的主题、目标受众、语气、风格等信息。

一旦我了解了您的具体需求，我将开始生成提示信息。我将提供多种提示信息供您选择，您可以根据自己的喜好进行修改。

我很乐意帮助您使用反向提示工程生成高质量的内容。

AI ChatGPT

②步骤 2：提供内容。

咖啡没有故事，有故事的，只是喝咖啡的人。苦，但是清醒，热爱从不降温。

AI　这句话很有哲理，它说明了咖啡本身并没有故事，只是喝咖啡的人赋予了它故事。咖啡的苦涩，代表了生活中的艰辛和不易，但也代表了清醒和坚韧。而热爱，则是生活的动力，它可以使我们保持热情，永不放弃。

这句话可以用来表达对生活的感悟，也可以用来鼓励人们勇敢面对困难。

以下是一些使用这句话的例子：

"咖啡没有故事，有故事的，只是喝咖啡的人。苦，但是清醒，热爱从不降温。这句话让我明白，生活中的艰辛和不易，可以让我们变得更加清醒和坚韧。而热爱，则是我们前进的动力，它可以使我们保持热情，永不放弃。"

"我喜欢喝咖啡，因为它可以让我静下心来，思考人生。咖啡的苦涩，让我更加珍惜生活中的美好。而热爱，则是我前进的动力，它让我不断追寻自己的梦想。"

希望这句话能给您带来启发。

AI ChatGPT

请问写什么样的提示信息，你才能生成与"咖啡没有故事，有故事的，只是喝咖啡的人。苦，但是清醒，热爱从不降温"类似的内容？

AI　要生成类似这样的内容，您可以提供以下信息：

·内容的主题：这句话的主题是咖啡和生活。

·内容的目标受众：这句话的目标受众是广大读者。

·内容的语气：这句话的语气是哲理性的，含有对生活的感悟。

·内容的风格：这句话的风格是简洁明了，言简意赅。

　　具体来说，您可以提供以下提示信息：

·写一句关于咖啡和生活的哲理句子。

·用一句话描述咖啡的苦涩和热爱。

·用一句话表达对生活的感悟。

我会根据这些信息，生成类似这样的内容：

·"咖啡没有故事，有故事的，只是喝咖啡的人。苦，但是清醒，热爱从不降温。"

·"咖啡的苦涩，代表了生活的艰辛和不易，但也代表了清醒和坚韧。而热爱，则是生活的动力，它可以使我们保持热情，永不放弃。"

·"生活就像咖啡，有苦有甜，但只要有热爱，就永远不会失去味道。"

当然，您也可以根据自己的喜好，修改提示信息的内容。例如，您可以增加一些具体的细节，或者使用不同的词汇和句式。

AI ChatGPT

反向提示工程并不局限于特定的背景或内容类型。它可以应用于从生成博客文章到生成代码片段的各种场景。

(1) 生成博客文章

作为博主或内容创作者，反向提示工程可能会改变游戏规则。内容创作者可以借鉴一篇写得很好的博客文章，并对其进行反向提示工程以生成提示信息。然后，这个提示信息可以用来生成类似的博客文章。例如，如果针对一篇以"瑜伽的好处"为主题的博客文章，可以通过反向提示工程，得到以下提示信息："写一篇关于[活动]的信息性博客文章，语气应该是[语气]，写作风格应该是[写作风格]"。

(2) 生成代码片段

对于开发人员来说，反向提示工程可以用来生成代码片段。你可以借鉴一段代码，并对其进行反向提示工程。生成的提示信息可以用来生成类似的代码片段。例如，如果有一个用于对列表进行排序的Python代码片段，可以对其进行反向提示工程，得到以下提示信息："写一个[语言]的代码片段，用于[任务]。然后，解释代码的功能和工作原理"。

(3) 生成产品描述

对于从事市场营销或销售工作的人员，反向提示工程可以用来生成产品描述。例如，可以借鉴一份优质的产品描述样本，进行反向提示工程。生成的提示信息可以用来生成类似的产品描述。例如，针对一份关于智能手机的产品描述，可以通过反向提示工程，得到以下提示信息："为[产品]写一个引人注目的产品描述。突出其关键特点和优势"。

反向提示工程是一种强大的工具，可以用于生成高质量、引人入胜的内容。它通过输出文本反向生成提示信息，揭示提示信息与生成文本之间的复杂关系。通过理解提示信息与生成文本之间的关系，可以创建灵活多样的提示信息，以适用于各种场景。例如，反向提示工程可以根据文本的主题、目标受众、语气、风格等因素，生成不同的提示信息。

无论是新媒体内容创作者、代码开发者还是市场营销从业者，反向提示工程都可以帮助他们提升内容创作水平。通过积极探索反向提示工程，可以充分发挥其潜力。

案例 3.2

提示信息生成智能助手：请问如何提问。

利用大语言模型自己为自己编写提示信息，可以充分发挥其在学习、工作和生活中的智能助手的功能。请求 ChatGPT 等大语言模型编写提示信息是指要求其生成一个关于指导它们进行对话或交互的文本输入。交互式请求涉及将基于自然语言处理的模型本身，用于生成对话响应或提供有关对话行为的指导。可以利用模型进行自我对话或自我交互的方式来实现对话行为的模拟，并生成连贯的对话输出来产生有效的提示信息。这种方法能够更好地利用大语言模型，使其在学习、工作和生活方面发挥积极作用。

下面的示例展示如何借助大语言模型编写提示信息来生成有效的提示信息。这种借助 ChatGPT 来编写其提示信息的方法，能够最大化提升 ChatGPT 等大语言模型的生产力，可以广泛应用于诸多场景之中。

> 我希望您成为我的专业提示信息创建者。目的是帮助我创建 ChatGPT 等大语言模型中使用的最有效的提示信息。生成的提示信息应该是第一人称(我)的，就像我直接请求 ChatGPT 的响应一样。您的回复将采用以下格式：
> "
> **提示信息：**
> >{根据我的要求提供尽可能好的提示信息。提示信息的长度没有限制。利用您对提示信息创建技术的了解来制作提示信息。不要假设任何细节，我们将在进行过程中添加到提示信息中。将提示框定为对 ChatGPT 响应的请求。一个例子是"你将充当专业物理学家来帮助我了解宇宙的本质……"。使用">"Markdown 格式使此部分突出。不要添加额外的引号。}
> **添加：**
> {创建三个可能的添加以直接合并到提示信息中。这些应该是为了扩展提示信息的细节而添加的。选项将非常简洁，并使用粗体列出。
>
> **问题：**
> {提出三个问题，向我寻求更多信息以进一步完善提示信息。如果提示信息的某些部分需要更多的细节或更高的清晰度，请使用这些问题来获取必要的信息。我不需要回答所有问题。}
> "
> 说明：生成"提示信息"、"添加"和"问题"部分后，我将用我选择的添加内容和问题答案进行回复。在下一次迭代中将我的回复直接合并到提示信息措辞中。我们将继续这个迭代过程，我向您提供附加信息，您更新提示信息，直到提示信息完善。在制作提示信息时深思熟虑和富有想象力。在每个响应的末尾，提供有关后续步骤的简洁说明。

在我们开始该过程之前，首先打招呼并询问我提示信息的内容。不要显示第一个响应中的部分。

AI 你好！非常高兴成为你的专业提示信息创建者。我将根据你的要求帮助你创建一个有效的提示信息，以便你在使用 ChatGPT 等大语言模型时获得最佳的响应。请告诉我你希望提示信息的内容是关于什么主题或领域的。提供一些关键信息，以便我可以开始制作一个符合你需求的提示信息。

AI ChatGPT

我希望提示信息的内容是关于如何应对工作压力和提高工作效率。

AI 提示信息：
我需要一些关于如何应对工作压力和提高工作效率的建议。我正在努力提高自己在工作中的表现，但经常感到压力很大，而且效率不高。作为我的智能助手，你能给我一些建议吗？
添加：
- 作为一名高效的职场专家，你可以分享一些实用的技巧和策略，帮助我更好地应对工作压力。
- 如果你有一些关于提高工作效率的具体方法或工具，也请一并分享给我。
- 我也对保持工作与生活的平衡很感兴趣，如果你有关于如何更好地分配时间和精力的建议，我会非常欢迎。
问题：
1. 你目前的工作职责和具体的压力点是什么？
2. 你已经尝试过哪些方法来应对工作压力和提高效率？它们有没有起到作用？
3. 你的日程安排和时间管理方面是否存在一些挑战？你希望在这方面得到什么样的帮助？

乙方的技术能力无法按时完成需求。

AI 提示信息：
我是一名甲方项目经理，最近我经常为乙方的技术能力无法按时完成需求而感到烦恼。作为我的智能助手，你能给我一些建议吗？我需要些关于如何应对工作压力和提高工作效率的建议，特别是在处理乙方技术能力不足导致项目进度延迟的情况下。
添加：
作为一名有经验的项目经理，你可以分享一些应对技术能力不足和项目延迟的实用策略和方法。
如果你有一些与技术团队合作和沟通的技巧或建议，也请一并分享给我。
我也对如何评估乙方的技术能力并在项目计划中做出相应调整感兴趣，如果你有相关建议，我会非常感激。
问题：
1. 你对乙方的技术能力进行评估了吗？他们是否具备完成项目需求的必要技能和资源？
2. 你已经尝试过哪些方法来应对乙方技术能力不足导致的项目延迟？它们是否起到了作用？
3. 你在与乙方沟通和协调技术方面遇到了哪些挑战？是否有一些特定的策略或方法可以帮助你更好地与他们合作？
请提供以上问题的答案，这将帮助我进一步完善提示信息。

AI ChatGPT

多轮对话后生成需要的提示信息，用于向 ChatGPT 等大语言模型提问。

> **AI**　我是一名甲方项目经理，最近我经常为乙方技术能力不足导致无法按时完成需求而感到烦恼。作为我的智能助手，你能给我一些建议吗？我需要一些关于如何应对工作压力和提高工作效率的建议，特别是在处理乙方技术能力不足导致项目进度延迟的情况下。
>
> **AI**　当处理乙方技术能力不足导致项目进度延迟时，以下是一些建议，帮助您应对工作压力并提高工作效率：
>
> 1．沟通和期望管理：与乙方建立良好的沟通渠道，明确项目需求和期望。
> 确保双方对项目目标和交付时间有清晰的理解。尽早识别潜在的技术挑战或能力缺口，并及时与乙方讨论解决方案。共同制订可行的计划和时间表。
>
> 2．风险管理和备选方案：评估乙方技术能力不足对项目进度的风险，并制订相应的风险应对计划。考虑备选方案，如寻找其他技术合作伙伴或外包一部分工作，以确保项目能够按时完成。
>
> 3．优先级管理：确定项目的关键任务和优先级，将注意力和资源集中在最重要的工作上。
> 与乙方共同确定可行的里程碑和交付时间，以确保项目进度的可控性。
>
> 4．有效的团队合作：建立良好的合作关系和团队精神，与乙方紧密合作，共同解决问题并推动项目进展鼓励团队成员提供意见和建议，共同寻找解决方案。
>
> 5．自我管理和压力缓解：确保自己有良好的自我管理，包括合理的工作安排和时间管理，以避免过度压力和疲劳。寻找适合自己的压力缓解方法，如锻炼、冥想、与他人交流等。
>
> 6．学习和进修：持续学习并保持对新技术和行业趋势的了解，以提高自身的专业能力和洞察力。参加相关的培训和研讨会，扩展自己的知识和技能。
>
> 7．反思和改进：在每个项目阶段结束后进行反思，评估项目管理的效果和经验教训，以便在未来的项目中改进和优化工作流程。记住，处理技术能力不足的挑战需要耐心和灵活性。与乙方保持积极的合作关系，并专注于解决问题和推动项目向前发展。同时，关注自身的健康和幸福，寻找平衡并寻求支持和帮助。
>
> **AI** ChatGPT

通过编写提示信息，可以最大化提升大语言模型（如 ChatGPT）的生产力。编写提示信息是一种指导模型生成有针对性、准确和有实际意义回答的有效方式。通过设计恰当的提示信息，可以引导模型在特定领域或任务中产生更有深度和专业性的回复。这种方法可以提高模型的表现，使其更好地满足用户需求，并在各种应用场景中发挥更大的作用，从而最大化大语言模型的潜力和生产力。

3.5 协 作 技 巧

将 ChatGPT 等大语言模型视为一种多功能助手是最佳方式，它可以充当研究助手、编码助手、问题解决助手或满足您其他需求的助手。意识到并培养这种合作氛围可以给用户带来更大的成功。以下是可以更好地提升大语言模型的能力从而促进合作的高级技巧。

（1）利用反向提示工程

为了获得更多的提示信息，可以使用以下问题激发大语言模型的创造力：

"请提供一些关于如何提高研究论文写作质量的提示信息。"

"有哪些可以优化编码效率的提示信息？"

"请给出解决复杂问题的提示信息和策略。"

大语言模型将生成有用的提示信息，您可以使用这些提示信息来进一步增强其回答。

（2）引导大语言模型进行深入分析

大语言模型可以进行推理和解释，以提供更加专业的回答。可以通过询问的方式引导 ChatGPT 等大语言模型进行推理和详细解释，以扩展其回答的内容，如可以使用以下问题来实现扩展其回答内容的目的：

"请解释一下这个概念背后的原理和相关的学术研究。"

"能否提供一个具体案例来支持您的观点？"

"是否有相关的统计数据或研究结果来支持您的说法？"

大语言模型将努力提供更深入的分析和相关信息，使回答更具学术性和专业性。

（3）引用来自可信的来源和研究领域的知识

大语言模型可以提供背景知识和引用研究，以支持其回答的可信度和专业性。您可以要求大语言模型提供相关研究领域的知名学者或经典论文的引用，以增加回答的学术性。例如，可以通过以下问题实现上述目的：

"您能提供一些已发表的研究论文来支持您的观点吗？"

"请引用一位在这个领域有影响力的专家的观点。"

"是否有权威机构发布的报告或调查数据可以支持您的说法？"

通过采用以上高级技巧，可以更好地利用 ChatGPT 等大语言模型的能力，使其回答更加学术化、专业化，并提供更有深度和可靠性的信息。

掌握有效的协作技巧可以为工作、研究和学术探索打造更强大的"智能助手"。

案例 3.3

智能学习助理：学习怎样学习。

提供个性化智能辅导是大语言模型作为学习助手的重要功能。通过与大语言模型的对话，可以获取个性化的学习建议、解答疑惑、收获学习资源和技巧。大语言模型可以根据用户的个性化需求和实际学习进度，提供定制化的学习计划和目标设定。同时，大语言模型还可以进行作业辅导、解析题目，提供学科知识的解释和实例。通过与大语言模型的互动，能够获得有针对性的学习支持，提高学习效果和自信心。

例如，我们需要掌握 Python 这门语言，按照传统的学习方法，如听课、读书、做笔记等，学习缺乏灵活性、昂贵且耗时。大语言模型可以提供个性化学习指导或建议。

可以把大语言模型视为学习助手，提示信息应该具体并清楚地说明目标，提示信息中应该包括以下内容。

设定角色：包括设定大语言模型的角色，以及使用者的角色。

描述目标和期望：学习目标和要求。

提出行动需求：描述需要做什么，如互动。

我想学习 Python。我是编程新手。我希望你成为我的教练。编写 15 个提示信息，我可以用它们与你互动并学习有关 Python 的所有知识。

AI 当然，我很愿意作为你的 Python 教练来帮助你学习。以下是为你准备的 15 个提示信息，你可以使用它们与我互动并学习有关 Python 的各种知识和概念。你可以逐个尝试，我将尽力为你提供相应的解答和指导。让我们开始吧！

1. 如何在 Python 中打印"Hello, World!"？
2. 请解释 Python 中的变量和数据类型。
3. 如何在 Python 中进行算术运算？请提供一些示例。
4. 请解释 Python 中的条件语句和循环语句。
5. 如何使用 Python 编写一个判断奇偶数的程序？
6. 请解释 Python 中的列表和元组，并提供它们的区别。
7. 如何在 Python 中使用 if-else 语句进行条件判断？
8. 请解释 Python 中的函数及其作用。
9. 如何在 Python 中定义和调用一个函数？
10. 请解释 Python 中的模块和包是什么，并提供一些使用它们的示例。
11. 如何在 Python 中读取和写入文件？
12. 请解释 Python 中的异常处理机制及其语法。
13. 如何使用 Python 进行字符串的操作和处理？

14. 请解释 Python 中的字典及其用途，并提供一些示例。
15. 如何在 Python 中使用循环遍历列表、元组和字典？
请根据你的学习进度和需求，逐个尝试这些提示信息，并与我互动来学习有关 Python 的知识。我将尽力为你提供解答和指导。祝你学习愉快！

AI ChatGPT

接下来，根据大语言模型提供的提示信息继续学习。

AI 如何在 Python 中进行算术运算？请提供一些示例。

AI 在 Python 中，您可以使用运算符进行各种算术运算。以下是一些常见的算术运算示例：
1. 加法运算：
```python
a = 5
b = 3
result = a + b
print(result)  # 输出：8
```
2. 减法运算：
```python
a = 7
b = 2
result = a − b
print(result)  # 输出：5
```
3. 乘法运算：
```python
a = 4
b = 6
result = a * b
print(result)  # 输出：24
```
4. 除法运算：
```python
a = 10
b = 2
result = a / b
print(result)  # 输出：5.0(注意：在 Python 3 中，除法运算的结果为浮点数)
```
5. 取整除法运算：
```python
a = 10
```

```
b = 3
result = a // b
print(result)   # 输出：3(结果为整数部分)
```
6．求余数运算：
```python
a = 10
b = 3
result = a % b
print(result)   # 输出：1(10 除以 3 的余数)
```
7．幂运算：
```python
a = 2
b = 3
result = a ** b
print(result)   # 输出：8(2 的 3 次方)
```

AI ChatGPT

案例 3.4

面试训练导师：用 AI 应对 AI 面试官。

对于面试技巧和面试准备，利用大语言模型进行模拟面试可以获得有价值的知识和场景等多方面的支持。通过与大语言模型对话，可以模拟面试场景，练习回答常见的和具有挑战性的问题。通过与大语言模型的互动，可以获得实时的反馈和建议，改进回答的逻辑和流畅度。大语言模型还可以帮助扩展知识和见解，提供行业趋势和案例分析，增强应聘者的专业背景。通过与大语言模型的训练，应聘者可以增强面试技巧，提高自信心，更好地应对各种面试挑战，并以积极的态度展示自己的优势。

通过与大语言模型的对话，模拟多种面试场景，练习回答问题，并逐渐提升面试表现的自信和能力。这种创新的方法可以作为面试准备的一部分，帮助应聘者在真实面试中更好地应对各种挑战。

假设应聘下面的岗位，观察大语言模型如何助力面试应聘。

提示信息示例：模拟面试。

岗位：数据分析师。

岗位描述及任职资格：能快速了解新业务，通过与业务部门沟通，深刻理解关键指标与指标口径，向业务团队提供策略支持；能深入了解业务流程，分析用户行为和用户特征，发现业务痛点，能通过数据挖掘业务问题和提升机会，推动内部业绩提升；结合报表中的异常数据对业务经营状况进行深入分析和诊断，撰写业务专题分析报告，并给出建设性的结论。岗位要求包括以下几方面：

①具有 5 年以上数据分析经验，有团队管理能力优先；

②具有深厚的数学、统计学和计算机相关知识，精通 SQL 等数据查询语言及 R、Python 等统计分析语言；

③具有较强的自学能力、逻辑思维能力和数据分析能力，能快速掌握所负责的业务领域数据；

④对商业和业务逻辑敏感，具有较强的数据洞察能力和良好的沟通协调能力；

⑤具备较高的数字敏感度、较强的分析总结能力及良好的数据呈现能力。

接下来我们将进行一场面试模拟，你作为面试官，我是面试者。你是 ABC 公司的技术主管，具备 10 年的从业经验。你需要招聘数据分析师，岗位职责和岗位要求如下：
岗位职责："能快速了解新业务，……，良好的数据呈现能力。"
一共请问我三轮问题，每轮一道题目，三轮结束后请根据我的面试情况给出评价分数。

AI 好的，我们按照你的要求进行三轮面试，每轮一道问题。在面试结束后我将为你评价面试情况并给出分数。让我们开始第一轮面试。
问题 1：能快速了解新业务，并通过与业务部门沟通，深刻理解关键指标与指标口径，向业务团队提供策略支持。请分享一个你在过去工作中快速理解新业务并与业务部门合作的经验。
请回答以上问题。

我会利用数据分析工具和技术，帮助业务团队制定策略并提供支持。

AI 谢谢你的回答。我希望你能提供更具体的例子，说明你在过去工作中是如何运用数据分析工具和技术来理解新业务并与业务团队合作的。请分享一个具体的项目或情况，包括你使用的工具、与业务部门的沟通方式，以及你为业务团队提供的策略支持。请回答以上问题。

我在过去的项目中使用 Python 和 Tableau 来分析销售数据，并与销售团队合作制定了新的市场推广策略。

AI 非常好，使用 Python 和 Tableau 来分析销售数据，并与销售团队合作制定市场推广策略是非常实用的经验。接下来，我想了解更多关于你在这个项目中的具体工作内容。请回答以下问题：

> 1. 你是如何使用 Python 来进行销售数据分析的？你可以分享一些你使用的具体技术、库或方法。
>
> 2. 在与销售团队合作制定市场推广策略的过程中，你是如何运用 Tableau 来展示数据和洞察结果的？是否有一些你经常使用的可视化技巧或功能？
>
> 请回答以上问题，我们将进行最后一轮问题。完成后，我将为你评价面试情况并给出分数。

> 我使用 Python 的 pandas 库来处理和分析销售数据，还使用 matplotlib 和 seaborn 库进行数据可视化。在 Tableau 中，我使用各种图表类型来展示销售数据，如柱状图、折线图和散点图，并使用筛选器和参数来交互式地探索数据。我还使用 Tableau 的仪表板功能来汇总和比较不同的销售指标，以便更好地理解销售趋势和业绩。

> AI
>
> 非常棒！你在数据分析和可视化方面使用了多种工具和技术，包括 Python 的 pandas、matplotlib 和 seaborn 库，以及 Tableau 的各种图表和仪表板功能。综合考虑你的回答和表现，我认为你在面试中展示出了较高的数据分析能力和工具使用技巧。你清晰地回答了问题并提供了具体的例子来支持你的经验。根据我对你的面试表现的评估，我给你打出了 9 分(满分为 10 分)。你在面试中表现出色，展示出了与岗位职责和要求相匹配的技能和经验。请记住，面试评分并不代表你是否适合这个职位，而是反映你在面试过程中的回答和表现。最终决定是否录用还需要综合考虑其他因素。祝贺你在本次面试中的出色表现!如果你有任何其他问题，我将很乐意为你解答。

AI ChatGPT

刻意练习和面试模拟的方式可以有效地提升应聘面试的能力。通过与大语言模型的对话训练，可以帮助应聘者熟悉面试场景，提高回答问题的准确性和流畅度。通过与模型的互动，应聘者可以获得及时的反馈和建议，改善其表达能力和思维逻辑。基于大语言模型的模拟面试实践和训练有助于增强自信心，并在真实的面试中展现出优秀的表现。基于大语言模型的模拟面试能够帮助应聘者做更充分的准备工作，提高应对面试挑战的能力，增加成功的机会。

案例 3.5

新媒体创作助手：懂创作更懂用户。

大语言模型可以辅助生成各种网文，包括新闻报道、产品介绍、科普文章等。它的强大之处在于它可以根据用户的需求和指导，生成符合要求的文本内容。无论是要求正式、专业的语体，还是需要幽默、轻松的风格，大语言模型都能灵活应对。

> AI
>
> 现在，请分析以下文本的角色、风格、语气、长度、段落和 emoji 使用等特点，给出可以生成这个文本的提示信息。

"嘿嘿妈妈们！来听我说说最新潮的儿童运动凉鞋吧！这款酷炫的凉鞋简直让我瞪大了双眼！哇哦！它不仅时尚，还超级舒适！穿上去就像踩在柔软的云朵上！天呐！而且它的设计还能给宝宝的脚掌提供全方位的支撑！简直就是为宝贝们量身定制的！不信你试试！哇哦！这鞋子的鞋底还有防滑设计，宝贝在运动时也能稳稳地站稳脚跟！真的是太贴心了！总之，这款儿童运动凉鞋简直是妈妈们的福音！快去给宝贝们买一双吧！哇哦！"

AI　角色：推销员、儿童运动凉鞋的忠实用户；
风格：热情、充满活力、夸张；
语气：兴奋、惊讶、赞美；
长度：长篇，包含多个句子和感叹词；
段落：整篇文本可以分为引言、凉鞋的舒适性、支撑性、防滑设计、总结五个段落；
emoji 使用：使用了多个感叹号和表情符号来增强表达的兴奋和惊讶感。
生成该文本的提示信息可以是："请描述最新潮的儿童运动凉鞋，包括其时尚性、舒适性、支撑性和防滑设计等特点。"

AI ChatGPT

按照生成的提示信息生成同款文章。

AI　角色：推销员、儿童运动凉鞋的忠实用户；
风格：热情、充满活力、夸张；
语气：兴奋、惊讶、赞美；
长度：长篇，包含多个句子和感叹词；
段落：整篇文本可以分为引言、凉鞋的舒适性、支撑性、防滑设计、总结五个段落；
emoji 使用：使用了多个感叹号和表情符号来增强表达的兴奋和惊讶感。
请描述最新潮的儿童运动凉鞋，包括其时尚性、舒适性、支撑性和防滑设计等特点。

AI　引言：
嘿！亲爱的家长们！我要跟你们聊一聊，关于那些让你们的孩子在夏天里尽情奔跑、欢笑和玩耍的绝佳鞋款！我的朋友们，让我向你们隆重介绍——儿童运动凉鞋！这些凉鞋是如此时尚、舒适、支撑性十足，还有防滑设计，简直让我惊叹不已！你们准备好了吗？来吧，让我们一起探索这个令人兴奋的世界！

段落一：舒适性
亲爱的家长们，我可以向你们保证，这些儿童运动凉鞋是如此舒适，你们的孩子会爱不释手！它们采用了最先进的材料，轻盈柔软，给予孩子们脚部的完美贴合感。这意味着，无论是长时间的户外活动还是一整天的玩耍，你的孩子都能感受到无与伦比的舒适！不仅如此，这些凉鞋还配备了透气孔，让孩子们的脚部保持干爽，告别闷热和异味！是不是太棒了？

段落二：支撑性
哇喔！这些儿童运动凉鞋的支撑性简直让我大吃一惊！它们设计有专业的鞋底，能够稳定孩子们的脚步，并提供额外的支撑。无论是在运动场上奔跑，还是跳跃和嬉戏，这些凉鞋都会给予孩子们足够的保护！别担心扭伤脚踝或受伤的问题，因为这些凉鞋真的是为孩子们的安全着想！

段落三：防滑设计
噢买嘎！让我告诉你们，这些儿童运动凉鞋的防滑设计简直让人惊艳！它们采用了最新的防滑技术，让孩子们在各种地面上都能牢牢站稳！无论是湿滑的草地、石子路还是泳池边，这些凉鞋都会给予孩子们最可靠的抓地力！这不仅让他们在运动中更加自信，还能让你们放心，不再为孩子们的安全感到担心！
总结：
亲爱的家长们，我希望你们现在已经被我对这些儿童运动凉鞋的热情所感染！它们不仅时尚、舒适，还提供了令人惊艳的支撑性和防滑设计！无论是户外活动、运动比赛还是日常穿着，这些凉鞋都是你们孩子的绝佳选择！快来把它们带回家吧！你们的孩子会感谢你们的！加油！！

AI ChatGPT

大语言模型为内容创作提供了全新的可能性，在各个领域实现辅助创作，为内容创作者们节省了大量的时间和精力，同时也为读者提供了更丰富多样的内容选择。然而，大语言模型生成的内容也需要严格审核，充分发挥人类的智慧，确保文本的质量和可靠性。只有在人工智能技术与人类智慧相结合的基础上，才能更好地发挥大语言模型的潜力，推动内容创作的发展。

3.6 小 结

本章详细介绍了提示工程的策略和技巧，为改进大语言模型的提示生成能力提供了重要的方法和指导。首先，零样本提示、单样本提示和少样本提示是解决数据稀缺问题的关键技术。通过预训练模型的迁移学习能力，结合合理的样本选择和数据增强方法，可以在少量样本下有效生成高质量的提示信息。链式思维提示和自我一致性提示能够引导模型生成连贯和一致的提示信息。通过引导模型沿着逻辑链进行思考和推理，以及对生成的提示信息进行自我一致性检查和调整，可以增强模型的逻辑性和合理性。生成知识提示和思维树提示可以增强模型的知识表达和推理能力。通过将生成的知识引入提示信息生成过程中，并构建思维树结构来组织和展示模型的推理路径，可以增强模型在复杂问题上的表现。检索增强生成和自动推理与工具使用（ART）技巧可以拓展模型的信息来源和推理能力。通过与外部知识库和工具的交互，模型可以检索到更多的信息，并利用自动推理技术进行更深入的推理和思考。在多模态连续学习提示和 ReAct 提示中，通过结合多模态输入和行动引导，可以进一步提升模型在多模态和实际场景中的提示生成效果。反向提示工程可以帮助我们更好地理解和控制大语言模型生成文本的过程。协作技巧可以让大语言模型成为研究助手、编码助手和创作助手，大语言模型正在更多的领域和场景扮演智能助手的角色。

本章介绍了多种提示工程的策略和技巧，这些策略和技巧的应用可以帮助人们优化大语言模型的提示生成能力，使其更好地适应不同场景和需求，并提供更准确、连贯和有用的提示信息。提示工程是一个不断探索和改进的过程，需要综合考虑不同策略、技巧的组合和调整，以实现最佳的提示生成效果。

第 **4** 章

提示工程的
典型应用

职场效率

大型写作

自我电充

本章从典型场景出发，向读者介绍运用提示工程将大语言模型训练成为学习、工作和生活中的智能助手的方法。本章主要介绍的典型场景包括知识学习和技能培养、智能创作和辅助写作，以及求职应聘等。作为典型场景应用方案，提示工程服从特定目标，贯穿解决方案的全过程赋能，系统性地解决特定场景中的复杂问题。

统计数据表明，熟练运用大语言模型并将其作为智能助手，完成特定任务的速度提高 25%，任务质量提高 40%，尤其在创意性、分析性、写作和说服性任务中表现更为优异。

大语言模型具备强大的自然语言理解能力，能够根据用户提出的问题，理解用户意图并提供相应回答。大语言模型适用于回答多种类型的问题，包括事实性问题、定义问题和解释问题等。大语言模型可以用于意图识别、分析文本或对话，以判断用户的意图或目的。大语言模型能够理解用户的提问或指令，并识别用户所期望实现的目标。这些功能在学习、科研、工作和日常生活等诸多典型场景中都得到了高效应用。

经济学家阿贾伊·阿格拉瓦尔（Ajay Agrawal）等在其撰写的《权力与预测：人工智能的颠覆性经济学》一书中指出，通用技术要真正发挥生产力效能，需要经过三个阶段。

第一阶段称为点解决方案（The Point Solution），是简单的点对点替换，做到局部最优或特定问题显著改善；第二阶段称为应用解决方案（The Application Solution），是流程变革，做到整体提效或流程总体优化；第三阶段称为系统解决方案（The System Solution），是整个生产方式的改变，甚至是系统性革命。

人工智能（AI），特别是通用人工智能（AGI）的点解决方案是人工智能改善"现有的决定"，应用解决方案是人工智能改变"做决定的方式"，系统解决方案是人工智能促成"新的决定"，生产模式整体发生变革。

寻找人工智能的典型应用场景，让大语言模型"物尽其用"，是一个不断探索、不断试错、不断验证的过程。

4.1 职场效率手册

职场技能对个人职业生涯发展至关重要。本节将介绍如何利用提示工程来提升职场交流技巧、进行数据驱动的决策，如何使用有效的提示信息让 ChatGPT 等大语言模型成为面试训练导师、智能办公助手和职场沟通导师，这些技巧有助于在职场中建立一定的竞争优势。

本节主要介绍的典型场景包括：求职招聘、高效办公和职场沟通。虽然在不同的行业、不同的领域，大语言模型的渗入程度不尽相同，但在数智化浪潮的席卷之下，任何职场人都应当对大语言模型保有敬畏感和职业敏感。虽然目前大语言模型还未必具备完全替代人类的工作的能力，但是人机结合所爆发出的强大生产力不断表明，大语言模型将持续提升工作质量，优化生产要素，并且极大提升工作效率。

4.1.1 求职招聘

任何一次科技革命都会带来新的工作机会，与此同时，一些旧的工作岗位也会被取代。但是从来没有一项科技革命能像大语言模型为代表的通用人工智能带来的影响如此深远。大语言模型将部分取代人的"智力"活动，即人类完全可以将部分智力工作"外包"给大语言模型来完成。也就是说，大语言模型首先取代的并不是体力劳动，而是重复、繁杂、低智力水平的人类活动。

大语言模型对于哪些工作将被替代做出了预测，并给出了替代概率。

AI 怎样理解"取代你的不是大语言模型，而是擅长使用大语言模型的人"？

AI "取代你的不是大语言模型，而是擅长使用大语言模型的人"这句话的含义是，虽然大语言模型（如文心一言）在很多方面表现出强大的能力，如知识问答、文本创作、知识推理、数学计算等，但它们并不会完全取代人类。相反，那些擅长使用这些大语言模型的人将更具竞争力。

这是因为大语言模型虽然强大，但仍有很多局限性，如无法理解人类的情感和意识，也无法进行创新性的思考。而人类则可以通过自己的智慧和创造力，弥补这些局限性，更好地利用大语言模型。

因此，这句话的意思是，我们不应该害怕大语言模型的发展，而是应该学会如何利用它们，提高自己的能力和竞争力。

AI 文心一言

AI 请分别列示最可能被大语言模型替代的职业，以及最不可能被大语言模型替代的职业，并分别标识其替代指数。

AI 最可能被大语言模型替代的职业：

客服代表：替代指数约为 90%。随着智能客服的发展，越来越多的客户问题可以由机器人解决，人工客服的需求将大大减少。

数据录入员：替代指数约为 80%。自动化的数据录入工具可以更高效地完成重复性工作，减少人工错误。

翻译工作者：替代指数约为 70%。虽然目前大语言模型的翻译质量尚无法与专业翻译相比，但随着技术的不断进步，未来可能实现更高水平的翻译。

内容审核员：替代指数约为 60%。大语言模型可以更快速地识别和过滤不适当或有害的内容，降低人工审核的需求。

报告编写员：替代指数约为 50%。虽然大语言模型可以生成一定程度的报告，但在涉及复杂分析和判断的场景中，仍需要人类的参与。

最不可能被大语言模型取代的职业：

医生：替代指数约为 10%。医生需要根据患者的具体情况进行诊断和治疗，大语言模型无法完全替代医生的专业判断和人际沟通能力。

律师：替代指数约为 20%。律师需要处理复杂的法律问题，为客户提供专业的法律建议，大语言模型无法完全替代律师的专业知识和经验。

教师：替代指数约为 30%。教师需要关注学生的成长和发展，传授知识和技能，大语言模型无法完全替代教师的人性和教育经验。

艺术家：替代指数约为 40%。艺术家需要创作独特的艺术作品，表达个人情感和思想，大语言模型无法完全替代艺术家的创造力和审美观。

心理医生：替代指数约为 50%。心理医生需要深入了解患者的心理问题，提供个性化的心理干预和治疗方案，大语言模型无法完全替代心理医生的专业素养和人文关怀。

AI 文心一言

就像新世界替代旧世界一样，旧的工作岗位也许会被替代，但新工作岗位层出不穷，如提示工程师，就是随着大语言模型的广泛应用，应运而生的工作岗位。既然"天生我材必有用"，那么请坚信，你在找工作，工作也在找你，人力资源的供需两难问题不是新近才出现的问题，而大语言模型的出现有望突破这一困局。

（1）根据职位描述（Job Description，JD）定制简历

通过人工智能改变做决策的方式是可行而且必要的。按照传统的观念，求职者是按照"职业惯性"寻找工作机会的。职业惯性是求职者的"自我标签"，从而进入了自己编织的"能力茧房"，导致丧失了新的职业机会。无论是应届生还是打工人，无论是校招还是社招，跨领域求职都是非常具有挑战性的。无论是"同岗跨行"，还是"同行跨岗"，机会总是留给有准备的人。

机会发现，是大语言模型带给职场人的最重要的信息。通过大语言模型的帮助，基于求职者的基本情况，对求职者的综合能力进行评估，然后根据市场发布的招聘信息，向求职者推荐其可以胜任的工作类型，供求职者进行选择。

请根据钟橙的个人简历，结合目前市场的招聘信息，对钟橙的能力进行综合评价，并对钟橙的求职方向提供建议。

> 钟橙求职简历.docx
> DOCX · 118 KB

AI　教育背景：钟橙拥有北京大学计算机科学系的背景，这表明她在计算机科学领域具备扎实的基础理论知识。

实习经历：她在滴滴出行和京东实习过，这表明她对互联网行业有深入的了解和实践经验。特别是在滴滴出行的实习中，她参与了数据分析、机器学习模型的开发和优化等工作，这表明她具备实际操作的能力和经验。

个人技能：钟橙熟悉 Python、R、Scala 等编程语言，对 TensorFlow、PyTorch等深度学习框架也有深入了解。这表明她在计算机科学、机器学习、数据分析和数据可视化等方面具有很高的技能水平。

职业目标：钟橙的职业目标是成为一名优秀的机器学习工程师，这表明她对自己的职业有着清晰的认识和明确的规划。

结合目前市场的招聘信息，钟橙的能力和背景与许多职位的要求高度匹配。例如，在许多科技公司中，数据分析师、数据科学家和机器学习工程师等职位都需要具备与钟橙类似的技能和经验。

因此，建议钟橙可以继续在互联网行业寻找机会，特别是在大型科技公司中，这些公司通常需要处理大量的数据并应用机器学习技术来优化产品和服务。同时，她还可以将自己的技能和经验与招聘需求进行匹配，并通过在社交媒体平台（如LinkedIn）上建立个人品牌来增加自己的竞争力。

总之，钟橙具备很高的技能水平和丰富的实践经验，只要她能够将自己的个人品牌和职业目标与市场需求紧密结合起来，相信她在未来的职业道路上一定能够取得更大的成就。

AI 文心一言

　　大语言模型通过插件，可以直接读取文档或图片并进行理解。采用"上传简历"的方式，让大语言模型了解"你是你"，这是非常重要的角色设定，为大语言模型进行定制化服务提供基础。

　　下面，请大语言模型基于能力分析，提供潜在职位方案。

请根据市场招聘的热门职位，为钟橙提供具体的职位建议，希望给出职位相对应的参考薪资。提供五个职位方案。

AI　根据目前市场招聘的热门职位，以下是给钟橙的五个职位建议及对应的参考薪资（具体薪资根据地区、公司规模、经验等因素有所不同）：

数据分析师：作为数据分析师，钟橙将负责收集、处理和分析数据，为公司提供数据支持和洞察。参考薪资范围为 8000～15000 元/月。

机器学习工程师：作为机器学习工程师，钟橙将负责开发和优化机器学习模型，并将其应用于实际问题。参考薪资范围为 12000～25000 元/月。

数据科学家：作为数据科学家，钟橙将负责运用统计学、机器学习和深度学习等技术，从数据中提取有价值的信息。参考薪资范围为 15000～30000 元/月。

人工智能工程师：作为人工智能工程师，钟橙将负责开发和优化人工智能算法和应用，为公司提供智能化解决方案。参考薪资范围为 18000～35000 元/月。

业务分析师：作为业务分析师，钟橙将负责分析市场需求、竞争情况和业务趋势，为公司提供战略建议和支持。参考薪资范围为 10000～20000 元/月。

以上职位都是目前市场上比较热门的职位，与钟橙的技能和背景相匹配。她可以根据自己的兴趣和职业目标选择合适的职位，并通过不断学习和实践来提升自己的能力和竞争力。

AI 文心一言

根据大语言模型提供的职位方案，钟橙的初步意向是选择"人工智能工程师"作为求职方向。下面通过大语言模型了解"人工智能工程师"的职位描述，求职者可以根据职位描述，进行能力评估。

AI 请提供工作地点为北京市的关于"人工智能工程师"的招聘信息，提供两个方案。

AI 以下是两个在北京市招聘"人工智能工程师"的方案：

方案一：
公司名称：某知名互联网公司
职位名称：人工智能工程师
职位描述：
负责开发和优化人工智能算法和应用，为公司提供智能化解决方案。
参与自然语言处理、计算机视觉、机器学习等领域的研究和开发工作。
与产品经理、数据科学家等业务人员密切合作，推动人工智能技术在业务中的应用。
不断跟进人工智能领域的新技术、新算法，保持对前沿技术的敏锐洞察力。
职位要求：
本科及以上学历，计算机、数学、统计学等相关专业。
3 年以上人工智能领域工作经验，熟悉常用的人工智能算法和应用。
熟练掌握 Python、C++等编程语言，熟悉 TensorFlow、PyTorch 等深度学习框架。
具有良好的逻辑思维能力和分析问题解决问题的能力。
具有良好的团队合作精神和沟通能力。
薪资待遇：面议。

方案二：
公司名称：某知名科技公司
职位名称：人工智能工程师
职位描述：
负责开发和优化人工智能算法和应用，为公司提供智能化解决方案。
参与自然语言处理、计算机视觉、机器学习等领域的研究和开发工作。
与产品经理、数据科学家等业务人员密切合作，推动人工智能技术在业务中的应用。
不断跟进人工智能领域的新技术、新算法，保持对前沿技术的敏锐洞察力。

> 职位要求：
> 硕士及以上学历，计算机、数学、统计学等相关专业。
> 5年以上人工智能领域工作经验，熟悉常用的人工智能算法和应用。
> 熟练掌握 Python、C++等编程语言，熟悉 TensorFlow、PyTorch 等深度学习框架。
> 具有良好的逻辑思维能力和分析问题解决问题的能力。
> 具有良好的团队合作精神和沟通能力。
> 薪资待遇：面议。

AI 文心一言

显然，钟橙的简历信息和招聘信息中的职位描述存在一定的不匹配性，这是求职过程中的常见现象。职位描述和职位要求是招聘的一般要约，并不能视为必要条件。在实际操作中，雇主往往根据求职者的综合能力进行评价，或者通过薪资水平平衡求职者的能力缺口。

因此，将职位分析和求职建议的需求这个棘手问题，抛给大语言模型进行预测，就得到如下结果。

> 请就第一个方案和第二个方案进行分析，为钟橙提供建议，以便于其选择求职方向。
>
> AI 从职位描述和职位要求来看，方案一和方案二都是招聘人工智能工程师，但是方案二的要求更高，需要硕士及以上学历和 5 年以上人工智能领域工作经验。而方案一则相对较低，只需要本科及以上学历和 3 年以上人工智能领域工作经验。因此，如果钟橙具有硕士学位和 5 年以上人工智能领域工作经验，她可以考虑应聘方案二的职位，否则她可以考虑应聘方案一的职位。另外，由于薪资待遇是面议的，钟橙可以在面试时与雇主协商薪资待遇。在选择求职方向时，钟橙还需要考虑自己的兴趣和能力，以及公司的文化和氛围等因素。
>
> 钟橙是一名应届毕业生，请问您是否建议她尝试方案一的工作机会，投递简历？
>
> AI 如果钟橙是一名应届毕业生，那么方案一的工作机会对她来说可能是一个很好的起点。虽然方案一的职位要求有 3 年以上的人工智能领域工作经验，但是如果钟橙在大学期间积极参与科研项目、实习或自学，掌握了一定的人工智能知识和技能，也可以尝试投递简历。在简历中，她可以突出自己的学术背景、实习经历和个人技能，展示自己对人工智能领域的兴趣和热情，以及具备快速学习和适应新环境的能力。
> 此外，如果钟橙对方案一的公司感兴趣，也可以通过网络或社交媒体了解公司的文化和氛围，以及该公司在人工智能领域的发展情况和项目经验。这些信息可以帮助她更好地了解职位的要求和公司的情况，从而做出更明智的决策。
> 总之，如果钟橙对人工智能领域感兴趣，并且具备一定的知识和技能，可以尝试投递简历申请方案一的工作机会。即使她没有被录用，也可以通过这次经历锻炼自己的简历写作和面试技巧，为未来的求职做好准备。

AI 文心一言

108

　　大语言模型显然深谙求职之道，但并没有被职位描述中的条件所束缚。下面请求大语言模型根据职位描述为求职者创作一份简历，特别是在原有职位描述要求 3 年工作经验，而求职者不能满足的前提下，要求简历中突出实习经历，以弥补工作经验不足的问题。

请根据方案一的职位描述完善钟橙的简历。请特别注意钟橙是一名应届毕业生，并不具备职位描述要求的 3 年工作经验，请注意简历表述中规避这一劣势，并有效弥补这一能力短板。

AI　钟橙

联系方式：[您的联系方式]

教育背景：

北京大学 2019.09 – 2023.06

计算机科学 本科 信息科学技术学院

实习经历：

滴滴出行 2022.01 – 2022.07

数据分析及机器学习应用实习生

智能调度优化 2022.03 – 2022.07

本项目针对滴滴出行司机资源调配问题，利用机器学习技术进行优化，提高车辆利用率和乘客满意度，让出行更美好。

数据收集与清洗：整理并分析滴滴出行历史订单数据，提取关键特征，为模型训练提供数据支持。

模型开发与优化：采用深度学习算法，对司机调度问题进行建模，不断优化模型性能，提高预测准确性。

成果应用：将优化后的模型应用于实际业务中，车辆利用率提高 10%，乘客满意度提升 5%。

团队协作：与产品经理、数据科学家等业务人员密切合作，共同推动项目的进展和实施。

校园经历：

北京大学人工智能实验室 2021.03 – 2022.06

担任实验室助理，协助导师进行人工智能相关科研项目，包括数据收集、算法实现和模型优化等工作。

北京大学计算机科学系学生会 2019.09 – 2021.06

担任学术部部长，负责组织学术沙龙、讲座等活动，增进同学对计算机科学前沿技术的了解。

个人技能：

熟练掌握 Python、C++等编程语言。

熟悉 TensorFlow、PyTorch 等深度学习框架。

具备良好的逻辑思维能力和分析问题解决问题的能力。

具有良好的团队合作精神和沟通能力。

AI 文心一言

　　大语言模型突出了钟橙的实习经历和担任学生会干部的经历，并在个人技能描述部分，充分考虑到职位描述的要求，特别是对实习的工作成果进行了量化，突出了实习工作的优秀表现。在实际操作中，如果求职者并未掌握雇主提供的职位描述所要求的技能，这是比较明显的减分项。但是如果求职者判断能够在短期内掌握此项技能，是可以将此项能力写入简历的。毕竟从简历投递到面试，特别是笔试，需要一段"窗口期"，抓住这段时间及时充电，也是对求职者的自学能力的考验。

　　当然，既然大语言模型可以根据职位描述为求职者量身定制个人简历，推而广之，大语言模型也可以考虑更多的"定制化"因素，提升简历的通过率。比如，通过了解雇主的组织文化，创作更符合组织文化的个人简历。

AI
　　目标公司的组织文化是"让物理世界更美好"，并秉持发展负责任的 AI，坚持 AI 向善向上的理念。一直以来，以"长期主义的态度、理性的关注、深度的研究、建设性的讨论和坚持不懈的行动"为指引，秉持"不缺席、不对立，行胜于言"的原则，务实推动 AI 治理工作的落地。请根据以上组织文化，进一步优化并润色钟橙的简历。

AI
　　钟橙
　　联系方式： [您的联系方式]
　　教育背景：
　　北京大学　2019.09 – 2023.06
　　计算机科学　本科　信息科学技术学院
　　实习经历：
　　滴滴出行　2022.01 – 2022.07
　　数据分析及机器学习应用实习生
　　智能调度优化　2022.03 – 2022.07
　　本项目针对滴滴出行司机资源调配问题，利用机器学习技术进行优化，提高车辆利用率和乘客满意度，让出行更美好。
　　数据收集与清洗： 整理并分析滴滴出行历史订单数据，提取关键特征，为模型训练提供数据支持。
　　模型开发与优化： 采用深度学习算法，对司机调度问题进行建模，不断优化模型性能，提高预测准确性。
　　成果应用： 将优化后的模型应用于实际业务中，车辆利用率提高 10%，乘客满意度提升 5%。
　　团队协作： 与产品经理、数据科学家等业务人员密切合作，共同推动项目的进展和实施。

校园经历：
北京大学人工智能实验室 2021.03 - 2022.06
担任实验室助理，协助导师进行人工智能相关科研项目，包括数据收集、算法实现和模型优化等工作。
北京大学计算机科学系学生会 2019.09 - 2021.06
担任学术部部长，负责组织学术沙龙、讲座等活动，增进同学对计算机科学前沿技术的了解。
个人技能：
熟练掌握 Python、C++等编程语言。
熟悉 TensorFlow、PyTorch 等深度学习框架。
具备良好的逻辑思维能力和分析问题解决问题的能力。
具有良好的团队合作精神和沟通能力。
个人陈述：
我对人工智能领域充满热情，并在大学期间积极参与相关项目和实践。我深知人工智能技术的双刃剑特性，因此在研究与应用中始终秉持负责任的态度。我坚信"让物理世界更美好"的理念，致力于发展负责任的 AI，坚持 AI 向善向上。我将以"长期主义的态度、理性的关注、深度的研究、建设性的讨论和坚持不懈的行动"为指引，秉持"不缺席、不对立，行胜于言"的原则，务实推动 AI 治理工作的落地。我相信，在目标公司这样的组织文化下，我能够不断提升自我、为公司的发展做出贡献。

AI 文心一言

大语言模型按照指定"组织文化"的要求，进一步优化和完善了简历的内容。特别是加入了"个人陈述"单元，将个人价值观和组织文化进行融合，虽然稍显生硬，但较好地满足了个人简历的个性化、定制化需求，稍加修改，便可以投递到招聘方。

（2）智能面试训练和突破数字人面试官

一份高质量、个性化的简历，将大概率通过人力资源部门的初筛，求职者将带着足够的幸运得到面试的邀约。在实际操作中，很多雇主人力资源部门的简历筛选工作也会通过大语言模型辅助完成。因此，在投递简历之前，可以请大语言模型对简历进行评价并提出修改建议。请注意，求职者可以通过多个大语言模型进行预测，因为求职者很难了解雇主使用哪种大语言模型进行筛选简历的工作。

拿到面试的邀约后，求职者要全力以赴进行面试的准备工作。一方面，求职者要对雇主的情况尽可能熟悉和了解，特别是对雇主的组织架构和应聘职位的胜任力模型进行调研。必须意识到，这部分信息是难以掌握的，即使雇主是互联网类的公司，公司的人力资源信息也属于相对保密的状态。通过领英等职场社交软件可以和在职的员工直接对话，但是单纯询问求职问题得到陌生人回复的概率并不大；在职场社交媒体中寻找在雇主方工作的同学、校友或前同事，或者通过其他方法和他们建立沟通渠道，是相对便捷的做法。市场上也有培训机构以掌握了某些雇主的面试题目作为核心资源进行宣传，但这类信息大多具有一定的时效性，只能作为参考。

通过大语言模型进行面试练习与准备，可以有效提升求职者的面试表现。这种方法允许求职者模拟真实面试场景，回答常见问题，并获得实时的反馈和建议。大语言模型可以提供丰富的问题和回答范例，帮助求职者锻炼表达能力、组织思维，并提供专业的面试技巧。同时，这种练习还能够增强自信心，减少紧张情绪，使求职者在真实的面试中表现出色。

下面介绍面试的准备内容。首先是自我介绍，姓名、专业、教育背景和实践经验是非常重要的。当然，以上信息在个人简历中已经提供了，自我介绍更加注重对表达的流畅性、条理性，语言风格和应变能力的评价。

[AI] 请为求职者写一份自我介绍，姓名甘露，请对名字做合理的阐述，以便给面试官留下深刻记忆。另外，由于天降大雨，此求职者迟到了 5 分钟，请在自我介绍中进行合理、机智而幽默的解释。甘露毕业于复旦大学，应聘的职位是"产品经理"。

AI 各位面试官，大家好！我是甘露，很高兴有机会来腾讯面试产品经理这个职位。首先呢，我想和大家分享一下我的名字。我妈妈说，给我起这个名字是因为"甘露"代表着甜美和滋养，她希望我能成为一个给别人带来甜蜜和帮助的人。当然，我长大后发现，这个名字还有一个好处，那就是容易让人记住！

然后，我得说一下，今天的天气真是太给力了！大雨如注啊，我在路上堵车了，所以迟到了 5 分钟。不过我得说，这雨下得真有水平，就像贵公司的产品一样，总是能给人带来意想不到的惊喜！当然了，我以后肯定会提前出门，避免再次遭遇这样的"惊喜"！

好了，言归正传。我毕业于复旦大学，学的是计算机科学。在大学期间，我就对产品经理这个职位产生了浓厚的兴趣。我总是想，如果我是一个产品的创造者，我会怎么设计它，怎么让它变得更好。这种兴趣促使我积极参加了很多与产品相关的项目，也积累了一些宝贵的经验。

毕业后，我在一家互联网公司工作了一段时间，主要负责产品的设计和运营。这段经历让我更加了解了产品经理的工作内容和挑战。我发现，我真的很喜欢这个职位，我喜欢思考产品的每一个细节，喜欢和团队合作，喜欢看到我们的产品帮助到更多的人。

所以，当我看到贵公司的产品经理职位时，我毫不犹豫地申请了。我一直觉得腾讯是一家非常有创新精神的公司，它的产品总是能让我感到惊喜和赞叹。我希望我能有机会加入这个团队，和大家一起创造出更多优秀的产品。

总的来说，我是一个有责任心、有创造力、有执行力的产品经理。我知道，成为一个好的产品经理不容易，但我愿意为此付出努力。我相信，如果我有幸加入腾讯，我一定能够用我所学，为公司的产品发展贡献自己的一份力量。谢谢大家！

[AI] ChatGPT

"自我介绍"是面试中的首要环节，面试官第一个实质性问题一般会要求求职者做一个自我介绍。自我介绍不仅能让面试官了解求职者的基本信息，还能展示求职者的沟通能力、自我认知和专业素养。自我介绍是面试的第一步，也是建立良好印象的关键环节。通过自我介绍，面试官对求职者的性格、态度、沟通能力、自我认知和专业素养等方面进行评估。在自我介绍时，要注意控制时间，一般不要超过 3 分钟（文字准备不超过 500 字）。同时，要注意表达清晰、简明扼要，避免重复和冗余。

提前准备面试题目是重中之重。幸运的是，大语言模型具有一项重要的特长，就是预测。请大语言模型扮演面试官，大语言模型会根据应聘的职位组织有效的内容，对求职者进行考察。

> 🔲 你现在是 TE 公司的产品经理职位面试官，请分享在进行产品经理职位面试时最常问的一个问题。
>
> AI　当面试产品经理职位时，一个常见的问题是：
> 1. 请分享一个你在产品规划和决策中遇到的挑战，并描述你是如何解决它的？
> 这个问题旨在评估你在产品管理和决策方面的能力。面试官希望了解你在处理复杂问题和不确定性时的思考方式和解决方法。你可以选择一个具体的挑战，描述其背景和关键问题，并详细说明你采取的解决方案和行动计划。强调你的分析能力、创新思维、团队合作及对用户需求的敏感度。同时，突出你的决策能力和结果，以及你从中学到的经验教训。这可以展示你的问题解决能力和成长潜力，使面试官对你作为产品经理的能力产生信心。

🔲 ChatGPT

结构化表述是非常重要的面试技巧。STAR 法则和 PAR 法则是两种在面试中常用的自我介绍方法。

STAR 法则是一种结构化的面试方法，该方法要求求职者在回答问题时，按照情境（Situation）、任务（Task）、行动（Action）和结果（Result）的结构来描述自己的经历和成就。STAR 法则可以帮助面试官更好地了解求职者的实际能力和经验，以及求职者在面对挑战时的应对策略和结果。

PAR 法则是一种基于能力的面试方法，该方法要求求职者在回答问题时，按照问题（Problem）、行动（Action）和结果（Result）的结构来描述自己的能力和经验。PAR 法则可以帮助面试官更好地了解求职者的专业知识和技能，以及他们在解决问题时的思路和方法。

即使面试官没有指定如何回答问题，或者陈述经历的方法，但掌握一定的陈述方法也是十分必要的。下面就是针对特定问题，请大语言模型按照 STAR 法则给出的回答范式。

> AI 我在准备"请分享一个你在产品规划和决策中遇到的挑战,并描述你是如何解决它的?"这个面试问题,请用 STAR 法则帮我回答这个问题。针对这个问题,我准备的材料如下:"在产品开发中,可能有来自不同部门、团队或利益相关者的各种需求和意见。解决这个挑战的关键是建立一个有效的沟通和协作机制,以确保各方的声音被听到和理解。与各相关方交流,了解他们的需求、期望和关注点。这可以通过会议、访谈或调查等方式进行。确保每个相关方都有机会表达他们的意见和观点。"

> AI 在回答面试问题时,使用 STAR 法则(Situation, Task, Action, Result)可以使你的回答更有条理和更具体。以下是你可以使用 STAR 法则回答这个问题的示例:
> Situation(情境):
> 在产品开发中,我面临了来自不同部门、团队或利益相关者的各种需求和意见。
> Task(任务):
> 我的任务是解决这个挑战,并确保各方的声音被听到和理解。
> Action(行动):
> 为了解决这个问题,我采取了以下行动:
> 1. 建立沟通渠道:我组织了定期的会议和讨论,邀请来自各个部门和团队的代表参与。这为他们提供了一个平台,可以共享他们的需求和意见。
> 2. 倾听和理解:我积极倾听每个相关方的观点和意见。我采用面对面会议、访谈和在线调查等方式,与他们进行深入交流,以确保我对他们的需求有清晰的了解。
> 3. 促进协作:我鼓励各方之间的合作和团队精神。我组织了跨部门的工作坊和项目会议,以促进理解和合作,并找到共同的目标和利益。
> 4. 寻求权衡和妥协:在不同需求之间存在冲突时,我与相关方合作,寻求权衡和妥协的解决方案。我带领团队进行讨论和决策,确保我们的产品规划能够满足尽可能多的需求。
> Result(结果):
> 通过建立有效的沟通和协作机制,我成功地解决了来自不同部门、团队或利益相关者的需求和意见冲突。我们的产品规划得到了各方的认可,并取得了积极的结果。更重要的是,我们建立了良好的合作关系,为未来的产品开发奠定了基础。

AI ChatGPT

大语言模型提供了结构清晰的回答范式,根据 STAR 法则提供了对工作任务的描述、采取的行动及取得的结果。回答范式层次分明地向面试官展示求职者在产品规划和决策中的能力,以及在协调不同利益相关者之间的沟通和合作方面的技巧,并选用具体的例子和数据支持观点,以增加说服力和可信度。

大语言模型还可以作为模拟面试官,对求职者进行模拟面试,其流程包括多轮对话、基于面试的综合评价、针对性面试辅导等。

在面对复杂任务时,采用链式思维提示策略是十分必要的。在编写提示信息时,不但要强调各个步骤之间的逻辑性,而且为了提升体验,在细节方面也要提出明确的要求。

现在您作为 TE 公司的面试官，将对一名应聘"产品经理"的求职者做初步面试。请通过四个步骤进行本次面试。第一步，请阅读求职者的简历。第二步，请准备 10 个关于测试"产品经理"职位的问题。第三步，与求职者进行多轮对话，并随机问求职者三个准备好的问题。注意要逐一提问，当求职者回答完一个问题之后，做一个过渡，如简要评价一下，然后再提出下一个问题。提问尽量口语化。第四步，为求职者进行综合评价并打分（满分为 100 分），指出求职者的失分点并提供改善建议。如果您理解了，请提示：让我们开始第一步，请提供简历。

AI　让我们开始第一步，请提供简历。

甘露
联系方式：[您的联系方式]
教育背景：
……

AI　让我们开始第二步，请准备 10 个关于测试"产品经理"职位的问题。
你能描述一下你对产品经理角色的理解吗？你认为最重要的职责是什么？
能否分享一个你过去负责的最成功的产品项目？你在其中起了什么关键作用？
如何平衡用户需求、业务需求和技术限制之间的关系？
在产品开发过程中，你如何进行有效的沟通和协调，以确保项目的顺利进行？
面对市场竞争，你如何确保你的产品能够脱颖而出？
你有什么具体的产品风险管理策略？你通常如何预防和解决潜在的产品问题？
你如何量化和评估产品的成功？你通常会使用哪些关键绩效指标（KPI）？
当你与团队或利益相关者存在分歧时，你通常如何解决问题？
在敏捷开发环境中，你如何保持产品的清晰愿景和方向？
你如何持续学习和跟上产品管理领域的最新趋势和发展？

AI　文心一言

"上传简历"让大语言模型了解"你是你"，也是获得个性体验的基础方法。简历不但可以在对话框通过文字上传，还可以作为文档和图片通过插件进行上传。而大语言模型能够准确判断哪些任务是在互动中完成的，哪些任务是分配给大语言模型完成的。比如，"准备 10 道测试产品经理的题目"这个任务，无须提醒，在第二步中被自动执行。下面，我们将逐步理解大语言模型执行"虚拟面试官"任务的过程。

好的，请执行第三步。

AI　第一个问题：你如何理解产品经理的角色和职责？

115

产品经理的角色和职责是确保产品的成功上市和用户满意度的提高。产品经理需要与跨职能团队合作，包括设计师、工程师、市场营销人员等，以确保产品的成功上市和用户满意度的提高。

产品经理的主要职责包括但不限于：组织产品线规划，负责产品线管理，对产品线经营结果负责；负责新产品创意激发、收集、管理和评审；负责新产品概念开发、测试、完善和评审；组织市场研究工作；洞察用户需求；组织产品定义工作；组织项目可行性分析工作，提交立项分析报告；在新产品开发过程中验证用户需求，管理需求变更；组织新产品上市管理工作。

AI 好的，非常感谢你的回答。你对产品经理的角色和职责有非常全面的理解，涵盖了从产品线规划到市场研究的各个方面。这显示了你对这个职位的深入了解和丰富经验。接下来，我想问你管理过的最复杂的产品项目是什么？你在其中扮演了什么角色？能给我们具体描述一下吗？

我在开发"自动产品推荐"产品时，根据用户上传的产品评价图片，判断用户的应用场景，从而预测用户的购买频率并定时推荐。我通过对公司现有的 3 万张图片资料进行分类，将产品的应用场景分为四个大类，根据这些用户以往的购买频次，计算平均值。通过机器学习和无监督学习，利用人工智能准确理解用户的使用场景。产品上线用了三个月时间，由五名同事共同完成，最终项目预测成功率达到 75%，通过推荐购买率达到 85%，好评率达到 97%。

AI 非常好，你描述的这个项目听起来非常有趣且具有挑战性。通过机器学习和无监督学习来准确理解用户的使用场景，这确实是一个非常有创意的解决方法。而且你们能够在三个月内完成上线，并且取得了这么好的成果，这真的很棒。接下来，我想问你在产品风险管理方面有什么经验和方法？在产品开发过程中，你是如何确保产品的质量和成功的？

在研发阶段，我主要通过开发最小可行产品（MVP），有效降低研发成本；在测试阶段，积极推行 AB 测试，为用户提供最大价值和最佳体验；在推广阶段，先从种子用户开始推广，利用口碑让产品"出圈"。通过这些手段，产品开发周期平均缩减了 15%，用户满意度平均提升了 10%。

AI 非常好，你的这些方法都非常实用和有效。最小可行产品（MVP）可以帮助团队快速验证市场需求和产品可行性，AB 测试可以确保产品改进的效果，而从种子用户开始推广可以利用口碑效应快速吸引更多用户。这些都显示了你在产品风险管理方面的丰富经验和有效方法。
祝你一切顺利！

AI 文心一言

　　"虚拟面试官"的核心能力，体现为基于特定场景的多轮对话能力。多轮对话依赖于大语言模型的上下文能力，以及在给定的"身份"和"场景"下，与用户进行互动。如果发挥大语言模型的多模态能力，就能够打造语音面试官、虚拟（数字）人面试官，有效提升用户的沉浸式体验。通过录音、录像收集求职者的反馈信息，能够采集更多数据，提高对求职者预测和评价的准确性。

> 现在请执行第四步，对求职者的面试表现进行评价。

AI

好的，让我们开始第四步。

首先，我想对你在面试中的表现表示赞赏。你对产品经理的角色和职责有深入的理解，对管理过的项目有清晰的描述，对产品风险管理有有效的方法。你的回答都表现出你的专业知识和技能。

在回答如何理解产品经理的角色和职责时，你给出了全面的回答，涵盖了产品线管理、新产品开发、市场调研等方面，展现了你对产品经理职责的深入理解。在描述管理过的最复杂的产品项目时，你详细描述了项目的背景、目标和实施过程，并突出了你在其中的角色和贡献。在回答如何进行有效的产品风险管理时，你提到了最小产品测试、AB 测试和种子用户推广等具体方法，显示了你对产品风险管理的实践经验。

总体来说，你的回答表现出你对产品经理职位的深入理解、丰富的项目经验和有效的风险管理能力。因此，我给你打出 90 分的高分。

然而，在面试过程中，你并没有提到任何关于团队合作或领导力的经验或技能。作为一个产品经理，与团队的有效合作和领导力是非常重要的。因此，我建议你在未来的工作中加强这方面的能力，并在面试中提及相关的经验或技能。

希望以上评价对您有所帮助。如果您有任何疑问或需要进一步的指导，请随时联系我。祝您一切顺利！

AI 文心一言

"虚拟面试官"的最终评价决定了求职者能否更进一步拿到 offer。上例表明，大语言模型不但全面总结了求职者的面试表现，而且按照百分制为求职者进行打分，这个分数很有可能在面试初筛（第一轮面试）中成为重要参考指标。

随着越来越多的公司将数字人面试官引入面试初筛环节，掌握与"数字人面试官"进行互动的技巧是十分必要的。比如，设置一个"书架"作为面试的背景，相较于真实背景或白色背景，数字人面试官会给予更正面的评价。数字人面试官为求职者和招聘方带来的价值是双向的，一方面，求职者不必把时间耽搁在路上，甚至支持进行跨区域面试；由于数字人面试官 24 小时在线，节假日无休，也有效避免了时间上的冲突。另一方面，招聘方在"面试初筛"环节节约了大量的人力成本，并做到全过程可追溯，有效改善了决策效率和决策水平。

既然是模拟训练，虚拟面试官也有能力指出求职者在面试过程中的失当之处，并提出改进建议。在上例中，虚拟面试官就指出了"你并没有提到任何关于团队合作或领导力的经验或技能"的问题，这是初入职场的求职者很容易忽略的问题。由于缺乏团队协作和管理经验，求职者往往更注重强调"个人能力"和"自我表现"。但是，产品经理是一个管理岗位，大语言模型指出"作为一个产品经理，与团队的有效合作和领导力是非常重要的"。这涉及求职中更为广泛的问题：随着工作年限的增加和工作经验的积累,在职务晋升过程中需要一定的管理学知识进行"自我充电",如领导力、创新、沟通和项目管理等知识和技能。

(3)"工资面议"背后的 offer 信息战

为了提高拿到 offer 的概率,在面试后给面试官写一封感谢邮件是不错的选择。大语言模型辅助撰写感谢信或跟进邮件,可以通过丰富的表达方式、专业的用词和适当的语气,辅助求职者表达感激之情和入职意愿。通过与大语言模型的交互,求职者可以获得针对特定情境的个性化建议和优化,使邮件更具吸引力和独特性。大语言模型还可以帮助求职者组织思路、添加关键信息,并确保邮件的准确性和流畅性。

> **AI** 请撰写一封个人化的电子邮件给 TE 的面试官,对面试官抽出时间进行产品经理面试表达感谢。在邮件中要提到面试后,你对角色和团队有了更深入的了解,并且真的很喜欢团队和职位的协作特点和创新特点。语气不要太官方,着重表达情绪。

> **AI** 尊敬的 TE 面试官,
> 您好!我是 XX,非常感谢您抽出时间与我进行产品经理的面试。我想借此机会向您表达我的诚挚感谢。
> 在面试过程中,我对 TE 的角色和团队有了更深入的了解。我对团队的协作特点和创新特点深感欣赏,这与我个人的职业目标和价值观非常契合。我被 TE 作为一个全球领先的科技公司所带来的机遇和挑战所吸引,同时也被 TE 在产品创新和用户体验方面的卓越表现所鼓舞。
> 我真诚地希望能加入 TE 团队,并为公司的发展贡献自己的才能和热情。我相信,作为一名产品经理,我能够运用我的分析能力、创造力和团队合作精神,为 TE 的产品战略和业务增长做出积极的贡献。
> 再次感谢您给予我这个宝贵的机会。如果有任何进一步的问题或需要进一步了解,请随时与我联系。期待与您和 TE 团队共同开创美好的未来。
> 祝好!
> XX

AI 文心一言

足够幸运的话,求职者将得到一份入职通知书(offer)。这是对于求职者努力的最终奖赏。谈 offer 和选择 offer 是入职前的临门一脚,技术要求高,操作难度大。

这个阶段核心的问题是薪酬问题。薪酬问题是一个综合问题,要将工作环境、工作时长和劳动强度综合考虑。但是薪酬问题涉及商务谈判的一般技巧,又是普通求职者所缺乏的。有的求职者往往被喜悦主导情绪,跳过这个关键步骤,高高兴兴上班来;有的求职者认为雇主有严格的薪酬体系,应执行"同工同酬"的制度,只是被动接受雇主提出的薪资水平;只有少数求职者意识到,雇主的薪资水平是具有弹性的,即使相同的岗位,如果个人的能力差异较大,薪资也会有较大差异。薪酬因人而异的情况是很多雇主实施薪资保密制度的依据,这也造成了严重的信息不对称,不但外部很难了解组织的薪酬体系,即使在组织内部,薪酬信息也是严格保密的。

大语言模型对信息的全面捕捉和综合分析,使其变为求职者的"职业咨询师",不但为求职者划定薪资参考范畴,还可以提供针对性的谈判指导。

> 您作为一名资深的 HRBP 和职业咨询师,我想咨询的问题是,我是一个具有三年工作经验的复旦大学毕业生,目前拿到了 TE 的产品经理职位的入职通知书,请结合 TE 或同等规模互联网公司北京的薪资水平,为我提供目标薪资建议。此外,我想要拿到更有竞争力的薪资,请提供一些可操作性的谈判技巧和沟通建议。

AI　恭喜你拿到 TE 的产品经理入职通知书! 在薪资建议方面,我可以给你一些参考。
首先,TE 是一家知名的互联网公司,其薪资水平在行业内属于较高水平. 在北京,TE 的产品经理的薪资水平大约在 20k～40k 元之间,具体取决于工作经验、能力水平及所在的业务部门。由于你具有三年的工作经验,我建议你的目标薪资可以设定在 25k～35k 元之间。
当谈到 offer 阶段时,以下是一些可操作性强的沟通和谈判技巧:
了解市场情况:在进行薪资谈判之前,了解同行业、同职位的市场薪资水平是非常重要的。这可以帮助你制定一个合理的薪资期望,并有理有据地进行谈判。你可以通过招聘网站、社交媒体平台或人力资源咨询公司获取相关信息。
突出自己的价值:在谈判中,强调你的能力和价值是非常重要的。你可以列举你在过去工作中的成绩和贡献,展示你对公司的认可和价值。同时,你也可以强调你的专业技能、领导能力及团队协作精神等方面的优势。
以合作为导向:在谈判中,不要以对抗的方式进行交流。相反,你应该以合作为导向,寻求双方的共赢。你可以表达你对公司的认可和价值,同时表示愿意与公司共同发展。
提出具体的期望:在谈判中,提出具体的期望是非常重要的。你可以根据公司的情况和市场薪资水平,提出一个合理的薪资期望范围。同时,你也可以提出其他的福利和待遇要求,如年终奖、股票期权等。
保持冷静和自信:在谈判中,保持冷静和自信是非常重要的,不要因为对方的反应而过于紧张或激动。相反,你应该冷静地表达自己的观点和要求,并自信地展示自己的能力和价值。
留有回旋余地:在谈判中,不要将所有底牌都暴露出来。相反,你应该留有回旋余地,以便在需要时做出让步。例如,你可以表示你对公司的认可和价值,但同时也表示你愿意考虑其他的薪资方案。
最后,我要提醒你的是,在谈判中要保持尊重和诚信。尊重对方的意见和要求,诚信地表达自己的观点和要求。这有助于建立双方的信任和合作关系。

AI 文心一言

大语言模型作为智能"职业咨询师",给出了非常具体的薪酬建议。通过对其他招聘网站的信息采集,大语言模型给出的建议一般是比较合理的。可见,大语言模型不但依赖于训练数据,而且具备接入实时数据和最新信息的能力，提供具有时效性的预测，供求职者进行决策。

在谈判技能的建议中，大语言模型提供的谈判技巧和沟通要点，具备一定的可操作性。求职者也可以根据其中的某一项建议和智能"职业咨询师"做更深入的探讨。

如果求职者足够优秀，手握两个以上 offer 的情况也不足为奇。在这种情况下，大语言模型作为"职业咨询师"，能够通过多维度的分析给出预测，供求职者做决策。

[AI] 我拿到了两个 offer，一个是 TE 公司的产品经理，工作地点在北京，一个是 ME 公司的产品经理，工作地点在深圳。我的上一份工作在上海，女朋友也在上海工作，我的老家在湖北，两个单位的薪资差异不大，请从行业前景、公司价值、成长空间、个人发展等方面进行分析，帮助我选择一个 offer。

[AI] 恭喜你拿到两个 offer！在选择 offer 时，需要考虑多个因素，包括行业前景、公司价值、成长空间、个人发展等。以下是我对两个 offer 的分析和建议：

行业前景：TE 和 ME 是知名的科技公司，在不同领域有着强大的影响力和竞争力。TE 在互联网领域有着广泛的布局，而 ME 在人工智能领域具有较高的声誉。两个行业都有着广阔的发展前景，需要根据自己的兴趣和职业规划来做出选择。

公司价值：TE 和 ME 都是有着良好企业文化和价值的公司。TE 注重创新和用户体验，ME 则强调技术和创新。两家公司在业界都有着良好的声誉和影响力，需要根据自己的价值观和职业发展目标来做出选择。

成长空间：在产品经理这个职位上，两家公司都有着丰富的培训和发展机会。TE 有着完善的晋升体系和职业发展通道，而 ME 更注重技术研发和创新能力的培养。需要根据自己的职业规划和兴趣来选择更适合自己的公司。

个人发展：由于你的上一份工作在上海，女朋友也在上海工作，选择北京或深圳的工作地点需要考虑对生活成本和个人发展的影响。如果你希望在职业上有更大的发展空间和机会，可以选择北京或深圳的工作地点。如果你更看重生活品质和个人时间，可以选择留在上海。

综合以上分析，我建议你考虑以下几个方面来做出选择：

兴趣和职业规划：选择更符合自己兴趣和职业规划的公司和职位。

职业发展机会：选择更有职业发展机会的公司和职位。

生活成本和个人影响：考虑生活成本和个人影响，选择更适合自己的工作地点。

家人和朋友的意见：与家人和朋友交流，听取他们的意见和建议。

最后，我要提醒你的是，选择 offer 时需要综合考虑多个因素，权衡利弊做出决策。无论选择哪个 offer，都要保持积极的心态和态度，为自己的职业发展做好充分的准备和努力。

[AI] 文心一言

大语言模型并没有简单地给出选择，而是通过分析利弊、多维度比较影响决策的因素为求职者提供预测，并指出进行决策是一种复杂的、多因素的综合作用，把决策权交给求职者。

提示工程为求职者和雇主提供了双重价值，并贯穿了求职招聘的全过程。提示工程不但可以帮助求职者优化简历，准备常见面试问题的答案，通过模拟面试过程进行训练，还可以提供行业和职位相关的关键词和短语，以增加面试成功的机会。此外，它还可以帮助求职者组织思路、改善表达能力，并提供实时的基于特定需求的反馈和建议，如岗位建议、薪资建议等。通过提示工程的应用，求职者可以更好地认识自身的价值和不足，展示自身的技能和经验，提高获得目标工作机会的可能性。作为雇主，大语言模型能够在建立筛选机制、数字人面试、入职辅助决策等方面提供更为丰富的决策数据，还可以提供基于胜任力的多种预测模型，组成多角色的专家系统参与组织的用人决策，从而显著提升工作效率。随着大语言模型在个人求职和企业招聘场景中的应用不断丰富，将为求职者和招聘方带来更加高效和便捷的产品和服务。

4.1.2 高效办公

大语言模型在高效办公领域的应用场景非常广泛，并且应用范围不断扩展，目前比较成熟的典型应用场景，可以归类为以下几个方面。

（1）自动化办公流程

大语言模型可以通过自然语言处理技术，自动处理一些常规的办公流程，如自动填写表格、自动发送邮件、自动安排日程等。这些应用可以提高办公效率，减少人力成本。

典型的自动化场景是客户关系管理。基于自动回复邮件和定时发送邮件这些传统的应用，通过对客户画像的理解、客户邮件的情绪识别，判断客户问题的性质，自动安排客户反馈的优先级。比如，自动写出具有针对性的邮件、自动呼出智能语音电话等，可以有效提高客户满意度，将客户关系管理提升到前所未有的水平。

（2）智能搜索和信息提取

大语言模型可以通过自然语言处理技术，快速准确地搜索和提取需要的信息。例如，通过语音搜索快速查找文件，通过自然语言处理技术提取文章中的关键信息等。这些应用可以帮助员工更快速地获取所需信息，提高工作效率。

典型的高效办公场景是生成会议纪要。无论是线上会议的录像功能，还是线下会议室中的录音笔或手机录音，通过语音识别和信息提取，就能够自动生成会议纪要。如果需要，经过审核的会议纪要完全可以进行多语种的翻译，分发给特定的参会人员并作为档案留存。

（3）自动化文本处理和写作

大语言模型可以通过自然语言处理技术，自动处理一些文本处理和写作任务，如自动生成文章、自动进行语法检查和拼写检查、自动进行文本分类等。这些应用可以大大提高文本处理和写作的效率，从而有效降低人力成本。

典型的文本处理场景主要是根据文本提取信息标签，包括文字识别和整理、自动校对等。典型的文本创作场景主要是日常文档处理，包括工作计划、工作总结、思想汇报、工作周报等，即通过数据输入进行模板写作。大语言模型还可以采用单样本提示策略，对原文的样式和结构进行理解，快速进行信息迁移，生成新文章。大语言模型在创意写作类工作领域的卓越表现，已经超出了行业的平均写作水平。运用大语言模型在营销文案、法律文书、专利申请、代码编程等领域进行辅助写作，极大提高了生产效率，同时降低了对人员水平的要求，从而使人力成本显著下降。

（4）智能客服和助手

大语言模型可以通过自然语言处理技术，实现智能客服和助手的功能，如自动回答客户的问题、自动进行电话接听、自动进行语音转文字等。这些应用可以提高客户服务的质量和效率，降低人力成本。

智能客服有着广泛的应用场景，无论是呼入接听，还是主动呼出，智能客服都有着令人惊艳的表现。随着语音技术的日益成熟，充分发挥生成式人工智能的优势，不仅实现了声音克隆，还提供了更具针对性的个性化服务。比如，基于呼出方区号提供方言语音客服，其接通率已经赶超了真人客服。

智能客服不仅仅是语音形态，随着多模态的丰富，基于数字人的智能接待员、讲解员、面试官已经面世，以包括机器人在内的智能硬件为载体的智能推销员、导购员、接待员业已上岗。

4.1.3　职场沟通

沟通问题在职场中的重要性不容忽视。高效的沟通可以帮助员工更好地理解工作任务和目标，提高工作效率和质量，同时也可以增强团队合作和凝聚力。相反，沟通不畅可能会导致工作失误、团队分裂和工作效率下降。因此，职场人士应该注重提高自身的沟通能力，包括口头和书面沟通技巧，以及倾听和理解他人的能力。

对于初入职场的小白，"嘴甜、腿勤、腰软"是高效融入团队的"三件套"。首先，在沟通中，表达友善和尊重是非常重要的。"嘴甜"可以被理解为用友善和尊重的语言与他人交流。这包括对他人的工作表示赞赏和感谢、对他人的观点和想法表示尊重和理解，以及用积极的语言表达自己的意见和建议。这样的沟通方式有助于建立良好的人际关系，增强团队凝聚力。其次，主动沟通和积极参与是非常重要的。"腿勤"可以被理解为积极主动地向他人寻求信息和帮助、主动参与团队活动和项目，以及积极解决工作中的问题。这样的沟通方式有助于建立信任和能力，提高工作效率和质量。再次，灵活适应和容忍差异是非常重要的。"腰软"可以被理解为对不同的观点和文化保持开放和包容的态度，灵活调整自己的沟通方式和行为，以适应不同的职场环境和需求。这样的沟通方式有助于建立多元化和创新型的团队，提高团队的适应性和竞争力。

每个人都希望在能够产生"化学反应"的梦之队中工作。团队中的非语言沟通都会是积极而顺畅的，举手投足、眼神交流都能展示团队成员间的默契。高度默契不但依赖于团队文化和个人素质，也是团队成员在磨合、碰撞和包容中不断修炼和养成的。大语言模型能够变身"沟通专家"，对日常工作中的沟通场景进行解读，并尽可能提供有效的建议。

以下是一些使用 ChatGPT 等大语言模型来改善职场交流技巧的场景。

(1) 基于沟通困境的解决方案

在提示信息中提供清晰的背景信息、使用具体的问题，可以促进与大语言模型的对话、澄清问题和获得必要的信息。如果大语言模型的回答不完全符合预期，那么可以尝试通过重新表达问题或提供更多上下文来获取更准确或更详细的回答。

①提示示例 A。

提供以下情境并询问如何处理：在团队会议上，有一个同事存在频繁打断他人发言的行为，如何有效地应对这种情况，以确保公平和积极的讨论氛围？

②提示示例 B。

请求大语言模型提供反馈和改进意见：我最近在演讲时遇到了一些挑战，请你提供一些建议来提高我的演讲表达能力，包括引起听众的注意、演讲结构和内容，以及使用肢体语言等方面的技巧。

(2) 跨文化交流的沟通难题

在全球化的职场环境中，跨文化交流成为一项重要的技能。ChatGPT 等大语言模型可以帮助你了解不同文化的价值观、礼仪和沟通风格。

①提示示例 C。

提供特定文化背景并请求相关建议：我即将与来自不同文化背景的合作伙伴进行合作，他们的沟通风格和价值观与我存在差异，你能给予一些建议，以帮助我们更好地相互理解和协作吗？特别是在面对文化差异时，如何建立有效的沟通桥梁？

②提示示例 D。

指定特定文化的沟通问题：在某些亚洲文化中，直接表达意见被视为不礼貌。请提供一些建议，如何在与有亚洲文化背景的合作伙伴交流时更好地尊重他们的价值观，并建立互信的工作关系。

③提示示例 E。

请求大语言模型提供关于某一特定文化的背景知识：我即将前往日本参加商务会议，你能提供一些关于日本商务文化的重要提示吗？例如，关于礼仪、商务谈判方式，以及工作场合的期望等方面的信息。

下面是一个项目经理面对团队内部冲突时寻求大语言模型帮助的案例。

项目经理正面临一个团队内部的冲突。两位团队成员在工作方法和任务分配上产生了分歧，这给团队的沟通和合作带来了困难。项目经理希望利用大语言模型来获得一些建议和解决方案。

> AI
> 作为项目经理，我所负责的团队中出现了两位成员之间的冲突。他们对工作方法和任务分配存在分歧，这对团队的沟通和合作产生了负面影响。我希望获得一些建议和解决方案，以促进团队成员之间的沟通和合作，解决这个冲突，并恢复团队的和谐氛围。请提供一些具体的步骤或策略，以帮助我处理这个问题。

> AI
> 处理团队成员之间的冲突是项目经理的重要职责。以下是一些步骤和策略，可以帮助您解决冲突，促进团队成员之间的沟通和合作，并恢复团队的和谐氛围：
> 1. 理解冲突的本质：
> － 独立会谈：与每位团队成员单独会谈，了解他们对冲突的看法、立场和关切。倾听他们的意见，确保他们感受到被尊重和理解。
> 2. 促进有效的沟通：
> － 团队会议：组织一个团队会议，提供一个开放的环境，让团队成员可以公开表达他们的观点和问题。确保每个成员都能有机会发言，并倾听其他人的意见。
> － 澄清误解：帮助团队成员澄清彼此的误解。促使他们相互交流并解释自己的观点，以减少误解和不必要的紧张。
> 3. 寻求共同点和妥协：
> － 共同目标：强调团队的共同目标和利益，让团队成员意识到他们的合作和解决冲突对项目的重要性。
> － 寻求妥协：引导团队成员寻求共同的解决方案，通过妥协来解决分歧。鼓励他们考虑集体利益，并寻找双方都可以接受的折中方案。
> 4. 规划和任务分配：
> － 清晰的角色和责任：确保每个团队成员都清楚自己的角色和责任，并理解项目的目标和要求。这有助于减少任务分配方面的混淆和冲突。
> 5. 培养团队合作和信任：
> － 团队建设活动：组织一些团队建设活动，提高团队成员之间的合作和信任程度。这可以通过团队训练、团队合作项目或团队建设游戏来实现。
> － 鼓励开放和尊重：倡导团队成员之间的开放交流和相互尊重。鼓励大家分享观点、提供建设性反馈，并尊重不同意见和多样性。
> 6. 导师或中介介入：
> － 导师角色：如果冲突无法通过团队内部解决，考虑邀请一个中立的导师或中介人来协助解决冲突。他们可以提供客观的观点和指导，帮助团队找到共同的解决方案。
> 重要的是，您作为项目经理要保持中立和公正，并积极促进团队成员之间的合作和为解决冲突付出努力。处理冲突需要时间和耐心，但通过适当的沟通和合作，您可以帮助团队解决分歧，并建立更加和谐和高效的工作氛围。

AI 文心一言

　　根据大语言模型的建议，项目经理可以制订一个具体的行动计划，与团队成员进行沟通，并实施相应的解决方案。通过大语言模型的帮助，能够获得新的视角和创新的思路，从而更好地解决职场交流和合作中的挑战。

　　大语言模型作为"沟通专家"，还可以创设很多典型的沟通场景，帮助用户有效改善沟通效果。

　　在面临艰难的谈话或面对具有挑战性的沟通难题时，可以命令大语言模型扮演潜在沟通对象，进行模拟对话。通过提前做功课，可以修正沟通方案中不成熟的部分，也可以对沟通对象提出的刁钻问题有所准备。

　　在陷入创意枯竭或无人可依赖的沟通困境中时，大语言模型支持设定多人角色进行头脑风暴，即使只有一个人，也可以邀请这个世界上最有影响力的人，如政治领袖、商业精英、专家学者参与组织者的虚拟头脑风暴会议，针对组织者提出的问题给出中肯建议。组织者甚至可以要求与会者从特定的角度给予评价，如采用"六项思考帽"评价新产品，就有助于摆脱团队思维的局限性，在更广泛的范围内寻找共识，甚至倾听来自不同文化背景的发言者的声音。

　　大语言模型同样是提高职场领导力的好助手。给每一位团队成员写一封热情洋溢而又情深意切的年终感谢邮件，团队成员的生日当天为其创作一张祝福卡片发到工作群，在会议中加入大语言模型扮演的"客户"角色，从而坚定地执行"以客户为中心"的理念，都是基于大语言模型提升沟通效能的有益尝试。

　　利用大语言模型来改善职场沟通是一种创新的方法。通过有效地表达和倾听、跨文化交流、解决冲突，可以更加成功地在职场中与他人合作和沟通。

4.2　大型创作：大语言模型辅助编写一部书

　　Shantanu Singh 指出生成式人工智能工具有潜力助力执行简单但耗时的任务（如编写摘要和生成代码），以加速研究过程。

　　Gemma Conroy 发表在《自然》上的论文详细论证了 ChatGPT 在编写论文方面的能力。她采取了以下步骤来成功完成论文编写：第一步，要求 ChatGPT 编写数据探索代码。第二步，促使 ChatGPT 设定一个研究目标，即探索体力活动和饮食对糖尿病风险的影响。要求 ChatGPT 创建一个数据分析计划和相应的代码，并根据代码的输出得出结论。ChatGPT 给出的结论是，增加水果和蔬菜摄入量、进行锻炼与降低患糖尿病的风险相关。第三步，启动两个 ChatGPT 实例，设定两个角色。其中一个扮演科学家 A，并指示其编写论文的各个部分；另一个扮演审阅者 B，为科学家 A 生成的文本提供建设性反馈。研究结果表明，ChatGPT 在协助编写研究论文方面表现出色，并促进了研究人员与人工智能系统之间有价值的互动。

Gemma Conroy 在论文中指出，大语言模型经过大规模预训练，掌握了丰富知识，但它实际上并没有完全记住所见的信息，难以准确判断自己的知识边界，可能做出错误推断。例如，让大语言模型描述一个不存在的产品，它可能会自行构造出似是而非的细节。这种现象被称为"幻觉"（Hallucination），是大语言模型的一大缺陷。因此，在使用 ChatGPT 等大语言模型进行论文写作时，为了解决"幻觉"问题，可以允许 ChatGPT 等大语言模型访问文献搜索引擎，以便它可以生成具有正确引用的论文。

在《ChatGPT：五大优先研究问题》一文中，研究者指出，ChatGPT 在用于科学界时，必须坚持人类审查的原则，专家驱动的事实核查和验证过程将是不可或缺的。

论文一般的篇幅在 1 万~2 万字。相较而言，书籍的撰写更具有挑战性。首先，对于 20 万字以上的书籍，对上下文的结构、专用名词等进行统一，要面临更大的挑战；其次，书籍的撰写需要更复杂的框架，大部分还会设置特别的模块，这对大语言模型的能力要求更为全面；再次，大部分创作内容的择选也是值得探讨的，要充分发挥大语言模型的特长，如代码生成能力和纠错能力、数据分析能力等，创作相关主题的案例开发，甚至通过大语言模型搭建实训场景，物尽其用，往往会得到事半功倍的效果。

下面以编撰《大数据分析与挖掘实验教程》（电子工业出版社 2023 年 6 月出版）为例，说明大语言模型在书籍主要创作过程中的应用范例和使用技巧。

再次强调，在应用 ChatGPT 编写书籍的过程中，编著者始终坚持人类审查的原则，对每一部分内容进行事实核查和验证。正如《权力与预测：人工智能的颠覆性经济学》一书指出的，AI 负责预测，但是决策的权利属于人类。

由编著者团队确定教材的内容和范围。《大数据分析与挖掘实验教程》的内容主要涵盖实现数据、信息、知识到智能的价值递增的全过程，实验流程主要涵盖解决数据的问题和用数据解决问题两部分（如图 4-1 所示）。教材的内容除包括传统的商务智能课程的内容外，还包括人工智能和机器学习课程的部分内容，以及相关的实践应用（如图 4-2 所示）。

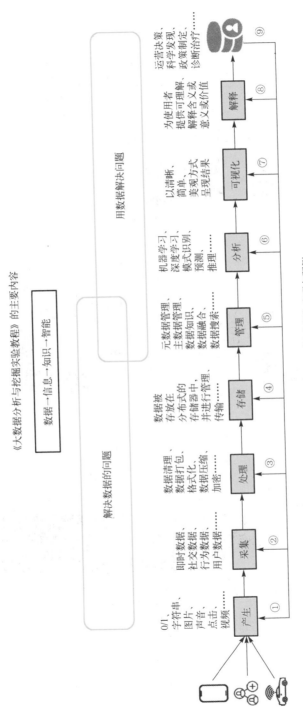

图 4-1

商务智能类课程内容设计

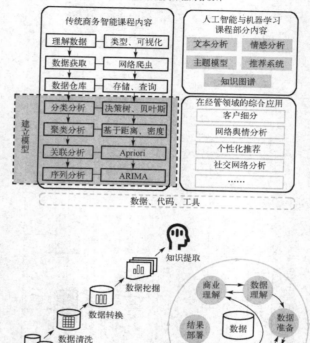

图 4-2

提问遵循书中提及的 CREATE 框架，提示信息要求清晰具体（如图 4-3 所示）。

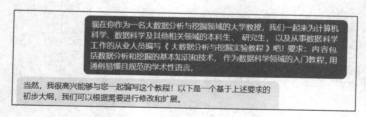

现在你作为一名大数据分析与挖掘领域的大学教授，我们一起来为计算机科学、数据科学及其他相关领域的本科生、研究生，以及从事数据科学工作的从业人员编写《大数据分析与挖掘实验教程》吧！要求：内容包括数据分析和挖掘的基本知识和技术，作为数据科学领域的入门教程，用通俗易懂且规范的学术性语言。

当然，我很高兴能够与您一起编写这个教程！以下是一个基于上述要求的初步大纲，我们可以根据需要进行修改和扩展。

图 4-3

4.2.1 拟定提纲

大语言模型具有语言生成能力。编著者可以借助其语言生成能力构建清晰、逻辑严谨的提纲。大语言模型的语言生成能力为编著者提供了有效的辅助工具，促进了提纲的设计和组织(如图 4-4 所示)。

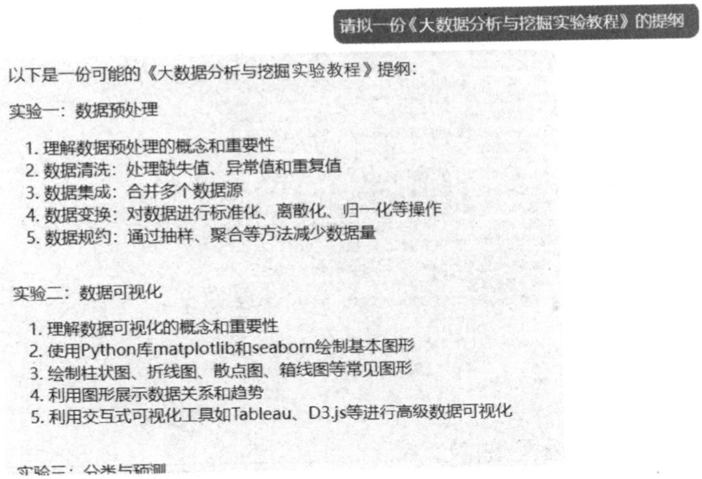
请拟一份《大数据分析与挖掘实验教程》的提纲

以下是一份可能的《大数据分析与挖掘实验教程》提纲：

实验一：数据预处理

1. 理解数据预处理的概念和重要性
2. 数据清洗：处理缺失值、异常值和重复值
3. 数据集成：合并多个数据源
4. 数据变换：对数据进行标准化、离散化、归一化等操作
5. 数据规约：通过抽样、聚合等方法减少数据量

实验二：数据可视化

1. 理解数据可视化的概念和重要性
2. 使用Python库matplotlib和seaborn绘制基本图形
3. 绘制柱状图、折线图、散点图、箱线图等常见图形
4. 利用图形展示数据关系和趋势
5. 利用交互式可视化工具如Tableau、D3.js等进行高级数据可视化

图 4-4

在大语言模型生成的提纲基础上，进行修订和补充。首先，始终坚持人类审查的原则，进行事实核实和验证；其次，引入情感分析和主题模型等实验内容，进行内容补充；最后，经过综合考量和讨论，确定最终的提纲。这一过程保证了学术性和逻辑性的一致性，确保了提纲的准确性和可信度(如图 4-5 所示)。

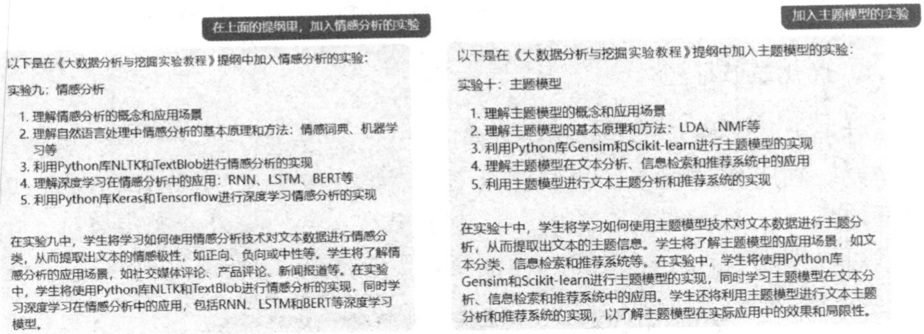
在上面的提纲里，加入情感分析的实验

以下是在《大数据分析与挖掘实验教程》提纲中加入情感分析的实验：

实验九：情感分析

1. 理解情感分析的概念和应用场景
2. 理解自然语言处理中情感分析的基本原理和方法：情感词典、机器学习等
3. 利用Python库NLTK和TextBlob进行情感分析的实现
4. 理解深度学习在情感分析中的应用：RNN、LSTM、BERT等
5. 利用Python库Keras和Tensorflow进行深度学习情感分析的实现

在实验九中，学生将学习如何使用情感分析技术对文本数据进行情感分类，从而提取出文本的情感极性，如正向、负向或中性等。学生将了解情感分析的应用场景，如社交媒体评论、产品评论、新闻报道等。在实验中，学生将使用Python库NLTK和TextBlob进行情感分析的实现，同时学习深度学习在情感分析中的应用，包括RNN、LSTM和BERT等深度学习模型。

加入主题模型的实验

以下是在《大数据分析与挖掘实验教程》提纲中加入主题模型的实验：

实验十：主题模型

1. 理解主题模型的概念和应用场景
2. 理解主题模型的基本原理和方法：LDA、NMF等
3. 利用Python库Gensim和Scikit-learn进行主题模型的实现
4. 理解主题模型在文本分析、信息检索和推荐系统中的应用
5. 利用主题模型进行文本主题分析和推荐系统的实现

在实验十中，学生将学习如何使用主题模型技术对文本数据进行主题分析，从而提取出文本的主题信息。学生将了解主题模型的应用场景，如文本分类、信息检索和推荐系统等。在实验中，学生将使用Python库Gensim和Scikit-learn进行主题模型的实现，同时学习主题模型在文本分析、信息检索和推荐系统中的应用。学生还将利用主题模型进行文本主题分析和推荐系统的实现，以了解主题模型在实际应用中的效果和局限性。

图 4-5

4.2.2 前言写作

通过与大语言模型的交互，编著者可以利用其语言生成能力和广泛的知识库，获取有关研究主题的相关背景信息和论据。这种交互可以帮

助构建准确、清晰的前言，为读者提供充分的背景介绍和问题陈述，有助于引导读者理解研究的动机和意义（如图 4-6 所示）。

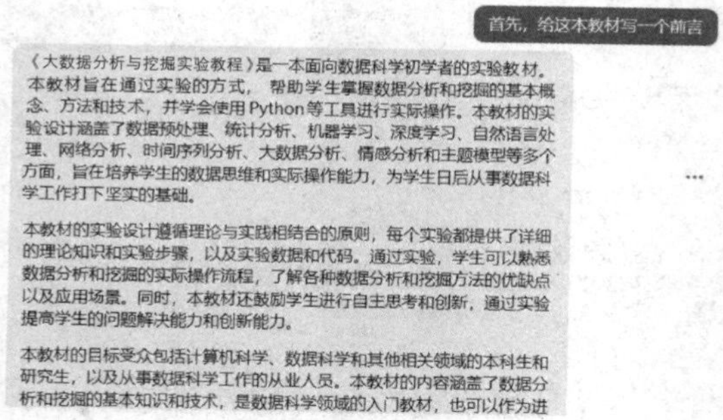

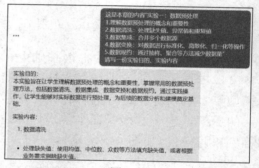

图 4-6

4.2.3　实验开发

通过与大语言模型的交互，编著者可以利用其语言生成能力和领域知识，概括实验目的和设计，并清晰地描述实验内容和方法。这种交互为编著者提供了一个高效且准确的方式，以确保实验目的和内容的准确传达和明确阐释（如图 4-7 所示）。

图 4-7

4.2.4　优化章节标题

对于上述的提示信息（如图 4-8 所示），需要进行调整以获得更满意的结果。在写作过程中，我们可以不断对提示信息进行适当的调整，以更好地满足编著者的需求。同时，为了提高文章的学术性和逻辑性，编著者可以使用小标题来组织内容，使其更加清晰和易读。

图 4-8

通过使用小标题进行组织，能够确保编著者得到更加满意的结果，并且在写作过程中能够更好地呈现文本的结构和逻辑（如图 4-9、图 4-10 所示）。

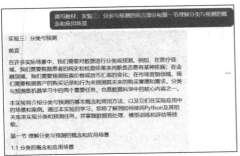 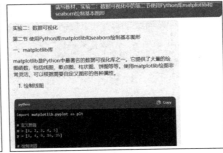

图 4-9　　　　　　　　　　　　图 4-10

4.2.5　每章小结

通过与大语言模型的交互，编著者可以快速总结并概括每章的核心内容和主要发现。这种交互提供了一个高效的方式，帮助编著者准确、凝练地呈现每章的重要信息，以增强读者对全文结构和主题的理解（如图 4-11 所示）。

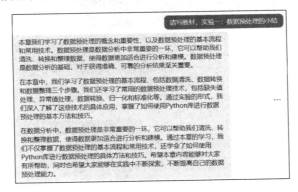

图 4-11

4.2.6　创建实训

大语言模型在生成实战案例方面也发挥着重要作用。通过与大语言模型的交互，可以生成实际应用场景下的案例，探索解决问题的方法和策略。这种交互为编著者提供了一个创造性的方式，帮助其实现理论与实践的结合，为实战应用提供有价值的案例研究和参考（如图 4-12、图 4-13 所示）。

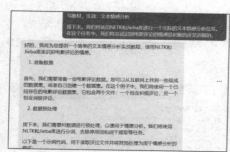

图 4-12

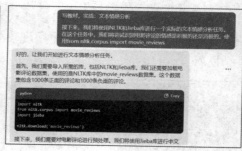

图 4-13

4.2.7 设置特别内容

通过定制化的要求使得大语言模型能够按照需求生成更具专业性和学术性的文本，满足编著者对于特别内容和领域的设置，促进学术著作的进一步发展和创新（如图 4-14、图 4-15 所示）。

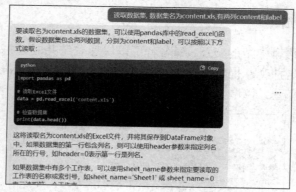

图 4-14

抱歉，我是一个语言模型，无法呈现图像，但我可以列出pandas的一些重要知识点：

1.数据读取：使用read_csv()函数读取CSV文件，使用read_excel()函数读取Excel文件，使用read_sql()函数读取SQL数据库中的数据等。

2.数据清洗：包括数据去重、缺失值处理、异常值处理、数据类型转换、文本数据处理等。

3.数据集成：使用merge()函数将多个数据集合并成一个数据集。

4.数据变换：包括数据分段、数据聚合、数据变换、特征工程等。

5.数据规约：使用groupby()函数进行数据分组，使用agg()函数进行数据聚合，使用rename()函数重命名字段，使用reset_index()函数重置索引等。

6.数据可视化：使用matplotlib库和seaborn库进行数据可视化，包括直方图、散点图、折线图、箱线图等。

图 4-15

132

4.2.8 处理内容中断问题

大语言模型在生成内容时，可能会无法生成符合上下文逻辑的连贯文本。对于这种情形，需要进一步分析和修正提示信息，以确保生成内容的准确性和连贯性，或者结合其他研究方法和数据源进行补充，以维持生成内容的可靠性和完整性。当生成内容中断时，也可以直接要求大语言模型继续生成（如图 4-16 所示）。

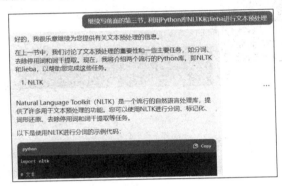

图 4-16

4.2.9 调整生成的代码

大语言模型具备对生成的代码进行修正和调整的能力。大语言模型能够根据特定需求和规范，生成符合要求的代码，提高代码的质量和可读性。但是，编著者需要对生成的代码进行审查和验证，以确保其准确性和可靠性（如图 4-17、图 4-18 所示）。

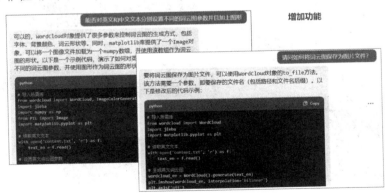

图 4-17

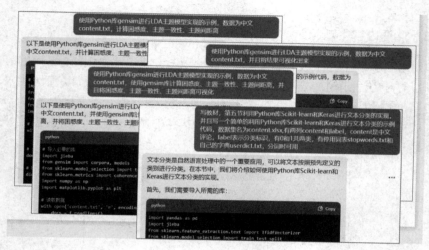

图 4-18

4.2.10 创建原创数据实验

编著者通过与大语言模型进行交互，引导其生成符合研究需求的实验示例。定制化的要求能够引导大语言模型提供专业领域内的创新性数据实验示例，促进实验设计的优化和创新。同样，编著者需要进行进一步的数据分析和验证，以确保生成示例的可靠性和适用性（如图 4-19 所示）。

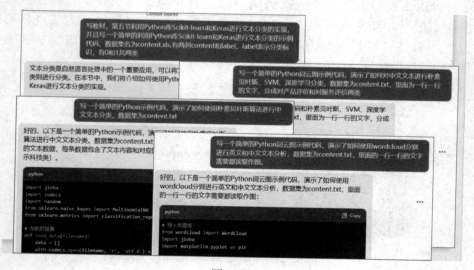

图 4-19

4.2.11 报错处理、错误解析和自动纠错

大语言模型能够识别和理解实验示例中的错误，并提供相应的修正建议或解决方案。通过有效交互能够让大语言模型在实验示例中检测和纠正错误，提高实验设计的准确性和可靠性，为编著者提供有帮助的反馈和指导，促进其设计有效的实验过程（如图 4-20 所示）。

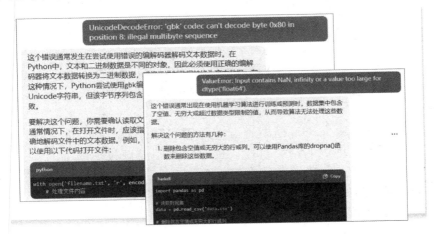

图 4-20

编著者通过与大语言模型的交互，完成了《大数据分析与挖掘实验教程》的编写工作。在编写过程中，编著者充分利用大语言模型的生成能力，结合领域专业知识和实践经验，生成了具有学术性和专业性的实验教程。

在编写过程中，编著者仔细选择和组织教程中的实验内容，确保其能够涵盖数据分析和挖掘的主要概念、方法和技术。同时，编著者还对生成的教程进行了严格的校对和编辑，以确保内容的准确性和可读性。最终，编写完成的《大数据分析与挖掘实验教程》具备学术性和专业性，能够为读者提供系统而全面的指导，帮助读者理解和应用大数据分析与挖掘的关键技术。通过大语言模型的强大生成能力，获得了高质量的教程内容，促进学术界和工业界在大数据领域的研究和实践。

4.3 提示工程在知识领域的应用

随着大语言模型的快速发展，提示工程在知识获取和知识更新等领

域发挥着越来越重要的作用,为学习者和教育者带来了新的机遇和挑战。通过与大语言模型交互,可以制订个性化的学习计划,获得具有针对性的学习建议和个性化时间管理技巧。在文献阅读方面,大语言模型可以辅助搜索和筛选相关文献,提供内容摘要和思路启发,加速文献的知识提取和深入理解过程。大语言模型还可以参与讨论、提供创新思路,促进学术交流与合作。充分发挥大语言模型的智能功能,学习和研究效率将得到有效提升。

4.3.1 自我修炼导师

大语言模型可以作为学习者的个人助手和自我修炼导师,帮助其获取知识、提高技能、激发思考、提供反馈和促进自我发现,从而实现"自我充电"。

例如,在应用大语言模型进行学习研究等计划的制订时,提示信息应该具体并清楚地说明最终目标。提示信息中应该包括以下内容。

①学习内容:你想学些什么?

②学习时间:达成学习目标的时间有限制吗?

③特定需求:你有什么想要特别关注的事情吗?

> 我想掌握数据分析与挖掘,重点关注与数据科学和机器学习相关的主题。我想制订一个为期 5 周的学习计划来帮助我实现这一目标。您可以通过以下方式帮助我吗?
> 1. 确定我每周需要学习数据分析与挖掘的关键概念
> 2. 推荐学习这些概念的最佳资源
>
> AI　当然!我可以帮助您制订一个为期 5 周的学习计划,重点关注数据分析与挖掘,并提供与数据科学和机器学习相关的关键概念和最佳学习资源。以下是一个建议的学习计划:
> 第 1 周:数据分析基础
> — 学习概念:数据类型、数据清洗、数据探索和可视化
> — 学习资源:
> 　— 书籍:《Python 数据分析基础》(作者:Wes McKinney)
> 　— 在线教程:Data Camp 的"Introduction to Data Science in Python"课程
> 第 2 周:统计基础
> — 学习概念:概率、统计学基础、假设检验和统计模型
> — 学习资源:
> 　— 书籍:《统计学习方法》(作者:李航)
> 　— 在线教程:Coursera 的"Statistics with Python"课程
> 第 3 周:机器学习入门
> — 学习概念:监督学习、无监督学习、特征工程和模型评估
> — 学习资源:

— 书籍：《Python 机器学习基础教程》（作者：Andreas C. Müller 和 Sarah Guido）

— 在线教程：Coursera 的"Machine Learning"课程（由 Andrew Ng 教授主讲）

第 4 周：机器学习算法

— 学习概念：线性回归、逻辑回归、决策树、支持向量机和聚类算法

— 学习资源：

— 书籍：《机器学习实战》（作者：Peter Harrington）

— 在线教程：Kaggle 的"Machine Learning"挑战和案例学习

第 5 周：高级主题与实践项目

— 学习概念：特征选择、模型调优、深度学习、大数据处理和实践项目经验

— 学习资源：

— 书籍：《Python 机器学习实践指南》（作者：Sebastian Raschka 和 Vahid Mirjalili）

— 在线资源：参与开源项目、完成数据挖掘竞赛（如 Kaggle）或创建自己的数据分析项目

在每周学习的过程中，您可以结合阅读相关书籍、观看在线教程和参与实践项目，以加深对概念和技术的理解。此外，与专业人士和其他学习者的讨论和交流也是加强学习的重要方式。

请注意，这只是一个建议的学习计划，您可以根据自己的兴趣和学习进度进行调整。

祝您在学习数据分析与挖掘的旅程中取得成功！

AI ChatGPT

上例表明，大语言模型根据给定的提示信息，针对性地提供了学习计划（包括周计划、周学习内容）、概念阐述，以及书籍和在线课程资源，最后建议学习者"根据自己的兴趣和学习进度进行调整"。

在学习过程中，学习者可以通过提示信息，请大语言模型生成更详尽的周计划，也支持根据学习进度调整学习周期、课程难度等。针对学习重点、难点，大语言模型还可以通过更多学习资源的获取、比较和分析，提供更多的扩展知识。

AI 我在学习书籍：《Python 机器学习基础教程》（作者：Andreas C. Müller 和 Sarah Guido）和在线教程：Coursera 的"Machine Learning"课程（由 Andrew Ng 教授主讲）时，感觉有些困难，请推荐本知识体系的其他课程，请提供五门课程并标识难度，以方便进行选择。

AI 以下是我推荐的五门与机器学习相关的课程，它们涵盖了与《Python 机器学习基础教程》和 Coursera 的"Machine Learning"课程相同的知识体系，但难度有所不同：

"机器学习基石"（台湾大学，林轩田教授）：这门课程是机器学习的基础课程，介绍了机器学习的基本概念、算法和应用。难度：中等。

"机器学习技法"（台湾大学，林轩田教授）：这门课程是"机器学习基石"的续篇，介绍了更高级的机器学习技术，如支持向量机、深度学习等。难度：中高级。

"CS229：机器学习"（斯坦福大学，Andrew Ng 教授）：这门课程是 Coursera 的 "Machine Learning"课程的完整版，内容更深入、更全面。难度：中高级。

"CS231n：计算机视觉"（斯坦福大学，李飞飞教授）：这门课程介绍了计算机视觉领域的深度学习方法，对于想要深入了解深度学习的同学来说是非常不错的选择。难度：高级。

"花书"（花书即《深度学习》一书，由 Ian Goodfellow 等人撰写）：这本书是深度学习的经典教材，内容全面、深入，适合有一定机器学习基础的读者阅读。难度：高级。

希望这些课程能够帮助到你，如果有其他问题，请随时问我。

[AI] 请展示"机器学习基石"（台湾大学，林轩田教授）的目录或大纲。

AI 以下是"机器学习基石"（台湾大学，林轩田教授）的目录或大纲：

引言

历史的回顾

什么时候需要用机器学习

机器学习的应用——案例研究

机器学习的应用——案例研究（续）

机器学习的定义

机器学习的分类

机器学习的三要素

机器学习的发展趋势

结束语：机器学习的未来

以上是"机器学习基石"课程的主要章节和内容概述。每个章节都会涵盖相关的基本概念、算法和应用，帮助学生建立起机器学习的完整知识体系。

 文心一言

学习结束之后，学习者还可以根据学习内容，请大语言模型提供学习成果测试，包括提供测试题并进行批改。大语言模型甚至可以提供模拟的实训环境，如利用其良好的代码修正能力就可以完成特定的实训项目。

[AI] 基于《Python 机器学习基础教程》（作者：Andreas C. Müller 和 Sarah Guido）的内容，请出 5 道单项选择题并给出正确答案。

AI 1. 以下哪个 Python 库不是用于机器学习的？

A. Scikit-learn

B. NumPy

C. Pandas

D. Matplotlib

答案：D. Matplotlib

2. 在 Scikit-learn 库中，哪个函数用于训练决策树分类器？

A. DecisionTreeRegressor

B. DecisionTreeClassifier

C. LinearRegression

D. LogisticRegression

答案：B. DecisionTreeClassifier

3. 以下哪个参数在 Scikit-learn 库的 LogisticRegression 函数中用于指定正则化强度？

A. C

B. penalty

C. solver

D. max_iter

答案：A. C

4. 在机器学习中，什么是过拟合？

A. 模型在训练集上表现很好，但在测试集上表现很差

B. 模型在训练集和测试集上都表现很好

C. 模型在训练集上表现很差，但在测试集上表现很好

D. 模型无法正确地拟合训练数据

答案：A. 模型在训练集上表现很好，但在测试集上表现很差

5. 以下哪个算法通常用于聚类分析？

A. 线性回归

B. K-均值算法

C. 逻辑回归

D. 支持向量机

答案：B. K-均值算法

AI 文心一言

知识、技能和能力是学习过程中不同阶段的产物，相互之间有从属关系和演变关系，有些知识可以演变为技能，而知识和技能从属于能力。大语言模型作为"自我修炼导师"，可以帮助学习者自我充电、自我成长、自我进化，从而实现个体跃迁。

4.3.2 助力文献阅读

大语言模型在文献阅读方面发挥着重要作用：它可以快速解析大量文献，提供对关键信息的深度理解和准确总结；能够回答研究人员的问题，帮助其理解和解释文献中的复杂概念和实验结果；还能够进行深入的讨论，与研究人员进行互动，促进新的思考和创新。大语言模型的支持使文献阅读变得更高效、更准确，并为研究人员提供了更广阔的知识

视野，推动了科学研究的进展。例如，辅助文献阅读与理解，解释公式含义。

AI 这是一篇论文的摘要：逆全球化与通货膨胀高企是当前世界经济的重要特征。那么，全球化及其趋势的逆转是否会影响各国（或地区）通货膨胀的水平，其形成机制是什么？本文选取 163 个经济体作为研究样本，构建了衡量全球化的指标体系。在此基础上，将其纳入开放经济条件下的混合菲利普斯曲线，研究全球化对通货膨胀的影响及背后的逻辑机制，并进一步评估"逆全球化"对全球通货膨胀的驱动作用。结果表明，全球化具有通货紧缩效应，这种效应随着一国（或地区）全球化水平的提升，呈现出先减弱后增强的非线性特征。为进一步考察通货膨胀形成机制，将通货膨胀分解为通货膨胀趋势和通货膨胀周期。对于通货膨胀趋势，以参与全球价值链为标志的贸易全球化，是发达经济体通货膨胀趋势下行的主要驱动因素，而信息全球化和金融全球化则是新兴和发展中经济体通货膨胀趋势下行的主要驱动因素。对于通货膨胀周期，贸易全球化会提升各国（或地区）通货膨胀周期对国际大宗商品价格的敏感性，并通过贸易网络形成各国通货膨胀周期的联动。自 2020 年初发生重大突发公共卫生事件以来，全球化的逆转造成了各国（或地区）通货膨胀水平上升，且参与全球价值链程度较高的国家（或地区）承担了更高的通货膨胀上行压力。本文的研究为中国坚持高水平对外开放、构建新发展格局，以及积极参与全球治理体系的建设和改革提供了经验证据。结合论文的摘要逐项解释以下公式，猜测每一项可能代表的含义：

$$\pi_{i,t} = \beta\pi_{i,t-1} + \gamma\pi_{i,t} + \theta GAP_{i,t}^{p} + F_{i,8}^{t} + \alpha_{i,t} + g_{i,t}$$

AI 这个公式是混合菲利普斯曲线的一般形式，用于研究全球化对通货膨胀的影响及其形成机制。下面逐项解释：

- $\pi_{i,t}$ 代表国家（或地区）的通货膨胀率。
- $\beta\pi_{i,t-1}$ 代表上一期通货膨胀率对当前期通货膨胀的影响，其中 β 是衡量惯性的参数。
- $\gamma\pi_{i,t}$ 代表当前期通货膨胀率的影响，其中 γ 是衡量通货膨胀率自身影响的参数。
- $\theta GAP_{i,t}^{p}$ 代表国内生产总值（GDP）与潜在产出之间的差距对通货膨胀率的影响，其中 θ 是衡量产出缺口影响的参数，$GAP_{i,t}^{p}$ 是国家的潜在产出与实际产出之间的差距。
- $F_{i,8}^{t}$ 是控制其他因素的影响的变量，可能包括货币政策、财政政策、劳动力市场等因素。
- $\alpha_{i,t}$ 是用来控制国家固定效应的变量，它衡量的是不同国家（或地区）在不同时间内的通货膨胀率的差异。
- $g_{i,t}$ 是用来控制随机误差项的变量，它表示模型中未观测到的因素对通货膨胀率的影响。

整个公式的含义是，每个国家（或地区）的通货膨胀率受到多种因素的影响，包括自身的惯性、产出缺口、其他因素的影响、固定效应和随机误差项的影响。其中，本文主要关注全球化对通货膨胀的影响，即全球化对 $\pi_{i,t}$ 的影响可能通过 $\theta GAP_{i,t}^{p}$ 来实现。

AI ChatGPT

　　在研究论文的复现过程中，对数据进行统计分析是至关重要的。这一步骤涉及对收集到的数据进行描述性统计、推断统计和相关性分析等，以揭示数据的特征、趋势和关联关系。通过运用学术性和专业性的统计方法，研究人员能够深入理解数据集的本质，并从中提取出有价值的结论，为进一步研究和实践提供可靠的依据。下面对上例的数据进一步进行统计分析。

需要对 hcpi、ccpi、 money 等变量进行描述性统计分析，请根据示例表格生成相应的 Python 代码，

示例数据如下：

```
id year name code1 hcpi hcpi_t hcpi_c ccpi
0 111 1990 United States USA 5.40 2.851046 2.546907 5.026814
1 111 1991 United States USA 4.23 3.034956 1.200007 4.909259
2 111 1992 United States USA 3.03 3.265159 −0.236337 3.659180
3 111 1993 United States USA 2.95 3.231029 −0.279372 3.303728
4 111 1994 United States USA 2.61 2.831762 −0.224323 2.853075
    ccpi_t   ccpi_c ...    money    reer     tgi      fgi      pgi  \
0 5.018742 0.008072 ... −2.719990 −4.546590 0.040630 0.105960 0.192816
1 4.475976 0.433283 ... −2.734455 −1.384059 0.039764 0.100829 0.205238
2 3.934501 −0.275322 ... −3.181993 −2.481022 0.040117 0.091906 0.193417
3 3.464935 −0.161207 ... −2.355229 2.914300 0.040924 0.096179 0.195677
4 3.093842 −0.240767 ... −2.202770 −0.531069 0.041905 0.103065 0.196691
     igi advanced gvcsr gap_hp100  gap_hp6
0 0.168889 1 NaN −0.015078 0.653515
1 0.169033 1 NaN −2.331410 −1.851440
2 0.168817 1 NaN 0.977344 1.163970
3 0.168422 1 NaN −0.091651 −0.134880
4 0.167993 1 NaN 0.924333 0.706486
```

要进行描述性统计分析，你可以使用 Python 中的 pandas 库来完成。下面是一个示例代码，用于计算示例数据中`hcpi`、`ccpi`和`money`等变量的描述性统计信息：

```python
import pandas as pd

# 读取数据
data = pd.read_csv('your_data_file.csv')  # 将'your_data_file.csv'替换为
你的数据文件路径

# 提取所需变量
variables = ['hcpi', 'ccpi', 'money']  # 根据需要选择变量
subset = data[variables]

# 计算描述性统计信息
statistics = subset.describe()

# 打印结果
print(statistics)
```

确保将文件路径替换为你的数据文件的实际路径，并根据需要调整要分析的变量列表。运行代码后，会打印出每个变量的描述性统计信息，包括计数（count）、均值（mean）、标准差（std）、最小值（min）、25%分位数（25%）、中位数（50%）、75%分位数（75%）和最大值（max）等统计指标。

请注意，上述代码假设数据文件以 CSV 格式存储，并且第一行包含列名。如果你的数据文件格式有所不同，请相应调整`read_csv()`函数的参数。

AI ChatGPT

　　对研究论文中的模型进行参数调优是必不可少的工作。参数调优是指通过系统地调整模型的参数，以最大化或最小化某个评价指标来提高模型的性能和效果。参数调优过程涉及使用优化算法、交叉验证等技术，针对模型的每个参数进行精细调整，以找到最佳的参数组合。通过学术性和专业性的参数调优，能够优化模型的泛化能力、降低过拟合或欠拟合的风险，并提升模型在实际应用中的预测准确性和稳定性。以下是利用大语言模型进行参数调优的示例。

我们的 AUC 分数仍然较低，需要更改算法并优化其参数。请给出其他方案，并提供代码。

AI　除逻辑回归模型外，还有很多其他的分类算法可以用于员工流失预测问题，如决策树、随机森林和 XGBoost 等。以下是使用 XGBoost 算法进行分类的示例代码：

```python
[省略]

# 定义 XGBoost 分类器
xgb_clf = xgb.XGBClassifier(random_state=42)

# 使用交叉验证方法进行调整
cv = StratifiedKFold(n_splits=5, shuffle=True, random_state=42)
param_grid = {
    'max_depth': [5, 10, 20, 30],
    'min_child_weight': [1, 5, 10],
    'learning_rate': [0.01, 0.1, 1],
    'subsample': [0.5, 0.8, 1],
    'colsample_bytree': [0.5, 0.8, 1],
    'gamma': [0, 1, 5],
}
grid_search = GridSearchCV(xgb_clf, param_grid=param_grid, cv=cv,
scoring='roc_auc')
grid_search.fit(X, y)
```

```
# 输出最优参数和最优得分
print("最优参数：", grid_search.best_params_)
print("最优得分：", grid_search.best_score_)

# 绘制 ROC 曲线和计算 AUC 值
y_scores = cross_val_score(grid_search.best_estimator_, X, y, cv=cv,
scoring='roc_auc')
fpr, tpr, thresholds = roc_curve(y, grid_search.best_
estimator_.predict_proba(X)[:, 1])
roc_auc = auc(fpr, tpr)

# 输出 ROC 曲线和 AUC 值
print("交叉验证的 ROC AUC 得分：", y_scores.mean())
print("测试集的 ROC AUC 得分：", roc_auc)
```
```

AI ChatGPT

### 4.3.3 研究问题发掘

大语言模型为研究人员提供了一种探索和发掘新的研究问题的途径。通过与大语言模型进行交互，研究人员可以利用其强大的语言能力来解决各种学术性和专业性的问题。交互过程涉及向大语言模型提出问题、获取生成的回答、进行进一步的分析和探讨。研究人员可以通过提供特定的上下文信息、领域知识或待解决问题的背景，引导大语言模型生成相关的内容。这种交互的结果可以用于探索新的研究方向、发现潜在的问题、验证假设或获取领域专业性的见解。

Yelp 学术数据集是 Yelp 公司提供的一个公开的数据集，用于学术研究和开发。该数据集包含了来自 Yelp 公司的商家信息、用户评论和评分等内容，可以用于自然语言处理、情感分析、推荐系统等相关任务的研究和实验。下面以 Yelp 学术数据集为例，演示如何与大语言模型交互实现研究问题的发掘。

AI 有一个数据集，包括以下字段："评论有用性（该评论获得的"有用"投票总数（取对数））、大五人格得分（CNN 模型计算）、评论者 RANK（当前评论是评论者写下的第几条评论）、是否本地人（评论者和被评论餐厅是否处于同一城市，0/1 变量）、单词数（评论文本中有多少个单词）、评分（1～5 星）、可读性（Coleman-Liau 可读性得分）、发布时长（评论发布日到数据采集日之间的天数）、正向性（评论中包含多少 LIWC 词典的正向词）、负向性（评论中包含多少 LIWC 词典的负向词）、商家评分（总评分 1～5 星）、价格范围（四个等级：<10, 11～30, 31～60,>60）、商家的 RANK（当前的评论是商家收到的第几条评论）、风味类型（1=美式菜；2=亚洲菜；3=欧洲菜；4=南美菜；5=中东菜；6=其他）"请问我可以做什么有意义的分析？
```

AI 好的,对于这个餐厅评论的数据集,我们可以做以下一些有意义的分析:

1. 分析评论有用性和评论词数、可读性、正负向性等之间的关系,看哪些因素影响评论的有用性。

2. 通过大五人格模型分析不同人格特征的用户撰写的评论区别,如外向的用户与内向用户的评论风格差异。

3. 分析本地用户和外地用户的评论差异,本地用户是否更公正客观。

4. 分析评论者撰写评论的次数(RANK)是否影响评论质量和有用性。

5. 分析各个价格段或风味类型餐厅的平均评分和评论有用性,看看高端餐厅是否名不副实。

6. 分析商家收到的评论数量(商家 RANK)与平均评分和有用性之间的关系,看老店是否真的更好。

7. 跟踪评论有用性随时间衰减的趋势,看哪些时间段的评论更有参考价值。

8. 尝试构建评分或有用性的预测模型,挖掘影响因素。

9. 文本挖掘分析热门的正面和负面关键词,提供商家改进的参考。

AI ChatGPT

以上是大语言模型归纳的,可以基于特定数据集去尝试而且可能获得有价值发现的分析方向。

如果想做一个实证研究,针对上面的数据集我可以提出哪些假设?

AI 好的,针对这个餐厅评论数据集,我们可以提出以下一些值得验证的研究假设:

1. 评论文字越长,获得的“有用”投票越多。

2. 外向性高的用户写的评论获得更多的“有用”投票。

3. 本地用户的评论与外地用户相比,对餐厅的评价更中肯。

4. 更有经验的评论者(RANK 越高)写的评论更有参考价值。

5. 高价格餐厅的评分不一定比低价餐厅高。

6. 老店的平均评分高于新开张的店铺。

7. 最近的评论反映餐厅当前实际质量,比古老评论更可信。

8. 评论有用性会随时间负向衰减。

9. 正面评论的有用性强于负面评论。

10. Certain personality traits are correlated with usefulness of reviews.

11. Restaurants of certain cuisines receive more useful reviews.

我们可以针对这些假设,使用该数据集的相关变量来进行统计验证,如进行回归分析、差异性检验等。如果效果显著,则初步证明了假设。当然,这需要控制其他混杂变量的影响。如果您有其他假设,也欢迎提出来供大家讨论!

AI ChatGPT

可以用哪些理论模型？

AI 对于这个餐厅评论的数据集，我们可以考虑应用以下几类理论模型来进行分析：

1. 信息采纳模型（Information Adoption Model）

可以研究评论长度、可读性、时间效应等因素如何影响评论的被采纳程度（有用投票）。

2. 大五人格模型（Big Five Personality Model）

可以研究评论者的人格特质，如外向性是否影响评论风格和被采纳程度。

3. 社会判断理论（Social Judgement Theory）

可以研究本地评论者和外地评论者的评价差异，是否展现出同温层效应。

4. 信任模型（Trust Model）

可以研究老店和知名店是否更容易获得消费者信任，评价更被看重。

5. 期待确认理论（Expectation Confirmation Theory）

可以研究实际消费者满意度是否和评论倾向一致，以验证评论真实性。

6. 文本挖掘（Text Mining）

可以分析文本内容特征与评论有用性之间的关系。

我们可以根据研究目的和需要验证的假设，选择适合的理论模型作为分析框架。如果您有其他理论建议，也欢迎提出来一起讨论。

AI ChatGPT

你能根据你考虑可用的理论模型来建立这个实证研究的模型吗？

AI 好的，我尝试根据几种可用的理论模型，来构建这个餐厅评论数据实证研究的分析框架：

依据信息采纳模型，我们提出评论长度和可读性与有用投票之间存在正相关。

依据大五人格模型，我们提出评论者的外向性水平与有用投票存在正相关。

依据社会判断理论，我们提出本地评论者的评价会较外地评论者更正面或中肯。

依据信任模型，我们提出老店和知名店的评论有用性较高。

依据期待确认理论，我们提出高星级餐厅的实际评价可能不如预期。

我们还可以加入文本挖掘的分析，提出正面评论比负面评论更受欢迎。

在控制其他变量后，可以使用回归分析或差异显著性检验来验证以上提出的假设。如果结果显著，则初步验证了模型的合理性。我们也可以比较不同模型的解释力，看哪些理论在这个研究情景下效果更好。请您评估这个初步的分析框架，需要修改或添加哪些方面？非常期待您的意见！

AI ChatGPT

请给出模型的公式。

AI 好的，我试着给出这个餐厅评论数据实证研究的模型算式：

评论有用性（UV）~

β1*评论长度（WCOUNT）+ β2*可读性（READ）+ β3*外向性（EXT）+ β4*本地哑变量（LOCAL）+ β5*评论者排名（RANK）+β6*餐厅价格（PRICE）+ β7*餐厅排名（BRANK）+ β8*正面词比例（POS）+ β9*负面词比例（NEG）+ ε

其中：

UV:评论获得的有用投票数（取对数）

WCOUNT:评论字数

READ:评论可读性指数

EXT:评论者外向性得分

LOCAL:是否为本地评论者，1/0 哑变量

RANK:评论者目前评论总数排名

PRICE:餐厅价格水平，分 4 个类别编码为 1-4

BRANK: 餐厅收到评论总数排名

POS: 正面词出现比例

NEG: 负面词出现比例

ε:随机误差项

β1-β9:待估计的参数

我们可以使用线性回归来估计参数，从而判断各变量对有用投票的影响效应。

这个模型结合了信息采纳模型和大五人格模型等理论框架。请您评估这个模型算式的合理性，是否需要调整或补充?非常感谢您的反馈！

AI ChatGPT

下面请你用 Python 一步一步教我如何实现该模型的论证吧。

AI 好的，我来用 Python 步骤详细地演示如何实现这个餐厅评论数据的实证研究模型：

1. 导入需要的库

```python
import pandas as pd
import numpy as np
from sklearn.linear_model import LinearRegression
```

2. 读取评论数据，只取我们需要的字段

```python
data = pd.read_csv('comments.csv')
data = data[['UV','WCOUNT','READ','EXT','LOCAL','RANK','PRICE','BRANK','POS','NEG']]
```

3. 将分类变量转换为哑变量

```python
```

```python
data = pd.get_dummies(data, columns=['LOCAL','PRICE'])
```

4. 将数据分割成训练测试集
```python
from sklearn.model_selection import train_test_split
X_train, X_test, y_train, y_test = train_test_split(data.drop('UV',axis=1),
data['UV'], test_size=0.2, random_state=0)
```

5. 建立线性回归模型并在训练集上训练
```python
model = LinearRegression()
model.fit(X_train, y_train)
```

6. 在测试集上评估模型效果
```python
from sklearn.metrics import r2_score
y_pred = model.predict(X_test)
r2 = r2_score(y_test, y_pred)
print("R-squared:", r2)
```

7. 输出模型的参数估计结果
```python
print(model.coef_)
```

以上就是使用 Python 实现该实证研究模型的基本步骤。我们可以获取变量的系数，评估各变量对有用投票的影响，从而对提出的假设进行验证。如果有不恰当的地方请您指正，非常感谢！

AI ChatGPT

在本例中，研究人员成功地通过与大语言模型的交互，实现了对研究问题的探索和实验设计。借助大语言模型的自然语言处理和生成能力，得到了有价值的见解和创意。与大语言模型交互的方式为研究人员提供了高效、灵活的研究方法，为学术研究提供了新的途径和工具。

与大语言模型交互探索和发掘新的研究问题的优势在于其广泛的语言知识和模式识别能力，可以帮助研究人员在特定领域中提出深入的问题，并从中获得有价值的见解。然而，对于确保交互结果的可靠性和准确性，研究人员需要审慎设计实验、验证结果，并在必要时结合其他研究方法和数据来源进行深入分析。与大语言模型交互作为一种研究方法，为学术研究人员提供了一种创新的途径，通过大语言模型的语言能力来发掘和解决各种学术性和专业性的问题。这种方法的应用广泛，可以促进学术界对于各领域问题的理解和推动学术研究的进展。

4.3.4 多角色任务执行

大语言模型可以作为 Python 解释器（见以下示例）。

> 什么是Python解释器?
>
> AI Python解释器是一个软件，它能够解析和
> 执行Python程序。当你编写Python代码并
> 保存后，你会得到一个以".py"为扩展名
> 的文本文件。要运行这个文件，就需要
> Python解释器来执行它。
> Python解释器由多个组件构成，每个组件
> 有不同的功能，这些组件可以分为两个主
> 要部分：解释器核心和标准库。
> 解释器核心：Python语言最核心的部分，
> 它的主要功能是解析和执行Python代码。
> 它包含以下几个组件：
> a. 解释器：它的任务是将源代码转换为字
> 节码并运行它们。
> b. 编译器：Python解释器有一个简单的编
> 译器，用于将源代码转换为字节码。
> c. 解析器：它用于解析源代码，将源代码
> 转换为解释器可以理解的抽象语法树
> （AST）。
> d. 运行时环境：它负责管理内存和执行
> Python程序中的各种操作，如对象创建、
> 垃圾回收和异常处理等。
> 标准库：由一组模块组成的集合，这些模
> 块包含了各种用于处理文件、网络、日期、
> 时间等操作的工具和函数。

AI 文心一言

> 我想让你充当 Python 解释器。我将输入命令，你将回复终端应显示的内容。我希
> 望你只在一个唯一的代码块内回复终端输出，而不是其他任何内容。不要写解释。
> 除非我指示你这样做，否则不要键入命令。当我需要用英语告诉你一些事情时，我
> 会把文字放在大括号内{like this}。我的第一个命令是"
> import random # 导入 random 模块
>
> x = list(range(1, 11)) # 创建一个包含 1 到 10 的列表 x
> size = 5 # 定义变量 size 为 5
>
> samples = random.sample(x, size) # 从列表 x 中随机选择 size 个元素作为
> 样本，存储在 samples 中
> print(samples) # 打印输出样本列表 samples
> "

AI 4, 9, 6, 5, 3

AI ChatGPT

　　大语言模型能够在一定程度上模拟编程语言解释器的功能。在上例
中，大语言模型成功扮演了 Python 解释器的角色。它利用自身的语言理

解模型正确解析了用户提供的 Python 代码，并通过内部的语法分析和运行环境模拟，给出了正确的代码执行结果。

大语言模型可以作为 SQL 终端（见以下示例）。

请阐述"SQL 终端"的概念

AI

SQL 终端是一种用于与数据库进行交互的命令行工具。它通常以命令行界面（CLI）的形式呈现，允许用户输入 SQL 语句来执行数据库操作，如查询、插入、更新和删除数据。

SQL 终端的使用对象通常是数据库管理员（DBA）和开发人员，他们需要执行复杂的 SQL 语句来管理和开发数据库应用程序。它提供了一种简单而直接的方式来与数据库进行交互，而无须使用图形用户界面（GUI）工具。

SQL 终端通常与数据库管理系统（DBMS）集成，如 MySQL、PostgreSQL、Oracle 等。它允许用户连接到数据库并执行各种 SQL 语句，以管理数据库、查看数据、执行查询及执行其他数据库操作。

SQL 终端的主要优点是它提供了对数据库的直接控制，允许用户执行复杂的 SQL 语句，并快速响应。它还允许用户在命令行界面中进行操作，这对于需要在命令行环境中工作的开发人员和系统管理员非常有用。

AI 豆包

AI

我希望你在示例数据库前充当 SQL 终端。该数据库包含名为 Customer、Product、SalesOrderHeader 和 SalesOrderDetail 的表。我将输入查询，你将回复终端显示的内容。我希望你在单个代码块中使用查询结果表进行回复，仅此而已。不要写解释。除非我指示你这样做，否则不要键入命令。当我需要用英语告诉你一些事情时，我会用大括号{}表示。我的第一个命令是"SELECT TOP 10 * FROM Product ORDER BY Id DESC"。

AI

```
Id | ProductName    | Price
---|----------------|------
20 | Product 20     | 9.99
19 | Product 19     | 15.99
18 | Product 18     | 12.49
17 | Product 17     | 7.99
16 | Product 16     | 5.99
15 | Product 15     | 3.99
14 | Product 14     | 9.99
13 | Product 13     | 15.99
12 | Product 12     | 12.49
11 | Product 11     | 7.99
```

AI ChatGPT

149

大语言模型能够在一定程度上模拟结构化查询语言（SQL）终端的功能，在人机交互中扮演 SQL 代码解释器的角色。它可以通过对 SQL 语句的语法结构进行分析，理解语句的含义和执行逻辑。在上例中，大语言模型成功解析了用户提供的 SQL 语句，给出了模拟的 SQL 执行结果。

大语言模型可以作为机器学习工程师。

我想请你担任机器学习工程师。我会写一些机器学习的概念，你的工作就是用通俗易懂的术语来解释它们。请提供构建模型的分步说明、使用视觉效果演示各种技术，或者建议在线资源以供进一步研究。我的第一个建议请求是"我有一个有标签的图像数据集。我应该使用哪种机器学习算法？"

AI

当您有一个有标签的图像数据集时，一种常用的机器学习算法是卷积神经网络（Convolutional Neural Network，CNN）。CNN 是一种特别适用于图像处理和计算机视觉任务的深度学习模型。

下面是使用卷积神经网络构建模型的一般步骤：

1. 数据准备：首先，您需要准备您的图像数据集。这包括对图像进行预处理、标准化和调整大小等操作，以确保数据适合用于训练模型。您还需要为每个图像分配正确的标签，以便模型学习识别不同类别的图像。

2. 构建网络结构：使用 CNN 构建模型的关键是设计合适的网络结构。典型的 CNN 结构包括卷积层、池化层和全连接层。卷积层用于提取图像中的特征，池化层用于降低特征图的维度，全连接层用于将特征映射到不同类别的概率。

3. 模型训练：使用标记的图像数据对构建的 CNN 模型进行训练。训练过程中，模型将学习如何从图像中提取有用的特征，并将这些特征与正确的标签相关联。训练过程通常涉及使用反向传播算法来调整模型的权重和偏置，以最小化预测结果与真实标签之间的差异。

4. 模型评估：使用测试数据集评估训练好的 CNN 模型的性能。您可以使用指标如准确率、精确率、召回率、F1 分数等来评估模型的预测能力和泛化能力。这些指标将帮助您了解模型在新图像上的表现如何。

5. 模型优化：根据评估结果对 CNN 模型进行优化。您可以尝试调整网络结构、调整超参数、增加更多的训练数据、进行数据增强等来改进模型的性能和泛化能力。

对于图像数据集的机器学习任务，您可以使用各种深度学习框架和库来构建和训练 CNN 模型，如 TensorFlow、Keras、PyTorch 等。这些工具提供了丰富的功能和预训练模型，可以简化模型构建和训练的过程。

以下是一些在线资源，可以帮助您进一步研究 CNN 和计算机视觉领域的技术：

– TensorFlow 官方网站：https://www.tensorflow.org/

– Keras 官方文档：https://keras.io/

– PyTorch 官方网站：https://pytorch.org/

这些资源提供了深入学习和实践深度学习模型的材料、示例代码和项目，可以帮助您深入了解 CNN 和图像处理的原理和应用。通过实践和学习，您可以建立对 CNN 和计算机视觉的理解，并利用这些知识构建强大的图像识别模型。

AI ChatGPT

大语言模型能够在一定程度上模拟机器学习工程师的角色，以人类可理解的交互方式指导机器学习的学习过程。在上例中，大语言模型成功解析了用户的学习指导需求，组织相关的机器学习知识和学习建议，给出了面向用户的学习指导。

在学习和研究工作中，还有很多用来使学习研究过程更易于管理和提高效率的提示信息。从文献综述到数据收集再到撰写结果，可以使用以下提示信息简化研究工作流程。

提示示例 A：产生主题想法。例如，您能否提出与 [XX 领域] 相关的五个重要的未解答问题，这些问题将提升 [XX 子领域或主题] 的当前知识水平？

提示示例 B：研究方法和数据收集技术。例如，您能否建议在[XX 子领域或背景]中研究[XX 研究主题]的最佳研究方法和数据收集技术，包括它们的优点、缺点及每种方法何时最合适？

提示示例 C：制定强有力的引言、论文陈述和结论。例如，为我关于[XX 研究主题]的[XX 研究论文]制定强有力的介绍、清晰的论文陈述和令人信服的结论，有哪些有效的方法和策略？请提供有关如何构建这些要素的指导性问题和想法，以确保它们有效并与研究目标保持一致。

提示示例 D：校对你的研究论文。例如，校对并编辑我的[XX 研究论文]中的语法、标点符号、重复单词和拼写错误。请提供建议，以提高我的研究论文的可读性。

提示示例 E：生成综合数据。例如，我希望您生成一个包含 [数据集列] 综合记录且具有以下特征的 [相关数据集列] 数据集。

[字段名称]([数据类型/范围])…，等等。

[关于数据集的特别说明]。

数据应该是真实可信的，不是明显伪造的或随机生成的。将输出格式化为逗号分隔文件(CSV)，其中标题行列出字段名称和 [数据集列] 数据行。

4.4 小 结

本章介绍了提示工程在不同领域中的常见应用。

首先，提示工程在工作求职面试中发挥着重要作用。大语言模型可以提供面试准备建议，如常见面试问题、答案示例和面试技巧。此外，提示工程还可以帮助求职者优化简历和求职信，使其更具吸引力和专业性。这对于提高求职者的竞争力和成功通过面试至关重要。

其次，智能写作和创作辅助是提示工程的另一个重要应用领域。通过引入自然语言处理和机器学习技术，提示工程可以提供实时的写作建议、语法纠错和文本修饰等功能。它对于创作者、学术研究人员和学生来说，无疑是一个强大的工具，能够提升写作质量和效率，帮助创作者更好地表达想法和观点。

最后，制订学习计划与助力文献阅读也是提示工程的重要应用领域。通过提示工程，可以制订个性化的学习计划，帮助学生更好地组织学习时间和任务，并提供相关文献的阅读建议。这有助于提高学习效率和阅读质量，让学生更加有针对性地学习和研究。

提示工程在学习、写作和求职面试等领域都有广泛的应用。大语言模型能够提供个性化的建议和辅助，帮助人们更好地规划学习、提升写作能力，并在求职过程中取得成功。随着技术的不断发展和创新，提示工程将继续提供更多有益的辅助功能，为各个领域的人们带来更多便利和效益。

第 5 章

提示工程赋能
数据分析与挖掘

数据收集
数据清洗
数据探索
数据可视化
数据分析
数据模型

本章对数据收集、数据清洗、数据探索、数据可视化，以及数据分析方法与模型等方面如何有效使用提示工程进行了详细讲解。

数据科学家 Jim Gray 把科学研究的历史划分为四个范式（时代），其中第四范式是基于数据密集型的科学发现，也就是大数据时代。在这个数据密集型的时代，传统的科研方法已经难以处理如此大规模和复杂的数据。通过数据分析与挖掘技术，科学家可以从海量数据中提取有价值的信息，进而推动科学的进步。

数据分析与挖掘为第四范式提供了技术手段，而第四范式则为数据分析与挖掘提供了应用场景和实践机会。

在生物信息学、天体物理学、社会科学等领域，研究者们都在使用第四范式的方法进行科学研究，这其中包括了大量的数据分析与挖掘工作。

当前，各领域对数据分析与挖掘的需求日益增长。数据分析与挖掘在市场营销、运营管理、人力资源和金融等领域扮演着重要的角色。数据分析与挖掘应用于市场调研、客户行为分析、业务流程优化、预测和决策支持等领域。通过数据分析和挖掘，能够深入了解市场趋势、优化运营效率和提高决策的准确性，从而获得竞争优势并实现持续增长。

数据分析与挖掘的关键步骤包括问题定义与目标设定、数据收集与了解、数据清洗与预处理、探索性数据分析（EDA）、数据建模与分析、结果解释与评估、洞见提取与报告、决策与行动计划、监控与迭代。这是一个循环迭代的过程，从问题的明确定义到结果的解释和行动计划，需要不断进行监控和迭代。在整个过程中，结合领域知识、统计学、机器学习和可视化等技能，使用适当的工具和技术来支持数据分析的各个阶段至关重要。这些技能和工具帮助分析人员有效地处理大量数据、发现数据中的模式和趋势、构建合适的模型进行分析，并最终从数据中提取有意义的洞见和结论。在职场中，利用大语言模型来引导数据分析和决策，以获得准确且有实际意义的答案是十分有效的。大语言模型可以通过解析和理解大量的文本和数据，为分析人员提供有用的指导和洞见，帮助其更好地解释数据、做出决策并制订行动计划。

总之，随着数据分析需求的增长，掌握数据分析的关键步骤和技能，并善于利用大语言模型的指导，将能够在各种场景中实现准确而有实际意义的数据分析和决策。

数据收集的提示技巧有以下几种。

（1）确定研究问题

在进行数据收集之前，明确定义研究问题是确保数据收集成功的关键步骤。明确定义研究问题，包括目标、假设和依赖变量的定义，有助于引导大语言模型在数据分析中提供有针对性的答案。

> [AI]　请提供一些可靠的数据源，用于分析全球气候变化对农作物产量的影响。
>
> AI　当涉及全球气候变化对农作物产量的影响时，以下是一些可靠的数据源和组织，供您进行分析和研究：
> 1. 联合国粮食及农业组织（FAO）：FAO 是一个权威的国际组织，提供全球农业和粮食生产的统计数据、报告和研究。他们的网站上提供了世界各地不同农作物的产量数据和相关的气候变化影响报告。
> 2. 国际粮食政策研究所（IFPRI）：IFPRI 是一个专注于粮食安全和农业发展的研究机构。他们的研究报告和数据库提供了关于全球农作物产量、气候变化和食品安全之间关系的深入分析和数据。
> 3. 世界气象组织（WMO）：作为联合国的专门机构，WMO 负责全球气候和天气的监测和研究。他们的气候数据和报告可以提供关于气候变化对农业和农作物的影响的相关信息。
> 4. 国家气象和农业机构：各国的气象和农业机构通常会收集和发布与农作物产量和气候变化相关的数据。例如，美国国家气象局（NOAA）和美国农业部（USDA）提供了丰富的气象和农业数据，包括气候模型和农作物报告。
> 5. 科学研究论文：查阅由科学界发表的研究论文，这些论文经过同行评审并提供了对全球气候变化对农作物产量影响的深入研究。Google 学术搜索、PubMed 和其他学术数据库是获取这些论文的良好起点。
> 这些数据源和组织都提供了关于全球气候变化对农作物产量影响的可靠信息和研究结果。请注意，仔细评估数据的来源和研究的可信度，以确保您使用的数据和信息是准确和可靠的。

[AI] ChatGPT

（2）选择合适的数据源

根据研究问题的特点，选择与之相关的合适数据源。这些数据源可以是公开可用的数据集、行业报告、实验数据或其他可靠来源。确保数据源的可靠性和可验证性，以提高数据分析的准确性和可靠性。

> [AI]　请提供一些关于金融市场的历史股票交易数据源，以便进行投资组合优化的研究分析。
>
> AI　以下是一些可靠的历史股票交易数据源，供您进行投资组合优化的研究和分析：
> 1. 股票交易所官方网站：大多数股票交易所都提供免费或付费的历史股票交易数据，包括交易量、价格和股票指数等信息。例如，纽约证券交易所（NYSE）、纳斯达克（NASDAQ）、伦敦证券交易所（LSE）等都提供历史数据下载服务。

2. 金融数据提供商：有许多专业的金融数据提供商，它们收集并提供广泛的历史股票交易数据，包括价格、成交量、财务指标等。常见的数据提供商包括 Bloomberg、Refinitiv（前汤森路透）和 FactSet 等。

3. 免费金融数据平台：一些免费的金融数据平台提供基本的历史股票交易数据，可用于研究和分析。其中一些平台包括 Yahoo Finance、Google Finance 和 Alpha Vantage 等。

4. 学术研究数据库：一些学术研究数据库提供经过整理和处理的历史股票交易数据，适用于学术研究和量化分析。其中一些数据库包括 CRSP、Compustat 和 WRDS 等。

5. 第三方金融数据 API：许多金融数据 API 提供商提供实时和历史股票交易数据的接口，可供开发者使用。其中一些 API 提供商包括 Alpha Vantage、Quandl 和 Polygon.io 等。

在使用这些数据源时，请确保仔细评估数据的质量、可靠性和适用性，并且遵守相关的数据使用条款和许可协议。此外，根据您的具体需求，可能需要进行数据清洗、整理和处理，以便进行投资组合优化的研究分析。

AI ChatGPT

案例 5-1

网 络 爬 虫

网络爬虫是一种自动化程序，用于从互联网上收集信息。它可以浏览网页并提取感兴趣的数据，如文本、图像、链接等。网络爬虫通常按照一定的规则遍历网页并抓取数据，然后将数据保存或进一步处理分析。

用 Python 代码采集页面（https://news.wtu.edu.cn/sxgd.htm）上的思想观点，并保存为 CSV 文件。

AI 如果你想采集页面（https://news.wtu.edu.cn/sxgd.htm）上的思想观点，并将其保存为 CSV 文件，你可以使用以下代码：

```python
import requests
from bs4 import BeautifulSoup
import csv
# 发送请求并获取响应
url = 'https://news.wtu.edu.cn/sxgd.htm'
response = requests.get(url)
# 解析 HTML 页面
soup = BeautifulSoup(response.content, 'html.parser')
# 获取思想观点列表
```

```
viewpoint_list = soup.find_all('div', class_='viewpoint')
# 保存思想观点标题和链接
titles = []
links = []
for viewpoint in viewpoint_list:
    for item in viewpoint.find_all('a'):
        title = item.get_text('title').strip()
        link = 'https://news.wtu.edu.cn' + item.get('href')
        titles.append(title)
        links.append(link)
# 将数据保存为 CSV 文件
with open('viewpoints.csv', 'w', newline='') as file:
    writer = csv.writer(file)
    writer.writerow(['标题', '链接'])
    for i in range(len(titles)):
        writer.writerow([titles[i], links[i]]) ```
```

这段代码会将思想观点的标题和内容提取出来，并保存为名为'viewpoints.csv'的CSV 文件。请确保已安装必要的库（requests、BeautifulSoup 和 csv），可以使用以下命令来安装它们：

```
pip install requests beautifulsoup4
```

运行代码后，将会生成'viewpoints.csv'文件，其中包含思想观点的标题和内容。

AI ChatGPT

　　然而，代码运行后，文件 viewpoints.csv 为空文件。因为 ChatGPT等大语言模型按照常规的命名方法取值，生成的相关代码如下所示：

```
# 获取思想观点列表
viewpoint_list = soup.find_all('div', class_='viewpoint')
```

其中，class_的名称取值为 viewpoint，而实际上我们查看网页源代码发现，本案例的名称实际上是 list（如图 5-1 所示）。进行修改后，数据采集成功，结果如图 5-2 所示。

```
<script language="javascript" src="/system/resource/js/news/statpagedown.js"></script><div class="list">
<ul>
<li id="line_u6_0">
<a href="https://www.xuexi.cn/lgpage/detail/index.html?id=1327399827858519492&item_id=1327399827858519492" title="习近平在中共中央政治局第六次集体
<span class="time">2023-09-01</span>
</li>
<li id="section_u6_0" class="hr_list" style="display:none;"><hr></li>
<li id="line_u6_1">
<a href="https://www.xuexi.cn/lgpage/detail/index.html?id=1663763549277704360&item_id=1663763549277704360" title="习近平：中国式现代化是强国建设、
<span class="time">2023-09-01</span>
```

图 5-1

图 5-2

5.2 数据清洗技巧

数据清洗技巧包括以下几种。

(1)数据去重

在数据清洗阶段,识别和去除重复数据是确保数据质量的重要步骤。重复数据可能导致分析结果的偏差,因此需要使用适当的方法去除重复数据,确保每条数据唯一。

> **请提供一些常用的数据去重技巧和方法,用于清洗电子商务网站的用户订单数据。**
>
> 清洗电子商务网站的用户订单数据时,以下是一些常用的数据去重技巧和方法:
> 1. 基于唯一标识符的去重:检查每个订单的唯一标识符,如订单号或交易 ID。如果存在重复的唯一标识符,将这些重复项标记为重复数据并进行删除或合并。
> 2. 基于关键字段的去重:选择订单数据中的关键字段,如客户姓名、地址、电子邮件或电话号码等。对这些关键字段进行比较,查找相同的值并标记为重复数据。
> 3. 字段匹配和规范化:对某些字段进行匹配和规范化,如地址字段。使用地址匹配算法或工具,将相似但略有不同的地址进行合并,以避免重复数据。
> 4. 时间窗口去重:在一定时间范围内,如 24 小时内,检查订单数据中的重复项。如果在指定时间窗口内存在相同的订单数据,将其标记为重复并进行处理。
> 5. 数据清洗工具和算法:使用数据清洗工具和算法来识别和处理重复数据。例如,使用开源的数据清洗工具(如 OpenRefine)或使用算法(如 Levenshtein 距离算法)来识别相似的文本值。
> 6. 数据库去重功能:如果您的订单数据存储在数据库中,可以使用数据库的去重功能,如 SQL 语句中的 DISTINCT 关键字或数据库特定的去重操作,来删除重复数据。
> 7. 人工审核:在进行自动化去重之后,进行人工审核以确认和处理可能的重复项。人工审核可以帮助捕捉自动化去重可能遗漏的情况,并确保数据的准确性。
> 在进行数据去重时,建议先备份原始数据,以免意外删除了重要数据。根据您的具体情况和数据特点,可以选择适合的去重方法或结合多种方法进行数据清洗。

AI ChatGPT

(2)缺失值处理

缺失值是数据分析中常见的问题。在数据清洗过程中，处理缺失值是确保数据完整性和准确性的重要环节。可以采用插值、删除或其他适当的方法来处理缺失值。

> AI 请提供一些处理缺失值的方法和技巧，用于清洗医疗研究中的患者数据。
>
> AI 在清洗医疗研究中的患者数据时，以下是一些常用的处理缺失值的方法和技巧：
> 1. 删除缺失值：最简单的方法是删除包含缺失值的数据记录。但在删除之前，需要仔细评估缺失值的分布和影响，确保不会丢失重要的数据。这种方法适用于缺失值较少且对整体数据影响较小的情况。
> 2. 插补缺失值：根据已有数据的模式和特征，使用插补技术填充缺失值。常用的插补方法包括均值插补、中位数插补、回归插补和多重插补等。插补的选择取决于数据类型和缺失值的性质。
> 3. 分类缺失值：将缺失值视为一个新的分类，并单独对其进行编码。这适用于某些情况下缺失值本身可能包含有意义信息的情况，如某个症状是否出现。
> 4. 使用专业知识：在处理医疗研究数据时，医学专业知识是非常重要的。根据疾病特点和数据特征，医学专家可能能够提供有关特定缺失值的合理猜测或推断。
> 5. 多重比较方法：对于有多个变量的数据集，可以使用多重比较方法来处理缺失值。这些方法可以通过将数据分割成子集或应用特定的模型来处理缺失值。
> 6. 敏感性分析：缺失值可能会对研究结果产生潜在影响。进行敏感性分析可以评估不同缺失值处理方法的影响，并检查结果的稳健性。
> 7. 元分析和合并数据：如果可行，可以考虑将多个数据集进行合并，以弥补缺失值。元分析方法可以用于合并多个独立研究的结果，以获得更全面的数据集。
> 在使用这些方法和技巧时，要根据具体情况和数据特征做出适当的选择，并与领域专家和统计学家合作，确保数据清洗过程的有效性和准确性。
>
> AI ChatGPT

(3)异常值处理

异常值可能会对分析结果产生不良影响，因此在数据清洗过程中需要识别和处理异常值。可以使用统计方法、可视化工具或其他技术来检测和处理异常值。

> AI 请提供一些处理异常值的技巧和方法，用于清洗金融交易数据中的异常交易记录。
>
> AI 在清洗金融交易数据中的异常交易记录时，以下是一些常用的处理异常值的技巧和方法：
> 1. 箱线图（Box Plot）：使用箱线图可以可视化数据的分布情况，并帮助识别可能存在的异常值。根据箱线图中的异常值定义，可以确定是否删除或修正这些异常值。
> 2. 标准差方法：通过计算数据的标准差，可以确定数据是否偏离了正常范围。根据设定的阈值，超出阈值的数据可以被视为异常值，并进行相应的处理。
> 3. 3σ原则：基于正态分布假设，使用3σ原则可以将数据分为两种，平均值加减3倍标准差的范围内的数据视为正常值，其余的数据被视为异常值。
> 4. 百分位数方法：计算数据的百分位数，如第1百分位数（最小值）、第25百分位数（下四分位数）、第50百分位数（中位数）、第75百分位数（上四分位数）和第99百分位数（最大值）。根据这些百分位数，可以确定是否存在超出正常范围的异常值。

5. 数据分布检查：对数据进行分布检查，如偏度（Skewness）和峰度（Kurtosis）等统计量。异常值可能导致数据分布的偏斜或厚尾，因此可以使用这些统计量来检测异常值的存在。

6. 领域专家知识：在处理金融交易数据中的异常交易记录时，利用领域专家的知识和经验是非常重要的。专家可以提供有关特定金融产品或交易策略的见解，帮助确定异常值并进行相应处理。

7. 多个方法结合：根据数据的特点和异常值的可能性，可以结合多个方法来处理异常值。例如，使用箱线图和 3σ 原则相结合，以获得更全面的异常值识别和处理结果。

在处理异常值时，需要谨慎评估异常值的性质和原因，并选择适当的处理方法。有时，异常值可能是真实的数据，反映了特定的市场情况或交易行为。因此，在删除或修正异常值之前，应该进行仔细的分析和验证，以确保数据清洗的准确性和可靠性。

AI ChatGPT

（4）数据格式标准化

在数据清洗过程中，将数据转换为统一的格式有助于提高数据的一致性和可比性。这包括统一日期格式、单位转换、文本清洗等。

AI 请提供一些数据格式标准化的技巧和方法，用于清洗社交媒体数据中的文本内容。

AI 在清洗社交媒体数据中的文本内容时，以下是一些常用的数据格式标准化的技巧和方法：

1. 文本清理：去除文本中的特殊字符、标点符号、HTML 标签、URL 链接等，可以使用正则表达式或字符串处理函数来实现。

2. 大小写统一：将文本转换为统一的大小写形式，如全部转换为小写或大写。这有助于统一化文本的表示形式，避免因大小写差异而导致的重复数据。

3. 去除停用词：停用词是指在文本中频繁出现但没有实际含义的常见词汇，如"的""是""在"等。去除停用词可以减小文本的大小，同时提高关键信息的重要性。

4. 词干提取和词形还原：通过将单词转换为其基本形式，如将动词还原为原始形式，可以减少词汇的变体，使文本更加一致化。常用的技术有词干提取和词形还原算法，如 NLTK 库中提供的 PorterStemmer 和 WordNetLemmatizer。

5. 表情符号和特殊字符处理：社交媒体数据中常包含大量的表情符号、特殊字符和缩写词。可以将表情符号转换为对应的含义，如将笑脸转换为"happy"；或者将特殊字符和缩写词转换为完整的单词，如将"LOL"转换为"laugh out loud"。

6. 去除重复内容：社交媒体数据中经常包含大量的重复内容，如转发的内容、链接、标签等。去除重复内容可以减小数据集的规模，同时避免分析时对重复信息的重复计算。

7. 拼写纠正：社交媒体数据中常常存在拼写错误，可以使用拼写纠正算法或库来自动修正拼写错误，提高文本的准确性。

8. 标记化和分词：将文本划分为较小的单元，如句子、单词或字符。标记化和分词有助于进一步处理和分析文本数据。

这些技巧和方法可以根据社交媒体数据的特点和需求进行组合和调整。在进行数据格式标准化时，要注意保留重要的上下文信息，并确保清洗后的数据保持其本质特征和含义。

AI ChatGPT

(5)数据验证和校验

在清洗数据后，验证和校验数据是确保数据可靠性的关键步骤。通过比对多个数据源、使用统计方法进行一致性检验等方式，确保清洗后的数据准确无误。

请提供一些验证和校验数据的方法和技巧，用于确保清洗后的医学研究数据的可靠性和准确性。

AI 在确保清洗后的医学研究数据的可靠性和准确性时，以下是一些验证和校验数据的方法和技巧：

1. 数据统计概览：对清洗后的数据进行统计概览，包括计算基本统计量（均值、中位数、标准差等）和生成数据分布图表。这可以检查数据是否符合预期的范围和分布。

2. 逻辑一致性检查：根据医学研究的领域知识和业务规则，检查数据之间的逻辑一致性。例如，确保某些字段的取值符合预期范围，确保相关字段之间的关系是合理的。

3. 重复数据检测：检查数据中是否存在重复的记录或重复的关键字段。重复数据可能导致偏差和不准确的分析结果。

4. 缺失值检查：检查清洗后的数据中是否存在缺失值，以及缺失值的分布情况。缺失值可能会对分析结果产生影响，因此需要评估缺失值的影响和处理方法。

5. 异常值检测：使用异常值检测方法（如箱线图、标准差方法等）来检测数据中的异常值。异常值可能是数据采集或记录错误的结果，需要进行进一步的验证和处理。

6. 数据一致性检查：对数据进行一致性检查，包括字段之间的一致性和时间序列数据的一致性。确保数据在不同字段或时间点上的信息是一致的。

7. 交叉验证：将清洗后的数据与原始数据或其他可靠数据源进行交叉验证。通过对比和验证不同数据源之间的一致性，可以提高数据的可靠性和准确性。

8. 领域专家评审：邀请领域专家对清洗后的数据进行评审和验证。专家可以提供对数据的深入理解和验证，确保数据的可靠性和准确性。

这些方法和技巧可以帮助验证和校验清洗后的医学研究数据，确保数据的可靠性和准确性。在进行数据验证和校验时，建议结合领域专家的知识和经验，并保持对数据质量的持续关注和监控。

AI ChatGPT

数据清洗是数据科学中关键的预处理步骤之一，利用提示工程可以有效实现数据清洗的目标。通过提示工程，数据清洗过程中的多个任务得以简化和自动化。例如，数据格式转换可以通过提供明确的指令，要求模型将数据转换为特定的格式，从而提高数据的一致性和可用性。缺失值处理方面，提示工程可以通过指导模型生成填充缺失值的方法或预测缺失值的模型，从而补全数据集并减少缺失值对分析结果的影响。在异常值检测任务中，提示工程可以通过提供问题和指令，帮助模型识别数据中的异常值，并提供相应的处理方法。此外，数据去重也可以通过提示工程实现，通过提供指令和问题，模型可以辅助识别重复的数据，并提供去重的方法和策略。因此，提示工程在数据清洗中具有重要的应用潜力。通过引导模型生成符合要求的输出，可以实现数据格式转换、缺失值处理、异常值检测和数据去重等任务，提高数据的质量和可信度。这为数据科学家和分析人员提供了一种强大的工具，简化了数据清洗的流程，并为后续的数据分析和建模奠定了基础。

5.3 数据探索技术

数据探索技术有如下几种。

（1）描述性统计

描述性统计是一种通过计算和总结数据的基本统计量来揭示数据特征的方法。常见的描述性统计量包括均值、中位数、标准差、最大值、最小值等。这些统计量可以帮助我们了解数据集的集中趋势、变异程度和分布情况。

请对给定的销售数据集进行描述性统计分析，计算平均销售额、销售额的标准差，并给出最畅销的产品类别。

AI　为了进行描述性统计分析并计算平均销售额、销售额的标准差，给出最畅销的产品类别，您需要有销售数据集的具体数据。然而，由于您并未提供销售数据集，我无法对特定数据集进行分析。但是，我可以为您提供一般性的描述性统计分析的步骤和示例代码，以帮助您在拥有实际数据时进行分析。

下面是一个描述性统计分析的示例代码，您可以根据您的实际数据进行修改和应用：

```python
import pandas as pd
# 假设以下是您的销售数据集
data = {
    '产品类别': ['A', 'B', 'C', 'A', 'B', 'C', 'A', 'B', 'C'],
    '销售额': [1000, 2000, 1500, 1800, 2500, 3000, 1200, 2200, 1800]
}
# 创建 DataFrame 对象
df = pd.DataFrame(data)
# 计算平均销售额
mean_sales = df['销售额'].mean()
print("平均销售额:", mean_sales)
# 计算销售额的标准差
std_sales = df['销售额'].std()
print("销售额的标准差:", std_sales)
# 找出最畅销的产品类别
best_selling_category = df.groupby('产品类别')['销售额'].sum().idxmax()
print("最畅销的产品类别:", best_selling_category)
```

请注意，上述代码使用了 pandas 库来进行数据分析和计算。您需要在运行代码之前安装 pandas 库，可以使用'pip install pandas'命令来安装它。

将您的实际销售数据集替换为示例数据，并运行代码，即可计算平均销售额、销售额的标准差，并找出最畅销的产品类别。

请确保您的销售数据集包含正确的数据类型，并根据实际情况对代码进行必要的调整，以适应您的数据集结构和字段名称。

AI　ChatGPT

程序运行结果如图 5-3 所示。

```
1   import pandas as pd
2
3   # 假设以下是您的销售数据集
4   data = {
5       '产品类别': ['A', 'B', 'C', 'A', 'B', 'C', 'A', 'B', 'C'],
6       '销售额': [1000, 2000, 1500, 1800, 2500, 3000, 1200, 2200, 1800]
7   }
8
9   # 创建DataFrame对象
10  df = pd.DataFrame(data)
11
12  # 计算平均销售额
13  mean_sales = df['销售额'].mean()
14  print("平均销售额:", mean_sales)
15
16  # 计算销售额的标准差
17  std_sales = df['销售额'].std()
18  print("销售额的标准差:", std_sales)
19
20  # 找出最畅销的产品类别
21  best_selling_category = df.groupby('产品类别')['销售额'].sum().idxmax()
22  print("最畅销的产品类别:", best_selling_category)
```

平均销售额: 1888.888888888889
销售额的标准差: 627.384340823957
最畅销的产品类别: B

图 5-3

(2)相关性分析

相关性分析用于探索数据变量之间的关联关系。通过计算相关系数（如 Pearson 相关系数）或绘制散点图、热力图等可视化方法，可以了解变量之间的线性相关性、正负相关性及强度。

首先，进行示例的数据准备。

AI　请给出一个不同广告渠道的广告投入与销售额的数据集示例，并且保存为 data.csv。

AI　以下是一个示例数据集，展示了不同广告渠道的广告投入和销售额之间的关系，并保存为"data.csv"文件：

```
广告渠道,广告投入（万元）,销售额（万元）
渠道 A,10,15
渠道 B,8,12
渠道 C,12,18
渠道 D,6,10
渠道 E,15,20
```

您可以将上述数据复制并保存到文本编辑器中，然后将文件命名为"data.csv"。确保文件以 CSV 格式保存，并且第一行是列名，后续行是各个广告渠道的数据。

AI　ChatGPT

保存完成后，可以使用这个数据集进行相关性分析和可视化操作。
准备好示例数据，就可以向大语言模型提出自己的需求。

请分析给定数据集中不同广告渠道的广告投入与销售额之间的相关性，并绘制相关系数矩阵和散点图。

AI　非常抱歉，作为文本模型，我无法直接进行相关性分析和绘图。但是，我可以为您提供一些指导，您可以使用数据分析工具（如 Python 中的 pandas 和 matplotlib 库）来完成这些任务。

以下是一个示例代码，展示了如何使用 Python 进行相关性分析和绘制相关系数矩阵和散点图：

```python
import pandas as pd
import matplotlib.pyplot as plt
import seaborn as sns
# 读取数据集
data = pd.read_csv('data.csv')
# 计算相关系数
correlation_matrix = data[['广告投入（万元）', '销售额（万元）']].corr()
# 绘制相关系数矩阵
sns.heatmap(correlation_matrix, annot=True, cmap='coolwarm')
plt.title('Correlation Matrix')
plt.show()
# 绘制散点图
sns.scatterplot(data=data, x='广告投入（万元）', y='销售额（万元）')
plt.title('Scatter Plot')
plt.show()
```

请确保已将数据保存为名为"data.csv"的 CSV 文件，并将其与上述代码放置在同一目录下。运行上述代码将会计算广告投入和销售额之间的相关系数并绘制相关系数矩阵和散点图。

请注意，上述代码仅作为示例，实际使用时可能需要根据您的数据集和需求进行适当的调整。如果您需要进一步的帮助，请提供您的数据集或更具体的问题描述，我将尽力协助您。

AI ChatGPT

我们按照上述两个提示信息的回答来执行，但发现结果出现大量的
警告信息，于是继续向大语言模型寻求帮助。

如何去掉 Python 代码执行中的警告信息？

在 Python 中，可以使用'warnings'模块来控制警告信息的显示和处理。您可以根据需要选择以下几种方式来处理警告信息：

1. 忽略警告：如果您确定不想看到任何警告信息，可以使用以下代码在程序开始时忽略所有警告：

```python
import warnings
warnings.filterwarnings("ignore")
```

请注意，忽略所有警告可能会隐藏一些潜在的问题，因此请谨慎使用。

2. 警告作为异常处理：可以将警告视为异常，并使用'try-except'语句来捕获和处理警告。例如：

```python
import warnings

try:
    # 执行可能产生警告的代码
    pass
except Warning:
    # 处理警告的代码
    pass
```

通过将警告视为异常，可以选择在特定情况下采取相应的处理措施。

3. 设置警告过滤器：可以使用警告过滤器来控制警告的显示方式。警告过滤器允许选择在何时和如何显示警告。例如，以下代码将警告过滤器设置为忽略特定类型的警告：

```python
import warnings
warnings.filterwarnings("ignore", category=DeprecationWarning)
```

通过设置特定的警告过滤器，可以选择忽略某些特定类型的警告。

请注意，警告信息通常是有价值的，它们可能指示潜在的问题或不推荐的行为。因此，建议在处理警告时要谨慎，并确保了解警告的具体内容和上下文，以便适当地处理它们。

以上是一些在 Python 中处理警告信息的常用方法。根据您的具体需求，选择适合您情况的方法来控制警告的显示和处理。

AI ChatGPT

在此采用第一种方法，忽略警告后，执行结果如图 5-4 所示。

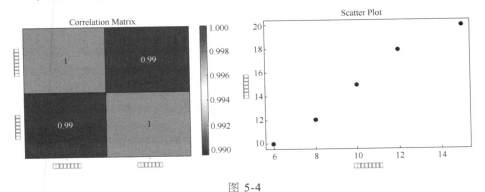

图 5-4

我们发现在上面的结果中，汉字没有正常显示出来，而是显示为方框，于是继续寻求解决方法。

上面提供的代码执行后，图中的汉字显示为方框。

如果在执行后，图中的汉字显示为方框，这可能是因为字体缺失或不支持所选的绘图工具。您可以尝试以下方法来解决这个问题：

1. 指定合适的字体：在绘制图形之前，您可以指定一个支持中文字符的字体。例如，您可以使用以下代码将字体设置为 SimHei（黑体）：

```python
import matplotlib.pyplot as plt
plt.rcParams['font.sans-serif'] = ['SimHei']
```

这将确保在绘制图形时使用 SimHei 字体来显示中文字符。如果您没有安装 SimHei 字体，可以尝试其他支持中文字符的字体。

2. 安装字体：您可以尝试安装支持中文字符的字体到您的操作系统中。然后，matplotlib 将能够使用该字体来显示中文字符。您可以在 matplotlib 的官方文档中找到更多关于如何安装字体的信息。

请注意，具体的解决方法可能因操作系统和环境而异。如果上述方法无法解决问题，您可以尝试搜索相关问题的解决方案或在 matplotlib 的官方文档或社区中寻求帮助。

AI ChatGPT

根据上述方法将指定合适字体的代码复制到前面的代码中，执行结果如图 5-5 所示。在和大语言模型经过多轮对话后，完成了对给定示例数据的相关性分析。

```
import warnings
warnings.filterwarnings("ignore")

import pandas as pd
import matplotlib.pyplot as plt
import seaborn as sns

import matplotlib.pyplot as plt
plt.rcParams['font.sans-serif'] = ['SimHei']

# 读取数据集
data = pd.read_csv('data.csv')

# 计算相关系数
correlation_matrix = data[['广告投入（万元）', '销售额（万元）']].corr()

# 绘制相关系数矩阵
sns.heatmap(correlation_matrix, annot=True, cmap='coolwarm')
plt.title('Correlation Matrix')
plt.show()

# 绘制散点图
sns.scatterplot(data=data, x='广告投入（万元）', y='销售额（万元）')
plt.title('Scatter Plot')
plt.show()
```

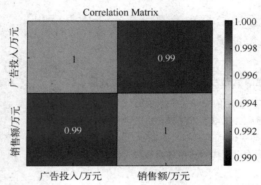

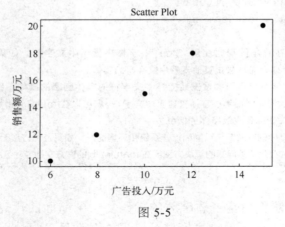

图 5-5

（3）分布分析

分布分析用于了解数据的分布情况和形态。通过绘制直方图、箱线图、概率密度图等图表，可以观察数据的偏态、峰度和异常值等特征。

我们继续使用上面的示例文件 data.csv。

> 请分析给定数据集中产品销售额的分布情况，并绘制直方图和箱线图。

AI　为了分析给定数据集中产品销售额的分布情况，并绘制直方图和箱线图，您可以使用 Python 中的数据分析库（如 pandas 和 matplotlib）来完成。以下是一个示例代码：

```python
import pandas as pd
import matplotlib.pyplot as plt
# 读取数据集
data = pd.read_csv('data.csv')
# 提取销售额数据
sales = data['销售额（万元）']
# 绘制直方图
plt.hist(sales, bins=10, edgecolor='black')
plt.xlabel('销售额（万元）')
plt.ylabel('频数')
plt.title('销售额分布直方图')
plt.show()

# 绘制箱线图
plt.boxplot(sales, vert=False)
plt.xlabel('销售额（万元）')
plt.title('销售额箱线图')
plt.show()
```

请确保已将数据保存为名为"data.csv"的 CSV 文件，并将其与上述代码放置在同一目录下。运行上述代码计算销售额的分布情况并绘制直方图和箱线图。

在直方图中，您可以观察到销售额在不同区间的分布情况。箱线图则提供了关于销售额的统计信息，包括中位数、上下四分位数和异常值。

请注意，上述代码仅作为示例，实际使用时可能需要根据您的数据集和需求进行适当的调整。如果您需要进一步的帮助，请提供您的数据集或更具体的问题描述，我将尽力协助您。

AI　ChatGPT

生成的代码执行后的结果如图 5-6 所示。

提示工程在数据探索任务中的应用为数据科学家和分析人员提供了一种强大的工具。通过提供特定的指令和问题，提示工程能够引导模型生成符合预期的输出，从而有效完成数据探索任务。它可以帮助数据科学家进行描述性统计、相关性分析及分布分析等任务。这为数据科学家提供了一种高效而灵活的工具，促进了数据探索过程的自动化，为进一步的数据分析和建模提供了基础。

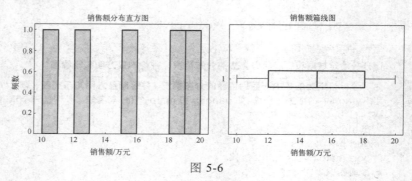

图 5-6

5.4 数据可视化技术

数据可视化技术涉及的图表包括以下几种。

（1）折线图

折线图用于展示随时间、顺序或其他连续变量而变化的数据趋势。通过绘制折线图，可以观察数据的趋势、季节性变化及异常值。

> **AI** 请绘制给定股票价格数据的折线图，以展示价格随时间的变化情况。
>
> **AI** 很抱歉，作为一个纯文本的 AI 模型，我无法直接绘制图形。但是，我可以为您提供一个示例代码，以帮助您使用 Python 绘制给定股票价格数据的折线图。您可以使用 Python 中的 matplotlib 库来完成这个任务。以下是一个简单的示例代码：
> ```python
> import matplotlib.pyplot as plt
> # 假设以下是您的股票价格数据
> dates = ['2023-01-01', '2023-01-02', '2023-01-03', '2023-01-04', '2023-01-05']
> prices = [100, 105, 98, 110, 102]
> # 将日期字符串转换为日期对象（如果已经是日期对象，则可以跳过此步骤）
> # 使用 datetime 库来实现日期转换
> from datetime import datetime
> dates = [datetime.strptime(date, "%Y-%m-%d") for date in dates]
> # 创建折线图
> plt.plot(dates, prices)
> # 添加标题和标签
> plt.title("Stock Prices")
> plt.xlabel("Date")
> plt.ylabel("Price")
> # 旋转日期标签，使其更易读
> plt.xticks(rotation=45)
> # 显示图形
> plt.show()
> ```

```
```
请注意，您需要在运行代码之前安装 matplotlib 库。您可以使用'pip install
matplotlib'命令来安装它。
将您的股票价格数据替换为实际的数据，并运行代码，即可生成折线图以展示价格
随时间的变化情况。
```

AI ChatGPT

代码运行结果如图 5-7 所示。

```
1   import matplotlib.pyplot as plt
2
3   # 假设以下是您的股票价格数据
4   dates = ['2023-01-01', '2023-01-02', '2023-01-03', '2023-01-04', '2023-01-05']
5   prices = [100, 105, 98, 110, 102]
6
7   # 将日期字符串转换为日期对象（如果已经是日期对象，则可以跳过此步骤）
8   # 使用datetime库来实现日期转换
9   from datetime import datetime
10  dates = [datetime.strptime(date, "%Y-%m-%d") for date in dates]
11
12  # 创建折线图
13  plt.plot(dates, prices)
14
15  # 添加标题和标签
16  plt.title("Stock Prices")
17  plt.xlabel("Date")
18  plt.ylabel("Price")
19
20  # 旋转日期标签，使其更易读
21  plt.xticks(rotation=45)
22
23  # 显示图形
24  plt.show()
```

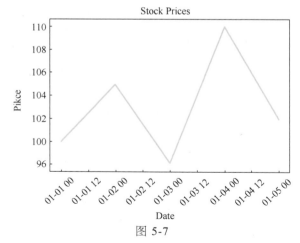

图 5-7

（2）散点图

散点图用于展示两个变量之间的关系，其中每个数据点代表一个观测值。通过绘制散点图，我们可以观察变量之间的分布模式、趋势和异常值。

171
```

> 请绘制给定数据集中身高和体重之间的散点图，以探索两个变量之间的关系。

AI　要绘制给定数据集中身高和体重之间的散点图，您可以使用 Python 中的数据分析库（如 pandas 和 matplotlib）来完成。以下是一个示例代码：

```python
import pandas as pd
import matplotlib.pyplot as plt
# 读取数据集
data = pd.read_csv('data.csv')
# 提取身高和体重数据
height = data['身高（cm）']
weight = data['体重（kg）']
# 绘制散点图
plt.scatter(height, weight)
plt.xlabel('身高（cm）')
plt.ylabel('体重（kg）')
plt.title('身高与体重关系散点图')
plt.show()
```

请确保已将数据保存为名为"data.csv"的 CSV 文件，并将其与上述代码放置在同一目录下。运行上述代码将绘制身高和体重之间的散点图。

在散点图中，您可以观察到身高和体重之间是否存在某种趋势或相关性。例如，如果散点图显示身高和体重呈现正相关趋势，那么身高较高的人往往体重也较重。

请注意，上述代码仅作为示例，实际使用时可能需要根据您的数据集和需求进行适当的调整。如果您需要进一步的帮助，请提供您的数据集或更具体的问题描述，我将尽力协助您。

AI ChatGPT

接下来指定数据集 dataP.csv，数据如下：

身高（cm），体重（kg）

160,55

165,60

170,65

175,70

180,75

185,80

190,85

执行上述生成的代码，结果如图 5-8 所示。

```python
1   import pandas as pd
2   import matplotlib.pyplot as plt
3
4   # 读取数据集
5   data = pd.read_csv('dataP.csv')
6
7   # 提取身高和体重数据
8   height = data['身高（cm）']
9   weight = data['体重（kg）']
10
11  # 绘制散点图
12  plt.scatter(height, weight)
13  plt.xlabel('身高（cm）')
14  plt.ylabel('体重（kg）')
15  plt.title('身高与体重关系散点图')
16  plt.show()
```

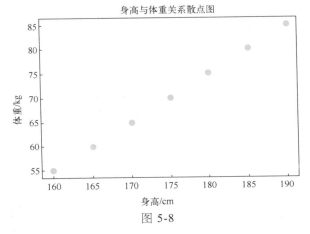

图 5-8

(3) 热力图

热力图通过使用颜色编码来展示两个离散变量之间的关联程度。它在探索数据集中的类别、时间和空间关系等方面非常有用。

[AI] **请给出一个示例，展示如何使用热力图来展示地理数据集中不同地区的变化和集中程度。**

AI 当使用热力图展示地理数据集中不同地区的变化和集中程度时，可以考虑使用颜色编码来表示数据的数值或密度。下面是一个示例，展示了某国家各省份的人口密度情况：

首先，我们有一个包含各省份名称和对应人口密度的地理数据集。为了创建热力图，我们可以将每个省份的人口密度映射到颜色值上，从而展示不同地区的人口密度变化和集中程度。

下面是一个 Python 代码示例，使用 matplotlib 库创建热力图：
```python
import matplotlib.pyplot as plt
import numpy as np
```

```
# 假设有一个包含各省份名称和人口密度的数据集
provinces = ['省份 A', '省份 B', '省份 C', '省份 D', '省份 E']
population_density = [100, 200, 300, 400, 500]  # 人口密度
# 创建一个 2D 数组，表示各省份的人口密度
data = np.array(population_density).reshape(1, len(provinces))
# 绘制热力图
fig, ax = plt.subplots()
heatmap = ax.imshow(data, cmap='YlOrRd')
# 设置坐标轴标签和标题
ax.set_xticks(np.arange(len(provinces)))
ax.set_yticks([0])
ax.set_xticklabels(provinces)
ax.set_yticklabels(['人口密度'])
ax.set_title('某国家各省份人口密度热力图')
# 添加颜色条
cbar = plt.colorbar(heatmap)
# 显示图形
plt.show()
```

在这个示例中，我们使用'imshow'函数创建了热力图，并将数据集中各省份的人口密度映射到颜色值上。颜色条'colorbar'显示了颜色与人口密度之间的对应关系。通过观察热力图，可以直观地了解各省份的人口密度变化和集中程度，颜色越深表示人口密度越高。

AI ChatGPT

执行给定的代码，结果如图 5-9 所示。

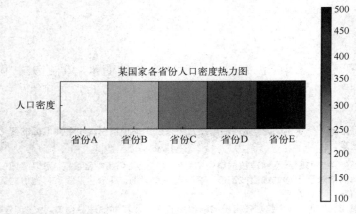

图 5-9

(4)柱状图

柱状图用于比较不同类别或组之间的数据量或数值大小。它可以帮助我们观察类别之间的差异和趋势。

请绘制给定数据集中不同产品类别的销售额柱状图，以比较它们之间的差异。

要绘制给定数据集中不同产品类别的销售额柱状图，您可以使用 Python 中的数据分析库（如 pandas 和 matplotlib）来完成。以下是一个示例代码：

```python
import pandas as pd
import matplotlib.pyplot as plt
# 读取数据集
data = pd.read_csv('sales_data.csv')
# 提取产品类别和销售额数据
category = data['产品类别']
sales = data['销售额']
# 绘制柱状图
plt.bar(category, sales)
plt.xlabel('产品类别')
plt.ylabel('销售额')
plt.title('不同产品类别的销售额')
plt.xticks(rotation=45)    # 旋转 x 轴标签，以防止重叠
plt.show()
```

请确保已将数据保存为名为"sales_data.csv"的 CSV 文件，并将其与上述代码放置在同一目录下。运行上述代码将绘制不同产品类别的销售额柱状图。

在柱状图中，每个产品类别将有一个垂直柱表示其对应的销售额。通过观察柱状图，您可以比较不同产品类别之间的销售额差异。

请注意，上述代码仅作为示例，实际使用时可能需要根据您的数据集和需求进行适当的调整。如果您需要进一步的帮助，请提供您的数据集或更具体的问题描述，我将尽力协助您。

AI ChatGPT

为了演示上面的例子，我们继续向大语言模型寻求帮助。

请给出 sales_data.csv 的示例数据。

以下是一个示例的"sales_data.csv"文件的内容，其中包含产品类别和对应的销售额数据：

```
产品类别,销售额
电视,15000
手机,25000
电脑,35000
家电,18000
音响,12000
```

您可以将上述示例数据保存为名为"sales_data.csv"的 CSV 文件，并确保该文件与您的代码位于同一目录中。

AI ChatGPT

经过两轮对话后,按照生成的方法运行代码后的结果如图5-10所示。

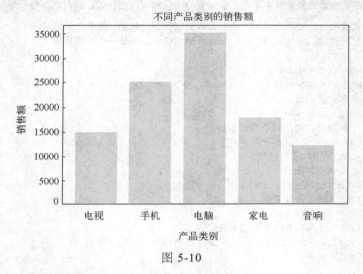

图 5-10

提示工程在数据可视化任务中展现了潜力和应用价值。通过引导模型生成符合要求的输出，可以帮助用户选择适当的可视化类型和图表形式、进行数据维度的探索和变换，以及设计交互式可视化应用。这为数据科学家和分析人员提供了一种高效而灵活的工具，促进了数据可视化的自动化，帮助用户更好地理解和传达数据信息。

5.5 数据分析方法与模型

以下是一些关于数据分析方法与模型应用的提示示例，旨在引导大语言模型生成准确和有用的答案。

示例 1：描述性统计分析。

> 请绘制给定数据集中不同产品类别的销售额柱状图，以比较它们之间的差异。
>
> AI   好的，我们可以使用 Iris 数据集进行变量分布情况的分析。下面是使用 Python 的 pandas 库、matplotlib 库对 Iris 数据集进行统计分析和绘图的示例代码：
> ```python
> import pandas as pd
> import matplotlib.pyplot as plt
>
> # 从 sklearn 库中加载 Iris 数据集
> from sklearn.datasets import load_iris
> ```

```
# 加载数据集
iris = load_iris()
# 创建 DataFrame 对象
df = pd.DataFrame(data=iris.data, columns=iris.feature_names)
df['target'] = iris.target
# 计算均值、中位数、标准差等统计量
statistics = df.describe()
print("统计量：")
print(statistics)
# 绘制直方图
df.hist(figsize=(10, 6))
plt.tight_layout()
plt.show()
# 绘制箱线图
df.boxplot(figsize=(10, 6))
plt.tight_layout()
plt.show()
```

请注意，上述代码使用了 sklearn 库中的'load_iris'函数加载 Iris 数据集，并使用 pandas 库和 matplotlib 库进行数据分析和绘图。您需要在运行代码之前安装 sklearn、pandas 和 matplotlib 库，可以使用'pip install scikit-learn pandas matplotlib'命令来安装它们。

运行上述代码将显示变量的统计量（均值、中位数、标准差等），并绘制直方图和箱线图来展示变量的分布情况。

请确保您已经正确安装所需的库，并按照上述示例进行代码调整，以适应您的环境和数据集的特征。

AI ChatGPT

生成代码执行的结果如图 5-11 所示。

```
统计量：
       sepal length (cm)  sepal width (cm)  petal length (cm)  \
count         150.000000        150.000000         150.000000
mean            5.843333          3.057333           3.758000
std             0.828066          0.435866           1.765298
min             4.300000          2.000000           1.000000
25%             5.100000          2.800000           1.600000
50%             5.800000          3.000000           4.350000
75%             6.400000          3.300000           5.100000
max             7.900000          4.400000           6.900000

       petal width (cm)      target
count        150.000000  150.000000
mean           1.199333    1.000000
std            0.762238    0.819232
min            0.100000    0.000000
25%            0.300000    0.000000
50%            1.300000    1.000000
75%            1.800000    2.000000
max            2.500000    2.000000
```

图 5-11

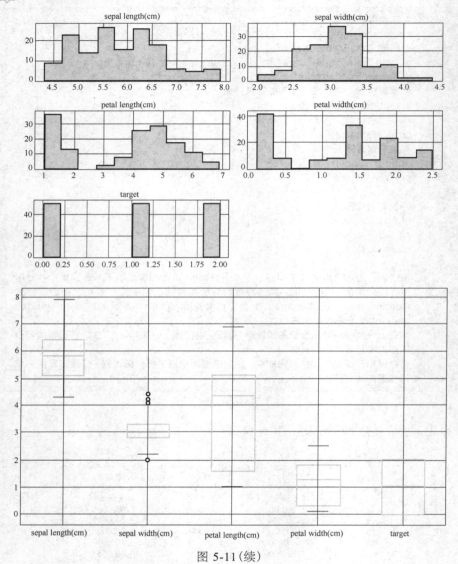

图 5-11（续）

示例 2：回归分析。

请给出一个房价预测的示例数据集。

AI 以下是一个房价预测示例数据集，其中包含了房屋的各种特征及对应的房价：
```
房屋面积（平方米),卧室数量,浴室数量,车库容量,房龄（年),地段评分,房价（万元)
150,3,2,2,10,8,350
```

```
200,4,3,2,5,7,500
120,2,1,0,15,6,250
...
```

在这个数据集中，每一行代表一间房屋，包含了房屋的面积、卧室数量、浴室数量、车库容量、房龄、地段评分等特征信息。最后一列是目标变量，即房屋的价格（以万元为单位）。

您可以将上述示例数据保存为名为"house_prices.csv"的 CSV 文件，并确保该文件与您的代码位于同一目录中。这样，我们就可以使用该数据集来建立房价预测的回归模型。

请注意，上述示例数据仅用于演示目的。在实际应用中，房价预测的数据集可能包含更多特征和样本。

AI ChatGPT

请根据给定数据集（数据集描述，房价 house_prices.csv），建立回归模型来预测目标变量（目标变量描述）。请进行数据预处理、特征选择、模型建立和评估，并给出预测结果和模型解释。

AI 为了建立房价预测的回归模型，我们可以按照以下步骤进行数据预处理、特征选择、模型建立和评估：

1. 数据预处理：
   - 读取数据集：使用 pandas 库读取名为"house_prices.csv"的数据集文件。
   - 数据清洗：检查数据集是否存在缺失值或异常值，并根据需要进行处理。
   - 数据划分：将数据集划分为训练集和测试集，用于模型的训练和评估。
2. 特征选择：
   - 目标变量提取：将目标变量（房价）从数据集中分离出来。
   - 特征选择：根据数据集中的特征及领域知识，选择对房价具有影响的特征用于建立模型。
3. 模型建立：
   - 特征缩放：对选定的特征进行缩放处理，如使用 MinMaxScaler 或 StandardScaler 进行特征标准化。
   - 模型选择：选择适合回归任务的模型，如线性回归、决策树回归、随机森林回归等。
   - 模型训练：使用训练集拟合选定的回归模型。
4. 模型评估：
   - 模型预测：使用训练好的模型对测试集进行预测。
   - 评估指标：使用适当的回归评估指标，如均方误差（Mean Squared Error）和决定系数（R-squared），评估模型的性能。
   - 结果解释：根据模型的系数、特征重要性等信息解释模型对房价的预测影响。

以下是一个示例代码框架，您可以根据需要进行调整和完善：

```python
import pandas as pd
from sklearn.model_selection import train_test_split
from sklearn.preprocessing import MinMaxScaler
from sklearn.linear_model import LinearRegression
from sklearn.metrics import mean_squared_error, r2_score
```

```
# 1. 数据预处理
data = pd.read_csv('house_prices.csv')
X = data.drop('房价（万元）', axis=1)
y = data['房价（万元）']
X_train, X_test, y_train, y_test = train_test_split(X, y, test_size=0.2,
random_state=42)
# 2. 特征选择
# 3. 模型建立
scaler = MinMaxScaler()
X_train_scaled = scaler.fit_transform(X_train)
X_test_scaled = scaler.transform(X_test)
model = LinearRegression()
model.fit(X_train_scaled, y_train)
# 4. 模型评估
y_pred = model.predict(X_test_scaled)
mse = mean_squared_error(y_test, y_pred)
r2 = r2_score(y_test, y_pred)
print("均方误差(MSE):", mse)
print("决定系数(R-squared):", r2)
```
```

AI ChatGPT

基于示例数据集执行代码后，结果如图 5-12 所示。

```
28  print("均方误差（MSE）:", mse)
29  print("决定系数（R-squared）:", r2)
```

均方误差（MSE）: 10634.765625
决定系数（R-squared）: nan

图 5-12

AI 如何显示生成模型的详细信息？

AI 要显示生成模型的详细信息，可以查看模型的参数和系数及其他相关指标。具体的方法会根据所使用的回归模型而有所不同。以下是一个示例，展示如何获取线性回归模型的参数和系数：

```python
import pandas as pd
from sklearn.linear_model import LinearRegression
# 假设已经准备好了数据集 X 和目标变量 y
# 创建并拟合线性回归模型
model = LinearRegression()
model.fit(X, y)
# 显示截距项
intercept = model.intercept_
print("截距项:", intercept)
```
```

```
# 显示特征系数
coefficients = pd.DataFrame({'特征': X.columns, '系数': model.coef_})
print("特征系数:")
print(coefficients)
# 显示其他模型指标
r2_score = model.score(X, y)
print("决定系数(R-squared):", r2_score)
```

在上述示例中，我们使用'intercept_'属性获取模型的截距项，使用'coef_'属性获取模型的特征系数。可以将特征系数存储在 DataFrame 中，以便更好地展示和解释。

此外，我们还计算了模型的决定系数（R-squared），该值表示模型对目标变量的解释能力。

请注意，上述代码仅适用于线性回归模型。如果您使用的是其他回归模型，可能需要查阅相应模型的文档或属性来获取详细信息。

🅰 ChatGPT

代码执行结果如图 5-13 所示。

```
1  import pandas as pd
2  from sklearn.linear_model import LinearRegression
3
4  # 假设已经准备好了数据集 X 和目标变量 y
5
6  # 创建并拟合线性回归模型
7  #model = LinearRegression()
8  #model.fit(X, y)
9
10 # 显示截距项
11 intercept = model.intercept_
12 print("截距项:", intercept)
13
14 # 显示特征系数
15 coefficients = pd.DataFrame({'特征': X.columns, '系数': model.coef_})
16 print("特征系数:")
17 print(coefficients)
18
19 # 显示其他模型指标
20 r2_score = model.score(X, y)
21 print("决定系数（R-squared）:", r2_score)
```

```
截距项: 291.6666666666667
特征系数:
        特征        系数
0  房屋面积（平方米）  41.666667
1     卧室数量  41.666667
2     浴室数量  41.666667
3     车库容量  41.666667
4     房龄（年）  -41.666667
5     地段评分  41.666667
决定系数（R-squared）: -4344.063596491229
```

图 5-13

示例 3：时间序列分析。

使用大语言模型进行时间序列分析的通用提示信息可以表述为：请根据给定时间序列数据集（时间序列描述），使用 ARIMA 模型进行未来趋势预测。请进行数据平稳性检验、模型拟合和预测，并给出预测结果和评估指标。

> 请给出一个 Python 自带的时间序列数据集，使用 ARIMA 模型进行未来趋势预测。请进行数据平稳性检验、模型拟合和预测，并给出预测结果和评估指标。

AI

一个常用的 Python 自带的时间序列数据集是 AirPassengers（航空乘客数量数据集）。这个数据集记录了 1949 年到 1960 年期间每个月的航空乘客数量。

下面是使用 ARIMA 模型对 AirPassengers 数据集进行未来趋势预测的示例代码：

```python
import pandas as pd
import numpy as np
import matplotlib.pyplot as plt
from statsmodels.tsa.arima.model import ARIMA
from statsmodels.tsa.stattools import adfuller
from sklearn.metrics import mean_squared_error
# 读取 AirPassengers 数据集
data = pd.read_csv('path_to_data/AirPassengers.csv')
dates = pd.to_datetime(data['Month'], format='%Y-%m')
passengers = data['#Passengers']
# 数据平稳性检验
result = adfuller(passengers)
print("ADF 统计量:", result[0])
print("p-value:", result[1])
print("滞后阶数:", result[2])
print("观测值数量:", result[3])
print("置信水平下的临界值:", result[4])
print("各阶数值：", result[5])
# 拆分训练集和测试集
train_size = int(len(passengers) * 0.8)
train, test = passengers[:train_size], passengers[train_size:]
# 拟合 ARIMA 模型
model = ARIMA(train, order=(1, 1, 1))
model_fit = model.fit()
# 模型预测
predictions = model_fit.predict(start=train_size, end=len(passengers)-1)
# 评估模型
mse = mean_squared_error(test, predictions)
rmse = np.sqrt(mse)
```

```
print("均方误差 (MSE):", mse)
print("均方根误差 (RMSE):", rmse)
# 可视化预测结果
plt.plot(dates[train_size:], test, label='实际值')
plt.plot(dates[train_size:], predictions, label='预测值')
plt.xlabel('时间')
plt.ylabel('乘客数量')
plt.title('AirPassengers 数据集的 ARIMA 预测')
plt.legend()
plt.show()
```

上述代码中，首先读取 AirPassengers 数据集，并进行数据平稳性检验。然后将数据集分为训练集和测试集。接下来，使用 ARIMA 模型拟合训练集数据，并进行未来乘客数量的预测。最后，计算预测结果的均方误差（MSE）和均方根误差（RMSE），并将实际值和预测值进行可视化比较。

请注意，这只是一个示例代码，实际中您可能需要根据数据的特点进行参数调整和模型优化。另外，也可以使用其他评估指标和方法来评估模型的性能，如平均绝对误差（MAE）、平均绝对百分比误差（MAPE）等。

AI ChatGPT

下载"AirPassengers"数据集，执行结果如图 5-14 所示。

ADF统计量：0.8153688792060482
p-value：0.991880243437641
滞后阶数：13
观测值数量：130
置信水平下的临界值：{'1%': -3.4816817173418295, '5%': -2.8840418343195267, '10%': -2.578770059171598}
各阶差值：996.692930839019
均方误差 (MSE)：9506.175837060939
均方根误差 (RMSE)：97.49961967649381

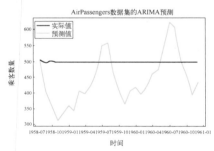

图 5-14

示例 4：分类与聚类分析。

使用大语言模型进行分类与聚类分析的通用提示信息可以表述为：请根据给定数据集(数据集描述)，使用 K 均值聚类算法将数据样本分为 N 个类别。请进行数据预处理、特征选择、聚类分析，并给出聚类结果和可视化展示。

请给出一个 Python 自带数据集，使用 K 均值聚类算法将数据样本分为 N 个类别。请进行数据预处理、特征选择、聚类分析，并给出聚类结果和可视化展示。

AI 一个常用的 Python 自带数据集是鸢尾花数据集（iris dataset）。这个数据集包含了 150 个样本，分为三个不同品种的鸢尾花（setosa、versicolor 和 virginica），每个样本有四个特征（花萼长度、花萼宽度、花瓣长度和花瓣宽度）。

下面是使用 K 均值聚类算法对鸢尾花数据集进行聚类分析的示例代码：

```python
import pandas as pd
import numpy as np
import matplotlib.pyplot as plt
from sklearn.datasets import load_iris
from sklearn.preprocessing import StandardScaler
from sklearn.feature_selection import SelectKBest, f_classif
from sklearn.cluster import KMeans
from sklearn.decomposition import PCA
# 加载鸢尾花数据集
iris = load_iris()
data = iris.data
target = iris.target
# 数据预处理
scaler = StandardScaler()
scaled_data = scaler.fit_transform(data)
# 特征选择
selector = SelectKBest(score_func=f_classif, k=2)
selected_data = selector.fit_transform(scaled_data, target)
# K 均值聚类
kmeans = KMeans(n_clusters=3, random_state=42)
kmeans.fit(selected_data)
labels = kmeans.labels_
# 主成分分析可视化
pca = PCA(n_components=2)
pca_data = pca.fit_transform(selected_data)
# 绘制聚类结果
plt.scatter(pca_data[:, 0], pca_data[:, 1], c=labels)
plt.xlabel('主成分 1')
plt.ylabel('主成分 2')
plt.title('鸢尾花数据集的 K 均值聚类结果')
```

```
plt.show()
```
```

上述代码中，首先加载鸢尾花数据集，并进行数据预处理。然后使用 SelectKBest
进行特征选择，选择了其中的两个最佳特征。接下来，使用 K 均值聚类算法对选
定的特征进行聚类分析，将数据样本分为三个类别。最后，使用主成分分析（PCA）
将数据降维到二维，并将聚类结果进行可视化展示。

请注意，这只是一个示例代码，实际中您可能需要根据数据的特点进行参数调整和
模型优化。另外，K 均值聚类是一种无监督学习算法，所以在这个示例中，我们使
用了真实的鸢尾花品种信息进行可视化展示，以便与聚类结果进行比较。在实际应
用中，您可能无法获得真实的标签信息，只能根据聚类结果进行分析和解释。

[AI] ChatGPT

生成代码执行后的结果如图 5-15 所示。

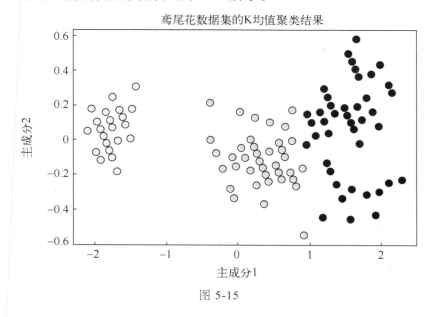

图 5-15

示例 5：模型评估与优化。

使用大语言模型进行模型评估与优化的通用提示信息可以表述为：
请根据给定模型（模型描述），使用交叉验证方法对模型性能进行评估。
请计算准确率、精确率、召回率、F1 分数等指标，并进行模型调整和优
化，提高模型的泛化能力。

假设我们对上面生成的聚类模型进行评估。
```

请根据上面的聚类模型，使用交叉验证方法对模型性能进行评估。请计算准确率、精确率、召回率、F1 分数等指标，并进行模型调整和优化，提高模型的泛化能力。

AI　要对聚类模型进行评估，传统的分类度量指标如准确率、精确率、召回率和 F1 分数并不适用，因为聚类是无监督学习，没有预定义的类别标签。在聚类中，常用的评估指标包括轮廓系数（Silhouette Coefficient）、Calinski-Harabasz 指数和 Davies-Bouldin 指数等。

下面是使用交叉验证方法对 K 均值聚类模型进行评估并进行模型调整和优化的示例代码：

```python
import pandas as pd
import numpy as np
from sklearn.datasets import load_iris
from sklearn.preprocessing import StandardScaler
from sklearn.feature_selection import SelectKBest, f_classif
from sklearn.cluster import KMeans
from sklearn.decomposition import PCA
from sklearn.metrics import silhouette_score, calinski_harabasz_score,
davies_bouldin_score
from sklearn.model_selection import cross_val_score
# 加载鸢尾花数据集
iris = load_iris()
data = iris.data
target = iris.target
# 数据预处理
scaler = StandardScaler()
scaled_data = scaler.fit_transform(data)
# 特征选择
selector = SelectKBest(score_func=f_classif, k=2)
selected_data = selector.fit_transform(scaled_data, target)
# K 均值聚类
kmeans = KMeans(n_clusters=3, random_state=42)
kmeans.fit(selected_data)
labels = kmeans.labels_
# 评估聚类模型
silhouette_avg = silhouette_score(selected_data, labels)
ch_score = calinski_harabasz_score(selected_data, labels)
```

```
db_score = davies_bouldin_score(selected_data, labels)
cv_scores = cross_val_score(kmeans, selected_data, labels, cv=5)
print("轮廓系数:", silhouette_avg)
print("Calinski-Harabasz 指数:", ch_score)
print("Davies-Bouldin 指数:", db_score)
print("交叉验证得分:", cv_scores)
# 模型调整和优化
# 可以尝试不同的聚类算法（如层次聚类、DBSCAN 等）和不同的参数组合进行比
较和选择。
```
```

上述代码中，我们首先加载鸢尾花数据集，并进行数据预处理和特征选择。然后使
用 K 均值聚类算法对选定的特征进行聚类，并获取聚类标签。接下来，使用轮廓
系数、Calinski-Harabasz 指数和 Davies-Bouldin 指数来评估聚类模型的性能。
然后使用交叉验证方法计算模型的交叉验证得分。最后，您可以根据评估结果进行
模型调整和优化，尝试不同的聚类算法和参数组合。

请注意，对于聚类模型的评估和调整是一个相对较主观的过程，因为没有预定义的
标签信息。因此，您可能需要根据具体问题和应用场景来选择最合适的评估指标，
并进行多次实验和比较来优化模型的泛化能力。

AI ChatGPT

上述代码的执行结果如图 5-16 所示。

```
轮廓系数: 0.6741313114151009
Calinski-Harabasz指数: 1149.6677889350312
Davies-Bouldin指数: 0.47492123134538655
交叉验证得分: [-0.84111295 -1.83183375 -4.2116519  -6.07103426 -6.02740951]
```

图 5-16

以上示例表明，根据具体任务和需求，通过设计适合的提示信息可
以引导大语言模型生成准确和有用的答案。提示信息的设计应考虑问题
的明确性、上下文提供的相关信息、范围和要求的限定，以及示例和格
式要求的指导。这些原则和示例将帮助读者在学习、工作和生活中更有
效地引导大语言模型，从而获得正确和有用的答案。

5.6 小 结

本章对数据收集、数据清洗、数据探索、数据可视化及数据分析方
法与模型等方面如何有效使用提示工程进行了详细讲解。
```

　　在数据收集的部分，介绍了如何使用提示工程实现常用的数据收集技巧，包括网络爬虫的使用，这是获取互联网上海量数据的重要手段。数据清洗技巧是数据分析的前提，本章对提示工程在数据清洗过程中的应用进行了讲解。接着，介绍了提示工程在数据探索技术，包括描述性统计、分布分析、相关性分析等方面的应用，这些技术可以帮助我们快速对数据进行初步的理解和发现。在数据可视化方面，提示工程可以帮助我们更直观地展示数据的特征和趋势。在数据分析方法与模型的部分，本章介绍了提示工程在常见的数据分析方法中的应用，如聚类分析、分类分析、关联规则挖掘等。通过学习本章，能够更好地理解和有效地应用大数据分析的流程与方法，为实际问题的解决提供科学依据。

第6章

提示工程数据分析实战：
零代码、SQL和Python

本章介绍提示工程在数据分析与挖掘领域中的应用例子。通过不同的案例和项目实战，读者可以了解如何利用提示工程来进行基于市场数据的产品分析与决策、销售数据分析与挖掘，以及商品价格预测。这些案例涵盖了不同的数据分析方法和工具，旨在帮助读者深入理解和应用提示工程在数据领域的潜力和价值。

6.1 案例：基于市场数据的产品分析与决策（零代码）

本节将通过一个具体案例，详细介绍如何有效地引导大语言模型进行产品分析与决策。研究者将聚焦于基于市场数据的产品分析与决策，结合图表、图像和文字的使用，以提供全面的、可视化的信息。此案例将帮助读者更好地理解如何应用大语言模型进行产品分析与决策实践。

案例背景：一家主要生产智能手机的电子产品制造商的市场调研团队收集了一系列与产品相关的市场数据，包括销售额、市场份额、竞争对手表现等。市场调研团队希望利用这些数据进行产品分析，并根据分析结果做出相应的决策，以提高市场竞争力。

解决方案如下所述。

步骤 1：市场份额分析。

任务 1：提供一份市场份额的图表，显示公司和竞争对手在过去一年的市场份额情况。图表应包括公司和各竞争对手的市场份额百分比，并标明时间范围。

> 请根据以下市场份额数据，创建一份图表，显示我们公司和竞争对手过去一年的市场份额情况。图表应包括我们公司和竞争对手的市场份额百分比，并标明时间范围为 2022 年 1 月至 2022 年 12 月。
>
> 我们公司市场份额数据：
> 2022 年 1 月份：15%
> 2022 年 4 月份：18%
> 2022 年 7 月份：20%
> 2022 年 10 月份：17%
> 竞争对手 1 市场份额数据：
> 2022 年 1 月份：20%
> 2022 年 4 月份：18%
> 2022 年 7 月份：15%
> 2022 年 10 月份：14%
> 竞争对手 2 市场份额数据：

2022 年 1 月份：10%
2022 年 4 月份：12%
2022 年 7 月份：13%
2022 年 10 月份：11%

AI　基于提供的数据，我将为您创建一份图表，显示您的公司和两个竞争对手在 2022年 1 月至 2022 年 12 月期间的市场份额情况。

月份	我们公司（%）	竞争对手 1（%）	竞争对手 2（%）
2022 年 1 月份	15%	20%	10%
2022 年 4 月份	18%	18%	12%
2022 年 7 月份	20%	15%	13%
2022 年 10 月份	17%	14%	11%

这份图表显示了您的公司、竞争对手 1 和竞争对手 2 各个月份的市场份额百分比。您可以根据实际需要进行美化和格式调整。

AI ChatGPT

　　任务 2：请分析图表中的数据，包括我们公司和竞争对手的市场份额变化趋势、竞争对手之间的相对份额等。分析应涵盖整个时间范围，并着重强调数据中的关键观察结果。

AI　请根据提供的市场份额图表，分析我们公司和竞争对手在过去一年的市场份额变化趋势。同时，重点比较竞争对手之间的相对份额，并指出数据中的关键观察结果。

AI　根据提供的市场份额图表，我们可以进行以下分析：
1. 我们公司的份额变化趋势：在 2022 年 1 月份，我们公司的市场份额为 15%。随后，在 4 月份和 7 月份，我们的份额分别增长到 18% 和 20%。然而，在 10 月份，我们的份额下降至 17%。整体上看，我们公司的市场份额在年初有所增长，但在后半年有所下降。
2. 竞争对手之间的相对份额：竞争对手 1 在年初的份额为 20%，略高于我们公司的 15%。然而，到了 4 月份，竞争对手 1 的份额与我们公司持平，都为 18%。随后，竞争对手 1 的份额在 7 月份下降至 15%，而我们公司的份额增长至 20%。在 10 月份，竞争对手 1 的份额继续下降至 14%，而我们公司的份额略微下降至 17%。竞争对手 2 的份额在整个时间范围内都低于我们公司和竞争对手 1，从 10% 逐渐增长到 11%。
关键观察结果：
– 我们公司在年初有一定的市场份额增长，但在下半年略微下降。
– 竞争对手 1 在年初份额高于我们公司，但在后续几个月份额下降。
– 竞争对手 2 的份额始终较低，增长较为缓慢。
这些观察结果表明，在过去一年中，我们公司在市场份额方面表现良好，能够与竞争对手保持相对竞争优势。然而，我们需要密切关注竞争对手 1 的份额下降趋势，并持续提高我们的市场份额以保持竞争力。对于竞争对手 2，虽然其份额较低，但其潜在的增长也需要我们关注。这些观察结果可以为我们制定进一步的市场策略和竞争对策提供指导。

AI ChatGPT

步骤 2：销售额分析。

任务 1：生成一份销售额的趋势图表，显示过去两年中每个季度的销售额变化情况。图表应包括每个季度的销售额和相应的时间标签。

> [AI] 请提供一份图表，显示 2022 年 1 月至 2023 年 12 月期间，每个季度的销售额变化情况。
>
> [AI] 根据您的要求，我将为您创建一份图表，显示 2022 年 1 月至 2023 年 12 月期间每个季度的销售额变化情况。请注意，以下是示例数据，您可以根据实际情况进行修改和调整。
>
> 时间范围：2022 年 1 月至 2023 年 12 月。
>
> | 季度 | 销售额（单位：万美元） |
> | --- | --- |
> | 2022 Q1（一季度） | 10 |
> | 2022 Q2（二季度） | 12 |
> | 2022 Q3（三季度） | 15 |
> | 2022 Q4（四季度） | 18 |
> | 2023 Q1（一季度） | 20 |
> | 2023 Q2（二季度） | 22 |
> | 2023 Q3（三季度） | 25 |
> | 2023 Q4（四季度） | 28 |
>
> 这份图表显示了每个季度的销售额变化情况。您可以根据实际数据进行相应的修改和调整，以便更准确地反映您的销售情况。
>
> 请注意，这只是一个示例图表，实际数据可能会有所不同。您可以根据您的实际数据和需求进行相应的修改和调整。

[AI] ChatGPT

任务 2：通过分析图表中的数据，找出销售额增长或下降的原因。分析过程中应考虑市场趋势、产品创新、竞争策略等因素，并提供具体的数据支持和推理。

> [AI] 请根据提供的销售额趋势图表，分析销售额增长或下降的原因。在分析过程中，请考虑市场趋势、产品创新、竞争策略等因素，并提供具体的数据支持和推理。
>
> [AI] 根据提供的销售额趋势图表，我们可以进行以下分析，并考虑市场趋势、产品创新和竞争策略等因素：
>
> 1. 2022 年 Q1 至 Q2 销售额增长：销售额从 10 万美元增长到 12 万美元。这可能是由于市场需求的增加，或者公司进行了一些创新举措来吸引更多客户。竞争对手的影响也可能是一个因素，如果竞争对手的市场份额下降或公司成功地占据了竞争对手的份额，这将导致销售额的增长。
>
> 2. 2022 年 Q2 至 Q3 销售额进一步增长：销售额从 12 万美元增长到 15 万美元。这可能是由于市场需求的增长或公司成功推出了新产品或服务。产品创新和市场拓

展策略可能对销售额的增长做出了贡献。

3. 2022 年 Q3 至 Q4 销售额再次增长：销售额从 15 万美元增长到 18 万美元。这可能是由于市场需求的持续增长，或者公司采取了更积极的市场推广和销售策略。此外，假设竞争对手的份额没有显著增长，公司可能成功地吸引了更多的客户，并提高了市场份额。

4. 2023 年 Q1 至 Q2 销售额继续增长：销售额从 20 万美元增长到 22 万美元。这表明公司在市场上保持了强劲的增长势头。这可能是由于公司持续投资于产品创新、市场营销和客户满意度改进等方面。此外，公司可能还受益于市场趋势和竞争对手的策略。

5. 2023 年 Q2 至 Q3 销售额再次增长：销售额从 22 万美元增长到 25 万美元。这可能是由于市场需求的继续增长，以及公司不断改进产品和服务以满足客户需求。市场份额的提升和竞争对手的策略也可能起到一定的推动作用。

6. 2023 年 Q3 至 Q4 销售额持续增长：销售额从 25 万美元增长到 28 万美元。这可能是由于公司的市场占有率增加、市场趋势的积极发展，以及公司的持续创新和竞争策略的成功。此外，公司可能还从竞争对手那里获取了一部分市场份额。

综合考虑市场趋势、产品创新和竞争策略等因素，可以推断销售额增长的原因可能是公司成功地抓住了市场机会，不断改进产品和服务以满足客户需求，并采取了有效的市场推广和竞争对策。数据支持这些推理，尤其是销售额的增长与竞争对手份额的变化趋势相一致。然而，需要更多详细的数据和信息来深入分析和确认这些因素对销售额增长的确切影响。

AI ChatGPT

步骤 3：市场调研结果分析

任务 1：生成一份市场调研结果的图表，显示产品满意度和品牌知名度等指标的得分情况。图表应包括不同指标的得分和相应的时间标签。

AI 请提供一份图表，显示在 2022 年 1 月至 2023 年 12 月期间，产品满意度和品牌知名度等指标的得分情况。

AI 很抱歉，作为文本模型，我无法直接提供图表。但是，我可以为您提供一个示例表格，以显示 2022 年 1 月至 2023 年 12 月期间产品满意度和品牌知名度等指标的得分情况。您可以根据需要将其转换为图表形式。

```
时间范围：2022 年 1 月至 2023 年 12 月
```

日期	产品满意度得分（0~10）	品牌知名度得分（0~10）
2022 年 1 月	7.5	6.8
2022 年 2 月	7.9	7.2
2022 年 3 月	8.2	7.5
2022 年 4 月	8.5	7.8
2022 年 5 月	8.3	7.6
2022 年 6 月	8.6	7.9
2022 年 7 月	8.8	8.1
2022 年 8 月	8.7	8.0
2022 年 9 月	8.9	8.2
2022 年 10 月	8.6	7.9
2022 年 11 月	8.8	8.1

```
| 2022 年 12 月     | 8.9          | 8.2              |
| 2023 年 1 月      | 9.1          | 8.4              |
| 2023 年 2 月      | 9.2          | 8.5              |
| 2023 年 3 月      | 9.3          | 8.6              |
| 2023 年 4 月      | 9.5          | 8.8              |
| 2023 年 5 月      | 9.4          | 8.7              |
| 2023 年 6 月      | 9.6          | 8.9              |
| 2023 年 7 月      | 9.7          | 9.0              |
| 2023 年 8 月      | 9.6          | 8.9              |
| 2023 年 9 月      | 9.8          | 9.1              |
| 2023 年 10 月     | 9.7          | 9.0              |
| 2023 年 11 月     | 9.8          | 9.1              |
| 2023 年 12 月     | 9.9          | 9.2              |
```

这个示例表格显示了 2022 年 1 月至 2023 年 12 月期间产品满意度和品牌知名度等指标的得分情况。您可以根据实际数据进行相应的修改和调整，以便更准确地反映您的业务情况。

请注意，这只是一个示例表格，实际数据可能会有所不同。您可以根据您的实际数据和需求进行相应的修改和调整。

> AI ChatGPT

任务 2：通过分析图表中的数据，提出改进产品的建议。分析应基于不同指标的得分情况，针对产品功能、客户体验等方面的改进提出具体建议，并结合相关调研数据提供支持。

AI 请根据提供的市场调研结果图表，分析产品满意度和品牌知名度等指标的得分情况。基于分析结果，提出针对产品功能、客户体验等方面的具体改进建议，并结合相关调研数据提供支持。

AI 根据提供的市场调研结果图表，我们可以进行以下分析，同时考虑产品满意度和品牌知名度等指标的得分情况：

1. 产品满意度得分分析：根据调研数据，产品满意度得分整体呈现稳步增长的趋势，从初始的 7.5 分逐渐提升至最终的 9.9 分。这表明客户对产品的满意度逐渐增加，可能是由于产品的功能改进、性能提升或客户体验的优化。在调研数据中，我们可以看到产品满意度得分在 2022 年初至 2023 年初期间有较大的增长，而后逐渐趋于稳定。这可能是由于公司在这段时间内进行了一系列的产品改进和优化措施，满足了客户的需求。建议继续关注客户的反馈和需求，持续改进产品功能和客户体验，以保持高水平的产品满意度。

2. 品牌知名度得分分析：根据调研数据，品牌知名度得分从初始的 6.8 分逐渐提升至最终的 9.2 分。这表明品牌在市场中的知名度逐渐增加，可能是由于市场推广活动的增加、品牌形象的塑造或良好的口碑传播。在调研数据中，我们可以看到品牌知名度得分在整个时间范围内呈现稳步增长的趋势，尤其在 2023 年初之后增长更为显著。这可能与公司在品牌宣传和市场推广方面的投资有关，同时也反映出客户对品牌的认可度提高了。建议继续加强品牌宣传和市场推广活动，通过积极的营销策略和品牌形象的塑造加强品牌知名度。

基于以上分析结果，针对产品功能和客户体验方面的具体改进建议如下：

1. 改进产品功能:关注客户的反馈和需求,识别产品功能方面的痛点和改进空间。通过不断的研发和创新,提供更多有价值的功能,以满足客户的需求并提升他们的满意度。

2. 优化客户体验:关注客户体验方面的问题,如产品易用性、界面设计、响应速度等。通过客户测试和反馈收集,识别客户体验瓶颈并进行改进,以提供更流畅、友好和直观的客户体验。

3. 加强客户支持和服务:提供及时有效的客户支持和售后服务,确保客户在使用产品的过程中能够得到及时的帮助和支持。积极回应客户的反馈和投诉,并不断改进客户支持流程,以提升整体客户体验和产品满意度。

这些改进建议是基于产品满意度和品牌知名度的调研数据分析,并旨在进一步提升产品质量和客户体验,从而增强客户对产品的满意度和品牌的认可度。请注意,具体的改进策略应根据实际情况和客户的反馈进行定制化,并持续关注市场趋势和竞争动态,以保持竞争力和持续改进。

AI ChatGPT

步骤 4:竞争对手分析。

任务 1:生成一份竞争对手的市场表现图表,包括竞争对手的市场份额、销售额和产品特点等。图表应以时间为轴,显示过去一年中竞争对手的变化情况。

AI 请提供一份图表,显示过去一年中竞争对手的市场份额、销售额和产品特点等变化情况。

AI 很抱歉,作为文本模型,我无法直接提供图表。但是,我可以为您提供一个示例表格,以显示过去一年中竞争对手的市场份额、销售额和产品特点等变化情况。您可以根据需要将其转换为图表形式。
```
竞争对手市场份额、销售额和产品特点变化情况

| 竞争对手 | 市场份额变化 | 销售额变化 | 产品特点 |
| -------- | ------------ | ---------- | -------- |
| 竞争对手 A | +2% | +5% | 强调创新技术、高性能和定制化解决方案 |
| 竞争对手 B | -3% | -2% | 低价策略、广泛的产品线和强大的分销网络 |
| 竞争对手 C | +1% | +3% | 环保和可持续发展的产品、注重客户体验和个性化定制 |
| 竞争对手 D | -1% | +1% | 专注于高端市场、品牌认可度高和卓越的售后服务 |
| 竞争对手 E | +4% | +6% | 独特的设计和外观、强调品牌形象和品质 |
| 竞争对手 F | -2% | -4% | 多渠道销售策略、注重市场营销和广告推广 |
| 竞争对手 G | +3% | +2% | 大规模生产、低成本优势和全球供应链 |
```

竞争对手 H	+1%		+3%		定位于中高端市场、注重品牌形象和高品质材料
竞争对手 I	−1%		−1%		突出产品创新、个性化定制和与其他设备的互联互通
竞争对手 J	+2%		+4%		强调用户友好性、易操作和智能功能

```

这个示例表格显示了过去一年中竞争对手的市场份额、销售额和产品特点等变化情况。您可以根据实际数据进行相应的修改和调整，以便更准确地反映竞争对手的情况。

请注意，这只是一个示例表格，实际数据可能会有所不同。您可以根据您的实际数据和需求进行相应的修改和调整。

AI ChatGPT

任务 2：根据市场趋势预测结果，提出针对竞争对手的战略建议，同时这些战略建议对我们公司亦有借鉴意义。战略建议应涵盖市场定位、产品开发、营销策略等方面，并结合市场趋势预测结果进行论证。

AI 请根据市场趋势预测结果，提出针对竞争对手的战略建议，包括市场定位、产品开发、营销策略等方面。在建议过程中，请结合市场趋势预测结果进行论证，并给出相应的数据支持和推理。

AI 基于市场趋势预测结果，以下是一些建议，包括市场定位、产品开发和营销策略等方面：

1. 市场定位：

　　– 基于市场份额和销售额的预测，竞争对手 A 目前处于市场领先地位，并且具有较高的客户满意度。因此，竞争对手 A 可以进一步巩固其领先地位，将公司定位为高端产品和优质服务的提供者。这可以通过强调产品质量、创新和个性化定制等方面来实现。

　　– 竞争对手 B 目前虽然市场份额较高，但客户满意度相对较低。在市场定位方面，竞争对手 B 可以着重改善产品质量和提升客户体验，以争取更高的市场份额。此外，竞争对手 B 可以寻求差异化定位，如专注于特定的细分市场或提供独特的产品特性，以增加吸引力。

　　– 竞争对手 C、D、E 目前的市场份额较低，但客户满意度相对较高。在市场定位方面，这些公司可以选择专注于特定的细分市场或特定的产品特点，以建立自己的差异化优势。此外，他们可以加强市场推广和品牌宣传，提高知名度和市场认可度。

2. 产品开发：

　　– 竞争对手 A 可以利用其市场领先地位和较高的销售额，进一步开发和推出创新产品。这可以通过市场调研和客户反馈来确定新产品需求，并关注技术创新、功能改进和产品个性化等方面。

　　– 竞争对手 B 可以将产品开发的重点放在提升产品质量和客户体验上。通过改进现有产品的功能、设计和性能，以及提供更好的售后服务，竞争对手 B 可以提高产品竞争力并吸引更多客户。
```

－ 竞争对手 C、D、E 可挖掘、开发与客户满意度高相关的产品特点。通过深入了解目标客户的需求和偏好，这些公司可以开发符合市场需求的新产品，并在市场中寻找空缺点和机会。

3. 营销策略：

－ 竞争对手 A 可以继续强调其产品的高质量和优质服务，并通过市场推广和品牌建设来增强市场认可度。竞争对手 A 可以利用客户满意度高的优势，通过积极的口碑营销和客户推荐来扩大市场份额。

－ 竞争对手 B 可以通过改善产品质量和客户体验来提升客户满意度，并加强品牌形象的塑造。通过积极的市场推广、广告宣传和社交媒体营销等手段，竞争对手 B 可以增加品牌曝光度和市场份额。

－ 竞争对手 C、D、E 可以通过加强市场推广、提供增值服务和与客户建立更紧密的联系来提升市场份额。这可以包括通过社交媒体、影响者营销、客户关怀计划等方式来与客户互动，增加品牌忠诚度和口碑传播。

需要注意的是，以上建议仅基于模拟数据和市场趋势预测，实际的市场环境可能存在不确定性和变化。在制定具体战略时，建议结合实际市场调研、竞争分析和客户洞察等更全面的数据，以确保战略的有效性和适应性。

AI ChatGPT

通过以上步骤和任务的设计，可以引导大语言模型在产品分析和决策制定过程中发挥作用。通过提供具体的问题、图表、图像和文字，可以使大语言模型更好地理解问题背景和数据上下文，从而提供准确、有用的回答和建议。使用者可以根据具体需求和数据特点，灵活调整、优化问题和任务的设计，以进一步提高产品分析和决策实践的效果。

6.2 案例：销售数据分析与挖掘（SQL）

SQL（Structured Query Language）是一种功能强大的语言，可用于各种数据分析和挖掘任务，如数据探索、数据清洗、数据可视化、数据关联分析、数据分类、数据聚类、数据预测等。在实际应用中，SQL 可以与其他数据分析工具和技术相结合，发挥更大的威力。例如，它可以与数据挖掘工具结合使用，进行更深入的数据挖掘分析。其应用涉及众多领域，包括零售业、金融业、制造业、医疗保健和政府等。基于 SQL 的数据分析和挖掘是一门实用性强的技术，能够帮助企业和组织做出更好的决策。

在微软示例数据库 AdventureWorks 中，我们可以利用四个表 Customer、Product、SalesOrderHeader、SalesOrderDetail，以及这些表中的数据来展示如何通过与 ChatGPT 等大语言模型进行对话来使用基于 SQL 的数据分析和挖掘技术。

通过 ChatGPT 等大语言模型，我们可以提出针对数据的复杂查询。

①查询销售额最高的产品，以便了解最受欢迎的产品类型。

②分析客户购买模式，找出购买最频繁的客户群体，以制定有针对性的市场策略。

③根据销售订单数据，预测未来销售趋势，以帮助企业做出准确的销售预测和库存管理决策。

④通过关联分析，发现产品之间的关联关系，以提供交叉销售的建议。

对于上述查询和分析，可以使用 SQL 语句来实现。通过将大语言模型与 SQL 进行结合，可以构建复杂的查询语句，从而实现高级的数据分析和挖掘任务。

通过大语言模型与 SQL 的结合可以为企业和组织提供实时而准确的数据分析结果，从而帮助决策者做出更明智的决策。通过与大语言模型的对话，可以探索和理解数据的内在规律，并从中获得洞察力，以优化业务流程、改进产品和服务，并提高组织的绩效。

本案例在 SQL Server2012 上执行演示，建立一个测试数据库，如 ChatGPTSQL。

（1）创建表

首先，创建 Customer、Product、SalesOrderHeader、SalesOrderDetail 四个表。

SalesOrderHeader（销售订单头表）

列：[SalesOrderID,RevisionNumber,OrderDate,DueDate,ShipDate,Status,OnlineOrderFlag,SalesOrderNumber,PurchaseOrderNumber,AccountNumber,CustomerID,SalesPersonID,TerritoryID,BillToAddressID,ShipToAddressID,ShipMethodID,CreditCardID,CreditCardApprovalCode,CurrencyRateID,SubTotal,TaxAmt,Freight,TotalDue,Comment,rowguid,ModifiedDate]

SalesOrderDetail（销售订单明细表）

列：[SalesOrderID,SalesOrderDetailID,CarrierTrackingNumber,OrderQty,ProductID,SpecialOfferID,UnitPrice,UnitPriceDiscount,LineTotal,rowguid,ModifiedDate]

Customer（顾客表）

列：[CustomerID,PersonID,StoreID,TerritoryID,AccountNumber,rowguid,ModifiedDate]

Product（产品表）

列：[ProductID,Name,ProductNumber,MakeFlag,FinishedGoodsFlag,Color,SafetyStockLevel,ReorderPoint,StandardCost,ListPrice,Size,SizeUnitMea

sureCode,WeightUnitMeasureCode,Weight,DaysToManufacture,ProductLi
ne,Class,Style,ProductSubcategoryID,ProductModelID,SellStartDate,Sell
EndDate,DiscontinuedDate,rowguid,ModifiedDate]
使用上面的表和列创建一个有效的数据库架构。

AI 基于提供的表和列信息，可以创建以下有效的数据库架构：

```sql
CREATE TABLE SalesOrderHeader (
    SalesOrderID INT PRIMARY KEY,
    RevisionNumber INT,
    OrderDate DATE,
    DueDate DATE,
    ShipDate DATE,
    Status VARCHAR(50),
    OnlineOrderFlag BIT,
    SalesOrderNumber VARCHAR(25),
    PurchaseOrderNumber VARCHAR(25),
    AccountNumber VARCHAR(25),
    CustomerID INT,
    SalesPersonID INT,
    TerritoryID INT,
    BillToAddressID INT,
    ShipToAddressID INT,
    ShipMethodID INT,
    CreditCardID INT,
    CreditCardApprovalCode VARCHAR(25),
    CurrencyRateID INT,
    SubTotal DECIMAL(18, 2),
    TaxAmt DECIMAL(18, 2),
    Freight DECIMAL(18, 2),
    TotalDue DECIMAL(18, 2),
    Comment VARCHAR(MAX),
    rowguid UNIQUEIDENTIFIER,
    ModifiedDate DATETIME
);

CREATE TABLE SalesOrderDetail (
    SalesOrderID INT,
    SalesOrderDetailID INT,
    CarrierTrackingNumber VARCHAR(25),
    OrderQty INT,
    ProductID INT,
    SpecialOfferID INT,
    UnitPrice DECIMAL(18, 2),
    UnitPriceDiscount DECIMAL(18, 2),
```

```
  LineTotal DECIMAL (18, 2),
  rowguid UNIQUEIDENTIFIER,
  ModifiedDate DATETIME,
  PRIMARY KEY (SalesOrderID, SalesOrderDetailID),
  FOREIGN KEY (SalesOrderID) REFERENCES SalesOrderHeader (SalesOrderID),
  FOREIGN KEY (ProductID) REFERENCES Product (ProductID)
);

CREATE TABLE Customer (
  CustomerID INT PRIMARY KEY,
  PersonID INT,
  StoreID INT,
  TerritoryID INT,
  AccountNumber VARCHAR (25),
  rowguid UNIQUEIDENTIFIER,
  ModifiedDate DATETIME
);

CREATE TABLE Product (
  ProductID INT PRIMARY KEY,
  Name VARCHAR (50),
  ProductNumber VARCHAR (25),
  MakeFlag BIT,
  FinishedGoodsFlag BIT,
  Color VARCHAR (15),
  SafetyStockLevel SMALLINT,
  ReorderPoint SMALLINT,
  StandardCost DECIMAL (18, 2),
  ListPrice DECIMAL (18, 2),
  Size VARCHAR (10),
  SizeUnitMeasureCode CHAR (3),
  WeightUnitMeasureCode CHAR (3),
  Weight DECIMAL (18, 2),
  DaysToManufacture INT,
  ProductLine CHAR (2),
  Class CHAR (2),
  Style CHAR (2),
  ProductSubcategoryID INT,
  ProductModelID INT,
  SellStartDate DATE,
  SellEndDate DATE,
  DiscontinuedDate DATE,
  rowguid UNIQUEIDENTIFIER,
  ModifiedDate DATETIME
```

```
);
```
```

在上述架构中，每个表都有适当的列定义，使用了适当的数据类型和长度。外键关系建立了 'SalesOrderHeader' 和 'SalesOrderDetail' 表之间的关联，以及 'SalesOrderDetail'表和'Product'表之间的关联。每个表都有适当的主键定义，以确保数据的唯一性和完整性。

ChatGPT

创建表后，可以将 AdventureWork 数据导入 ChatGPTSQL 库中，或者不创建表，直接使用 Select into 在导入数据的同时创建表。语句如下：

```sql
SELECT *
INTO Customer
FROM AdventureWorks2012.Sales.Customer
```

(2)构建查询

当需要从数据库中检索特定数据时，可以使用 SQL 进行查询。SQL 是一种用于管理关系型数据库的标准化语言。SQL 查询语句非常灵活，可以根据具体需求进行扩展和定制，还可以使用各种条件、逻辑运算符和函数等来实现更复杂的查询，如构建查询可获取每位顾客的购买总额。

SalesOrderHeader（销售订单头表）
列:[SalesOrderID,RevisionNumber,OrderDate,DueDate,ShipDate,Status,OnlineOrderFlag,SalesOrderNumber,PurchaseOrderNumber,AccountNumber,CustomerID,SalesPersonID,TerritoryID,BillToAddressID,ShipToAddressID,ShipMethodID,CreditCardID,CreditCardApprovalCode,CurrencyRateID,SubTotal,TaxAmt,Freight,TotalDue,Comment,rowguid,ModifiedDate]
SalesOrderDetail（销售订单明细表）
列:[SalesOrderID,SalesOrderDetailID,CarrierTrackingNumber,OrderQty,ProductID,SpecialOfferID,UnitPrice,UnitPriceDiscount,LineTotal,rowguid,ModifiedDate]
Customer（顾客表）
列:[CustomerID,PersonID,StoreID,TerritoryID,AccountNumber,rowguid,ModifiedDate]
Product（产品表）
列:[ProductID,Name,ProductNumber,MakeFlag,FinishedGoodsFlag,Color,SafetyStockLevel,ReorderPoint,StandardCost,ListPrice,Size,SizeUnitMea
```

> sureCode,WeightUnitMeasureCode,Weight,DaysToManufacture,ProductLi
> ne,Class,Style,ProductSubcategoryID,ProductModelID,SellStartDate,Sell
> EndDate,DiscontinuedDate,rowguid,ModifiedDate]
> 创建一个 SQL Server 查询，以获取每位顾客的购买总额。

AI
以下是一个使用 SQL Server 查询获取每位顾客购买总额的示例：
```sql
SELECT
  C.CustomerID,
  SUM(SOH.TotalDue) AS TotalPurchaseAmount
FROM
  Customer C
JOIN
  SalesOrderHeader SOH ON C.CustomerID = SOH.CustomerID
GROUP BY
  C.CustomerID;
```
这个查询使用了'JOIN'语句将'Customer'表和'SalesOrderHeader'表连接起来，
并根据'CustomerID'字段进行关联。然后，使用'SUM'函数计算每位顾客的购买总
额，并使用'GROUP BY'子句将结果按顾客分组。查询结果将返回每位顾客的 ID
及他们的购买总额。

AI ChatGPT

执行结果如图 6-1 所示。

	CustomerID	TotalPurchaseAmount
1	14324	5659.1783
2	22814	5.514
3	11407	59.659
4	28387	645.2869
5	19897	659.6408
6	15675	7963.05
7	24165	3366.7583
8	27036	8.0444
9	18546	32.5754

✅ 查询已成功执行。

图 6-1

（3）插入数据

若要插入一条新的数据，则需要根据具体需求和数据模型的结构提
供相应的信息。

```
CREATE TABLE Customer (
  CustomerID INT PRIMARY KEY,
  PersonID INT,
  StoreID INT,
  TerritoryID INT,
  AccountNumber VARCHAR (25),
  rowguid UNIQUEIDENTIFIER,
  ModifiedDate DATETIME
);
给定上面的数据表结构，生成有效的插入语句，插入 5 行数据。
```

AI

下面是针对 Customer 表的有效插入语句示例，插入 5 行数据：
```sql
INSERT INTO Customer (CustomerID, PersonID, StoreID, TerritoryID,
AccountNumber, rowguid, ModifiedDate)
VALUES
  (1,   101,   201,   301,   'AC10001',   'ABCD-1234-EFGH-5678',
GETDATE ()),
  (2,   102,   202,   302,   'AC10002',   'WXYZ-9876-UVWX-5432',
GETDATE ()),
  (3,   103,   203,   303,   'AC10003',   '1234-5678-ABCD-EFGH',
GETDATE ()),
  (4,   104,   204,   304,   'AC10004',   '5678-ABCD-EFGH-1234',
GETDATE ()),
  (5,   105,   205,   305,   'AC10005',   'EFGH-1234-5678-ABCD',
GETDATE ());
```
以上语句将向 Customer 表插入 5 行数据。每一行的数据包括 CustomerID、PersonID、StoreID、TerritoryID、AccountNumber、rowguid 和 ModifiedDate 字段的值。这些值根据具体需求进行了示例填充。请根据实际情况修改这些值以适应您的数据。

AI ChatGPT

（4）解释 SQL 语句

大语言模型通过其强大的自然语言处理能力和对 SQL 语句的理解，可以解释和解析用户不理解的 SQL 查询语句，提供简明扼要的解释，帮助用户更好地理解和使用数据库查询语言。

```
SELECT
  SOH.SalesOrderID,
  SOH.OrderDate,
  C.CustomerID,
  C.AccountNumber,
  P.ProductID,
```

```
  P.Name AS ProductName,
  SOD.OrderQty,
  SOD.UnitPrice,
  SOD.LineTotal
FROM
  SalesOrderHeader AS SOH
  INNER JOIN SalesOrderDetail AS SOD ON SOH.SalesOrderID =
SOD.SalesOrderID
  INNER JOIN Customer AS C ON SOH.CustomerID = C.CustomerID
  INNER JOIN Product AS P ON SOD.ProductID = P.ProductID
WHERE
  SOH.Status = '5'
  AND P.Color = 'Red'
  AND C.ModifiedDate >= '2008-01-01' AND C.ModifiedDate <=
'2009-09-12'
ORDER BY
  SOH.OrderDate DESC;
```
解释上面的 SQL 语句。

AI 上述 SQL 语句是一个查询语句，用于从 SalesOrderHeader、SalesOrderDetail、Customer 和 Product 四个表中检索数据。以下是对该查询语句的解释：

1. SELECT 子句：指定要检索的列，包括 SalesOrderHeader 表的 SalesOrderID 和 OrderDate，Customer 表的 CustomerID 和 AccountNumber，Product 表的 ProductID 和 Name，以及 SalesOrderDetail 表的 OrderQty、UnitPrice 和 LineTotal。使用 AS 关键字为 Product 表中的 Name 列设置别名 ProductName。

2. FROM 子句：指定要查询的表，包括 SalesOrderHeader 表（使用别名 SOH）、SalesOrderDetail 表（使用别名 SOD）、Customer 表（使用别名 C）和 Product 表（使用别名 P）。

3. INNER JOIN：使用 INNER JOIN 关键字将 SalesOrderHeader、SalesOrderDetail、Customer 和 Product 表连接在一起。使用 ON 关键字指定连接条件：SalesOrderHeader 表的 SalesOrderID 与 SalesOrderDetail 表的 SalesOrderID 相等，SalesOrderHeader 表的 CustomerID 与 Customer 表的 CustomerID 相等，SalesOrderDetail 表的 ProductID 与 Product 表的 ProductID 相等。

4. WHERE 子句：指定筛选条件，包括 SOH.Status = '5'表示订单状态为'5'（假设'5'表示已发货），P.Color = 'Red'表示产品颜色为'Red'，以及 C.ModifiedDate 在指定的日期范围内（2008 年 1 月 1 日至 2009 年 9 月 12 日）。

5. ORDER BY 子句：指定结果排序的方式，使用 SOH.OrderDate DESC 表示按照 OrderDate 降序排序。

该查询语句的目的是检索满足指定条件的已发货订单中，产品颜色为红色的相关信息，包括订单 ID、订单日期、顾客 ID 和账号、产品 ID 和名称、订单数量、单价和总价。最后，按照订单日期降序排列结果。

请注意，上述解释中的条件和日期范围是根据您提供的查询语句进行解释的。如有需要，您可以根据实际情况修改条件和日期范围。

AI ChatGPT

205

（5）按照要求编写查询语句

根据用户的需求和要求，大语言模型可以生成符合要求的查询语句。通过理解用户提供的信息和条件，大语言模型可以构建准确的查询语句，包括选择特定的表、列、条件、排序和限制等，以满足用户的查询需求并返回所需的结果集。

①寻找产品销售额前十的产品名称。

SalesOrderHeader（销售订单头表）

列：[SalesOrderID,RevisionNumber,OrderDate,DueDate,ShipDate,Status,OnlineOrderFlag,SalesOrderNumber,PurchaseOrderNumber,AccountNumber,CustomerID,SalesPersonID,TerritoryID,BillToAddressID,ShipToAddressID,ShipMethodID,CreditCardID,CreditCardApprovalCode,CurrencyRateID,SubTotal,TaxAmt,Freight,TotalDue,Comment,rowguid,ModifiedDate]

SalesOrderDetail（销售订单明细表）

列：[SalesOrderID,SalesOrderDetailID,CarrierTrackingNumber,OrderQty,ProductID,SpecialOfferID,UnitPrice,UnitPriceDiscount,LineTotal,rowguid,ModifiedDate]

Customer（顾客表）

列：[CustomerID,PersonID,StoreID,TerritoryID,AccountNumber,rowguid,ModifiedDate]

Product（产品表）

列：[ProductID,Name,ProductNumber,MakeFlag,FinishedGoodsFlag,Color,SafetyStockLevel,ReorderPoint,StandardCost,ListPrice,Size,SizeUnitMeasureCode,WeightUnitMeasureCode,Weight,DaysToManufacture,ProductLine,Class,Style,ProductSubcategoryID,ProductModelID,SellStartDate,SellEndDate,DiscontinuedDate,rowguid,ModifiedDate]

请找出产品销售额前十的产品名称。

AI 要找出产品销售额前十的产品名称，您可以使用以下 SQL 查询语句：

```sql
SELECT TOP 10
    P.Name AS ProductName,
    SUM(SOD.LineTotal) AS TotalSales
FROM
    SalesOrderDetail AS SOD
    INNER JOIN Product AS P ON SOD.ProductID = P.ProductID
GROUP BY
    P.Name
ORDER BY
    TotalSales DESC;
```

该查询语句使用了 SalesOrderDetail 和 Product 两个表进行 INNER JOIN 连接，

通过产品 ID 将订单明细和产品表关联起来。然后，使用 GROUP BY 子句按照产品名称进行分组，并使用 SUM 函数计算每个产品的销售总额。最后，通过 ORDER BY 子句按照销售总额降序排序结果。

使用 TOP 10 关键字，可以限制结果集只包含销售额排名前十的产品。

请注意，上述查询语句假设销售订单明细表的 LineTotal 列表示订单明细的销售额。如果实际情况不同，请将 LineTotal 替换为正确的列名。

AI ChatGPT

执行结果如图 6-2 所示。

```
SELECT TOP 10
    P.Name AS ProductName,
    SUM(SOD.LineTotal) AS TotalSales
FROM
    SalesOrderDetail AS SOD
    INNER JOIN Product AS P ON SOD.ProductID = P.ProductID
GROUP BY
    P.Name
ORDER BY
    TotalSales DESC;
```

100 %

结果 | 消息

	ProductName	TotalSales
1	Mountain-200 Black, 38	4400592.800400
2	Mountain-200 Black, 42	4009494.761841
3	Mountain-200 Silver, 38	3693678.025272
4	Mountain-200 Silver, 42	3438478.860423
5	Mountain-200 Silver, 46	3434256.941928
6	Mountain-200 Black, 46	3309673.216908
7	Road-250 Black, 44	2516857.314918
8	Road-250 Black, 48	2347655.953454
9	Road-250 Black, 52	2012447.775000
10	Road-150 Red, 56	1847818.628000

图 6-2

②找出产品消费额前十的顾客，以及他们购买最多的前十种产品。

AI 请找出产品消费额前十的顾客，以及他们购买最多的前十种产品。

AI 要找出产品消费额前十的顾客，以及他们购买最多的前十种产品，需要结合 SalesOrderHeader、SalesOrderDetail、Customer 和 Product 四个表进行多表连接和聚合。以下是一个 SQL 查询语句示例：

```sql
SELECT TOP 10
    C.CustomerID,
    C.AccountNumber,
    P.Name AS ProductName,
```

```
    SUM(SOD.LineTotal) AS TotalSales
FROM
    SalesOrderHeader AS SOH
    INNER JOIN SalesOrderDetail AS SOD ON SOH.SalesOrderID =
SOD.SalesOrderID
    INNER JOIN Customer AS C ON SOH.CustomerID = C.CustomerID
    INNER JOIN Product AS P ON SOD.ProductID = P.ProductID
GROUP BY
    C.CustomerID,
    C.AccountNumber,
    P.Name
ORDER BY
    SUM(SOD.LineTotal) DESC;
```

该查询语句使用了 SalesOrderHeader、SalesOrderDetail、Customer 和 Product 四个表进行 INNER JOIN 连接，通过顾客 ID、订单 ID 和产品 ID 将这些表关联起来。然后，使用 GROUP BY 子句按照顾客 ID、顾客账号和产品名称进行分组，并使用 SUM 函数计算每个组合的销售总额。最后，通过 ORDER BY 子句按照销售总额降序排序结果。

使用 TOP 10 关键字，可以限制结果集只包含消费额排名前十的顾客和对应的产品。

请注意，上述查询语句假设销售订单明细表的 LineTotal 列表示订单明细的销售额。如果实际情况不同，请将 LineTotal 替换为正确的列名。

AI ChatGPT

执行结果如图 6-3 所示。

	CustomerID	AccountNumber	ProductName	TotalSales
1	29913	AW00029913	Mountain-200 Black, 42	91916.578761
2	29818	AW00029818	Mountain-200 Black, 38	86836.683325
3	29913	AW00029913	Mountain-200 Silver, 42	83782.892851
4	29818	AW00029818	Mountain-200 Silver, 46	82524.298260
5	29712	AW00029712	Mountain-200 Black, 38	80156.393876
6	29497	AW00029497	Mountain-200 Black, 42	77477.419292
7	29497	AW00029497	Mountain-200 Silver, 42	75093.933852
8	29580	AW00029580	Mountain-200 Black, 46	74219.976420
9	29913	AW00029913	Mountain-200 Silver, 46	74091.598624
10	29818	AW00029818	Mountain-200 Silver, 38	73419.199308

图 6-3

③创建一个统计每个月每位顾客的购买总额报告。

> 请创建一个报告，显示 2008 年每个月每位顾客的购买总额，并按照购买总额升序排序。

要创建一个报告，显示 2008 年每个月每位顾客的购买总额，并按照购买总额升序排序，可以使用 SalesOrderHeader 和 SalesOrderDetail 两个表进行连接和聚合。以下是一个 SQL 查询语句示例：

```sql
SELECT
  YEAR(OrderDate) AS Year,
  MONTH(OrderDate) AS Month,
  CustomerID,
  SUM(LineTotal) AS TotalPurchases
FROM
  SalesOrderHeader
  INNER JOIN SalesOrderDetail ON SalesOrderHeader.SalesOrderID =
SalesOrderDetail.SalesOrderID
WHERE
  YEAR(OrderDate) = 2008
GROUP BY
  YEAR(OrderDate),
  MONTH(OrderDate),
  CustomerID
ORDER BY
  TotalPurchases ASC;
```

该查询语句使用 SalesOrderHeader 和 SalesOrderDetail 两个表进行 INNER JOIN 连接，通过订单 ID 将这两个表关联起来。然后，使用 WHERE 子句筛选出订单日期为 2008 年的数据。

接下来，使用 YEAR 和 MONTH 函数从 OrderDate 列中提取出年份和月份。通过 GROUP BY 子句按照年份、月份和顾客 ID 进行分组，并使用 SUM 函数计算每个组合的购买总额。最后，通过 ORDER BY 子句按照购买总额升序排序结果。

请注意，上述查询语句假设 SalesOrderDetail 表的 LineTotal 列表示订单明细的购买总额。如果实际情况不同，请将 LineTotal 替换为正确的列名。

ChatGPT

执行结果如图 6-4 所示。

(6) 使用临时表的方法

使用临时表是一种有效的方法，可以在数据库查询中暂时存储中间结果。通过创建临时表，可以将复杂的查询拆分为多个步骤，并在每个步骤中将结果存储在临时表中。这样可以简化查询逻辑，提高查询性能，并允许进一步操作和分析存储在临时表中的数据。一旦查询完成，临时表会自动销毁，释放数据库资源。

209

结果 消息

	Year	Month	CustomerID	TotalPurchases
1	2008	7	11636	2.290000
2	2008	7	11639	2.290000
3	2008	7	12034	2.290000
4	2008	1	11306	2.290000
5	2008	2	18704	2.290000
6	2008	1	28776	2.290000
7	2008	7	18730	2.290000
8	2008	4	11207	2.290000
9	2008	5	11231	2.290000
10	2008	7	11308	2.290000
11	2008	3	11203	2.290000
12	2008	4	18292	2.290000
13	2008	5	18734	2.290000

查询已成功执行。

图 6-4

例如，通过大语言模型辅助创建一个报告，并显示过去一年每个月每位顾客的购买总额。

请创建一个报告，显示过去一年每个月每位顾客的购买总额。请使用临时表的方法。

AI

要创建一个报告，显示过去一年每个月每位顾客的购买总额，并使用临时表的方法，可以通过以下步骤来实现：

1. 创建一个临时表，存储过去一年的订单数据并计算每个订单的购买总额。

```sql
CREATE TABLE #TempSales (
    SalesOrderID INT,
    CustomerID INT,
    OrderDate DATE,
    TotalPurchases DECIMAL(18, 2)
);
INSERT INTO #TempSales (SalesOrderID, CustomerID, OrderDate, TotalPurchases)
SELECT
    SOH.SalesOrderID,
    SOH.CustomerID,
    SOH.OrderDate,
    SUM(SOD.LineTotal) AS TotalPurchases
FROM
    SalesOrderHeader AS SOH
    INNER JOIN SalesOrderDetail AS SOD ON SOH.SalesOrderID = SOD.SalesOrderID
WHERE
    OrderDate >= DATEADD(YEAR, -1, GETDATE()) -- 获取过去一年的订单数据
GROUP BY
    SOH.SalesOrderID,
```

```
    SOH.CustomerID,
    SOH.OrderDate;
```

2. 使用临时表查询过去一年每个月每位顾客的购买总额。

```sql
SELECT
    YEAR(OrderDate) AS Year,
    MONTH(OrderDate) AS Month,
    CustomerID,
    SUM(TotalPurchases) AS TotalPurchases
FROM
    #TempSales
GROUP BY
    YEAR(OrderDate),
    MONTH(OrderDate),
    CustomerID
ORDER BY
    Year, Month;
```

3. 最后，记得在使用完临时表后删除它。

```sql
DROP TABLE #TempSales;
```

在以上步骤中，首先创建了一个临时表'#TempSales'，用于存储过去一年订单数据和购买总额。然后，将过去一年的订单数据插入临时表中，并计算每个订单的购买总额。接下来，通过对临时表进行查询和分组，得到每个月每位顾客的购买总额。最后，记得删除临时表以释放资源。

请注意，临时表在会话结束后会自动销毁，不会占用持久化的存储空间。

AI ChatGPT

执行结果（以 2005 年的数据为例）如图 6-5 所示。

	Year	Month	CustomerID	TotalPurchases
1	2005	7	11000	3399.99
2	2005	7	11001	3374.99
3	2005	7	11002	3399.99
4	2005	7	11003	3399.99
5	2005	7	11004	3399.99
6	2005	7	11005	3374.99
7	2005	7	11006	3399.99
8	2005	7	11007	3399.99
9	2005	7	11008	3374.99
10	2005	7	11009	3374.99
11	2005	7	11010	3399.99
12	2005	7	11011	3399.99

图 6-5

(7)创建视图

视图是一种在数据库中定义的虚拟表，基于现有的表或其他视图。通过视图，可以将复杂的查询逻辑封装为简单的可重用对象。通过创建视图可以提供数据的逻辑结构和安全性，隐藏底层表的复杂性，并允许用户以简单的方式查询和访问数据。视图还可以简化数据访问权限的管理，使用户只能看到他们被授权的特定数据，提高数据库的安全性和灵活性。

例如，通过大语言模型辅助创建一个视图来按月份和是否为线上订单汇总销售数据。

> AI 请创建一个报告，显示 2005 年每个月的线上线下总销售额。但是，直接在 SalesOrderHeader、SalesOrderDetail 表上进行此查询会很慢，因为它们包含数百万行。为了加快查询速度，请创建一个视图，按月份和是否为线上订单汇总销售数据。其中，OnlineOrderFlag 等于 0 时为线上，等于 1 时为线下。
>
> AI 为了加快查询速度，可以创建一个视图来按月份和是否为线上订单汇总销售数据。以下是一个示例：
> 1. 创建视图：
> ```sql
> CREATE VIEW sales_summary_view AS
> SELECT
>     YEAR(OrderDate) AS Year,
>     MONTH(OrderDate) AS Month,
>     CASE
>         WHEN OnlineOrderFlag = 0 THEN 'Online'
>         ELSE 'Offline'
>     END AS OrderType,
>     SUM(LineTotal) AS TotalSales
> FROM
>     SalesOrderHeader
>     INNER JOIN SalesOrderDetail ON SalesOrderHeader.SalesOrderID = SalesOrderDetail.SalesOrderID
> WHERE
>     YEAR(OrderDate) = 2005
> GROUP BY
>     YEAR(OrderDate),
>     MONTH(OrderDate),
>     OnlineOrderFlag;
> ```
> 上述代码创建了一个名为'sales_summary_view'的视图。该视图按照年份、月份和订单类型（线上或线下）汇总了 2005 年的销售数据。
> 2. 使用视图进行查询：
> ```sql
> SELECT
> ```

```
    Year,
    Month,
    OrderType,
    TotalSales
FROM
    sales_summary_view
ORDER BY
    Year,
    Month;
```

通过以上查询语句，可以从视图'sales_summary_view'中检索每个月份的线上线下销售总额。查询结果将按照年份和月份排序。

请注意，视图是一个虚拟表，它基于实际表的查询结果。视图的使用可以简化查询，并且可以根据需要进行优化。但请注意，视图的性能取决于其基础表的数据量和查询条件的复杂性。

ChatGPT

执行结果如图 6-6 所示。

	Year	Month	OrderType	TotalSales
1	2005	7	Online	489328.578700
2	2005	7	Offline	473388.163000
3	2005	8	Online	1538408.312138
4	2005	8	Offline	506191.691200
5	2005	9	Offline	473943.031200
6	2005	9	Online	1165897.077776
7	2005	10	Offline	513329.474000
8	2005	10	Online	844720.996270
9	2005	11	Online	2324135.797504
10	2005	11	Offline	543993.405800
11	2005	12	Offline	755527.891400
12	2005	12	Online	1702944.542826

图 6-6

(8) 复杂查询

复杂查询是指在数据库中执行的具有较高复杂度和多步骤操作的查询。复杂查询涉及多个表之间的连接、子查询、聚合函数、条件逻辑和排序等。通过复杂查询，可以实现更灵活、更精确的数据分析和需求提取。复杂查询需要更多的计算资源和执行时间，并需要仔细优化以提高性能和响应速度。合理设计和调优复杂查询可以提升数据库的查询效率和数据处理能力。

①使用函数。

AI 请计算每位顾客的购买总额，按其订单日期排序。要求使用 SUM 窗口函数来实现。

AI 要计算每位顾客的购买总额并按订单日期排序，可以使用 SUM 窗口函数。以下是一个示例查询：

```sql
SELECT
    CustomerID,
    OrderDate,
    SUM(LineTotal) OVER (PARTITION BY CustomerID ORDER BY OrderDate) AS TotalSales
FROM
    SalesOrderHeader
    INNER JOIN SalesOrderDetail ON SalesOrderHeader.SalesOrderID = SalesOrderDetail.SalesOrderID
ORDER BY
    OrderDate;
```

上述查询使用了 SUM 窗口函数，通过 PARTITION BY 子句将数据按照 CustomerID 分区，然后按照 OrderDate 排序。在每个分区内，SUM 窗口函数计算每位顾客的销售总额，并将结果作为一个新的 TotalSales 列返回。

最后，通过 ORDER BY 子句按照订单日期对结果进行排序。

请注意，上述查询假设 SalesOrderDetail 表中的 LineTotal 表示订单明细的销售总额。如果实际情况不同，请将 LineTotal 替换为正确的列名。

AI ChatGPT

执行结果如图 6-7 所示。

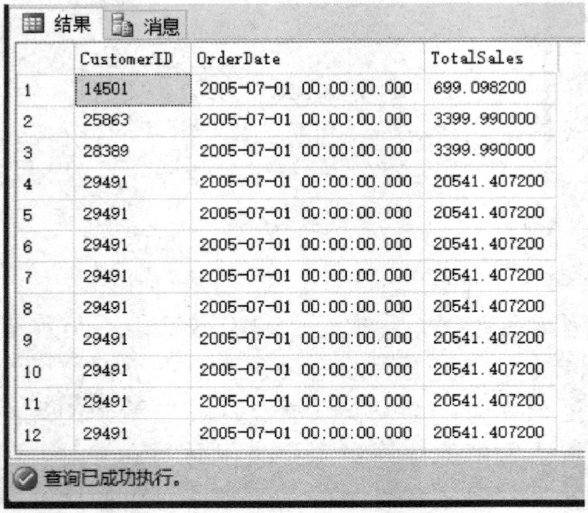

	CustomerID	OrderDate	TotalSales
1	14501	2005-07-01 00:00:00.000	699.098200
2	25863	2005-07-01 00:00:00.000	3399.990000
3	28389	2005-07-01 00:00:00.000	3399.990000
4	29491	2005-07-01 00:00:00.000	20541.407200
5	29491	2005-07-01 00:00:00.000	20541.407200
6	29491	2005-07-01 00:00:00.000	20541.407200
7	29491	2005-07-01 00:00:00.000	20541.407200
8	29491	2005-07-01 00:00:00.000	20541.407200
9	29491	2005-07-01 00:00:00.000	20541.407200
10	29491	2005-07-01 00:00:00.000	20541.407200
11	29491	2005-07-01 00:00:00.000	20541.407200
12	29491	2005-07-01 00:00:00.000	20541.407200

查询已成功执行。

图 6-7

②使用子查询和 HAVING 子句。

> **请计算每个门店的平均销售额，然后找到销售额高于总平均销售额的门店。**
>
> 要计算每个门店的平均销售额，并找到销售额高于总平均销售额的门店，可以使用子查询和 HAVING 子句。以下是一个示例查询：
>
> ```sql
> SELECT
>     c.StoreID,
>     AVG（sod.LineTotal） AS AverageSales
> FROM
>     SalesOrderHeader AS soh
>     INNER JOIN SalesOrderDetail AS sod ON soh.SalesOrderID = sod.SalesOrderID
>     INNER JOIN Customer AS c ON soh.CustomerID = c.CustomerID
> GROUP BY
>     c.StoreID
> HAVING
>     AVG（sod.LineTotal） > （
>         SELECT AVG（LineTotal）
>         FROM SalesOrderDetail
>     ）;
> ```
>
> 上述查询使用了 INNER JOIN 将 SalesOrderHeader、SalesOrderDetail 和 Customer 表连接起来。然后，使用 GROUP BY 子句按门店 ID 分组，并计算每个门店的平均销售额。
>
> 接下来，使用 HAVING 子句筛选出销售额高于总平均销售额的门店。在 HAVING 子句中，使用子查询计算总体销售额的平均值，并将其与每个门店的平均销售额进行比较。
>
> 这样，查询结果将返回每个门店的 ID 和平均销售额，其中只包括销售额高于总平均销售额的门店。
>
> 请注意，上述查询假设 SalesOrderDetail 表中的 LineTotal 表示订单明细的销售总额。如果实际情况不同，请将 LineTotal 替换为正确的列名。

ChatGPT

执行结果如图 6-8 所示。

注意：当回答的结果不正确，特别是字段名等出错时，在提示信息中可以增加表结构加以说明。

③多轮提示解决报错问题。

	StoreID	AverageSales
4	324	999.818390
5	340	1695.868954
6	356	4320.734383
7	372	1574.086840
8	374	2550.179053
9	376	3352.850344
10	390	2485.703600
11	422	1591.486430
12	440	1263.147836
13	442	1230.986494
14	456	1061.485090
15	474	1444.400967

结果 消息

查询已成功执行。

图 6-8

请计算每个门店的总销售额和平均销售额，以及每个门店的畅销产品。

要计算每个门店的总销售额和平均销售额，并找到每个门店的畅销产品，可以使用多个子查询和窗口函数。以下是一个示例查询：

```sql
WITH SalesPerStore AS (
    SELECT
        c.StoreID,
        SUM(sod.LineTotal) AS TotalSales,
        AVG(sod.LineTotal) AS AverageSales
    FROM
        SalesOrderHeader AS soh
        INNER JOIN SalesOrderDetail AS sod ON soh.SalesOrderID =
sod.SalesOrderID
        INNER JOIN Customer AS c ON soh.CustomerID = c.CustomerID
    GROUP BY
        c.StoreID
),
TopSellingProducts AS (
    SELECT
        c.StoreID,
        p.Name AS ProductName,
        SUM(sod.LineTotal) AS TotalSales
    FROM
        SalesOrderHeader AS soh
```

```
        INNER JOIN SalesOrderDetail AS sod ON soh.SalesOrderID =
sod.SalesOrderID
        INNER JOIN Customer AS c ON soh.CustomerID = c.CustomerID
        INNER JOIN Product AS p ON sod.ProductID = p.ProductID
    GROUP BY
        c.StoreID,
        p.ProductID,
        p.Name
    ORDER BY
        c.StoreID,
        TotalSales DESC
),
RankProducts AS (
    SELECT
        StoreID,
        ProductName,
        TotalSales,
        ROW_NUMBER() OVER (PARTITION BY StoreID ORDER BY
TotalSales DESC) AS Rank
    FROM
        TopSellingProducts
)
SELECT
    s.StoreID,
    s.TotalSales,
    s.AverageSales,
    r.ProductName
FROM
    SalesPerStore AS s
    INNER JOIN RankProducts AS r ON s.StoreID = r.StoreID
WHERE
    r.Rank = 1;
```

上述查询使用了多个 CTE（Common Table Expression）来组织查询逻辑。首先，使用 SalesPerStore CTE 计算每个门店的总销售额和平均销售额。

接下来，使用 TopSellingProducts CTE 找到每个门店的畅销产品，并计算其销售额。在此 CTE 中，我们按门店 ID 和销售额进行分组，并按销售额降序排序。

然后，使用 RankProducts CTE 为每个门店的产品排名。我们使用窗口函数 ROW_NUMBER() 来为每个门店的产品生成排名。

最后，通过将 SalesPerStore 和 RankProducts 进行连接，选择排名为 1 的产品作为每个门店的畅销产品。

查询结果将返回每个门店的 ID、总销售额、平均销售额，以及对应的畅销产品。

请注意，上述查询假设 SalesOrderDetail 表中的 LineTotal 表示订单明细的销售总额。如果实际情况不同，请将 LineTotal 替换为正确的列名。另外，可根据具体需求调整查询返回的列和排序方式。

Ⓐ ChatGPT

217

　　代码执行后报错信息如下："消息 1033，级别 15，状态 1，第 30 行，除非另外还指定了 TOP、OFFSET 或 FOR XML，否则 ORDER BY 子句在视图、内联函数、派生表、子查询和公用表表达式中无效"。接下来，通过直接将报错信息复制到大语言模型来继续寻求解决方案。

[AI] 消息 1033，级别 15，状态 1，第 30 行，除非另外还指定了 TOP、OFFSET 或 FOR XML，否则 ORDER BY 子句在视图、内联函数、派生表、子查询和公用表表达式中无效。

AI 抱歉，我之前提供的查询包含了在视图、内联函数、派生表、子查询和公用表表达式中使用 ORDER BY 子句的部分，这是不允许的。

为了解决这个问题，我们可以使用子查询和窗口函数来获取每个门店的总销售额和平均销售额，并在外部查询中进行排序。以下是修改后的示例查询：

```sql
WITH SalesPerStore AS（
    SELECT
        c.StoreID,
        SUM（sod.LineTotal）AS TotalSales,
        AVG（sod.LineTotal）AS AverageSales
    FROM
        SalesOrderHeader AS soh
        INNER JOIN SalesOrderDetail AS sod ON soh.SalesOrderID = sod.SalesOrderID
        INNER JOIN Customer AS c ON soh.CustomerID = c.CustomerID
    GROUP BY
        c.StoreID
)
SELECT
    StoreID,
    TotalSales,
    AverageSales
FROM
    (
        SELECT
            StoreID,
            TotalSales,
            AverageSales,
            ROW_NUMBER（）OVER（ORDER BY TotalSales DESC）AS Rank
        FROM
            SalesPerStore
    ) AS RankedSales
WHERE
    Rank = 1;
```

上述查询将原本的 RankProducts CTE 移除，并在外部查询中使用窗口函数

ROW_NUMBER()来为每个门店的总销售额进行排名。

这样，查询结果将返回每个门店的 ID、总销售额、平均销售额，并按总销售额降序排序，然后选择排名为 1 的记录。

请注意，根据实际情况，你可能需要调整查询的其他部分和返回的列。

AI ChatGPT

上述代码执行后，报错信息如下："StoreID 为 Null"，继续向大语言模型寻求答案。

上述代码执行后，StoreID 为 Null。

AI 非常抱歉，我之前提供的查询可能存在问题。如果 StoreID 为 Null，可能是由于内连接条件中的 SalesOrderHeader 表和 SalesOrderDetail 表之间的关联未匹配到对应的数据，导致某些门店的 StoreID 为 Null。为了解决这个问题，我们可以改为使用左连接来确保获取所有门店的销售数据。以下是修改后的示例查询：

```sql
WITH SalesPerStore AS (
    SELECT
        c.StoreID,
        SUM(sod.LineTotal) AS TotalSales,
        AVG(sod.LineTotal) AS AverageSales
    FROM
        SalesOrderHeader AS soh
        INNER JOIN SalesOrderDetail AS sod ON soh.SalesOrderID = sod.SalesOrderID
        INNER JOIN Customer AS c ON soh.CustomerID = c.CustomerID
    GROUP BY
        c.StoreID
)
SELECT
    StoreID,
    TotalSales,
    AverageSales
FROM
    (
        SELECT
            COALESCE(s.StoreID, c.StoreID) AS StoreID,
            TotalSales,
            AverageSales,
            ROW_NUMBER() OVER (ORDER BY TotalSales DESC) AS Rank
        FROM
            SalesPerStore AS s
            RIGHT JOIN Customer AS c ON s.StoreID = c.StoreID
    ) AS RankedSales
WHERE
    Rank = 1;
```

```
在上述查询中，我们使用了 RIGHT JOIN 将 Customer 表作为主表，以确保获取所有门店的销售数据。通过使用 COALESCE 函数，我们可以在 StoreID 为 Null 时使用 Customer 表中的 StoreID。

这样，查询结果应该能够返回每个门店的 ID、总销售额、平均销售额，并按总销售额降序排序，然后选择排名为 1 的记录。

请注意，根据实际情况，你可能需要调整查询的其他部分和返回的列。如果仍然遇到问题，请提供更多的信息，我将尽力帮助你解决。
```

AI ChatGPT

执行结果如图 6-9 所示。

图 6-9

经过多轮对话顺利解决了报错问题。

（9）透视表

透视表是一种将数据库中的数据按照特定的维度和度量进行汇总和展示的数据报表形式。通过透视表，可以对大量数据进行快速汇总和分析，使数据更易于理解和解读。透视表可以在行和列之间进行数据交叉，并进行聚合、计算和筛选等操作，以便更好地理解数据的关联和趋势。透视表在数据探索、决策支持和报告生成等方面具有广泛的应用场景。

例如，通过大语言模型创建透视表，显示每个门店不同商品的销售额。

创建透视表显示每个门店不同商品的销售额。

AI　基于提供的表结构，我们可以创建一个透视表来显示每个门店不同商品的销售额。以下是示例查询：
```sql
SELECT
    StoreID,
    [Product1] AS Product1Sales,
    [Product2] AS Product2Sales,
    [Product3] AS Product3Sales,
    -- 添加更多产品列...
    [ProductN] AS ProductNSales
FROM
```

```
    (
    SELECT
        c.StoreID,
        p.Name AS ProductName,
        sod.LineTotal
    FROM
        SalesOrderHeader AS soh
        INNER JOIN SalesOrderDetail AS sod ON soh.SalesOrderID
= sod.SalesOrderID
        INNER JOIN Customer AS c ON soh.CustomerID =
c.CustomerID
        INNER JOIN Product AS p ON sod.ProductID = p.ProductID
    ) AS SourceTable
PIVOT
(
    SUM（LineTotal）
    FOR ProductName IN （[Product1], [Product2], [Product3], [ProductN]）
) AS PivotTable;
```

在上述查询中，我们通过连接'SalesOrderHeader'、'SalesOrderDetail'、
'Customer'和'Product'表来获取门店、产品和销售额的相关信息。

然后，使用 PIVOT 操作符来执行透视操作。我们选择产品名称（在示例中为
'Product1'、'Product2'、'Product3'和'ProductN'）作为透视列。

SUM（LineTotal）表示我们想要求和的销售额。

最后，我们将透视后的结果作为 PivotTable，并选择门店 ID（StoreID）及每个产
品的销售额作为透视表的列。

请根据实际情况修改表名、列名和透视列的列表。具体的语法和支持的功能可能因
使用的数据库管理系统而异。

AI ChatGPT

执行结果如图 6-10 所示。

	StoreID	Product1Sales	Product2Sales	Product3Sales	ProductNSales
1	NULL	NULL	NULL	NULL	NULL
2	292	NULL	NULL	NULL	NULL
3	294	NULL	NULL	NULL	NULL
4	296	NULL	NULL	NULL	NULL
5	298	NULL	NULL	NULL	NULL
6	300	NULL	NULL	NULL	NULL
7	302	NULL	NULL	NULL	NULL
8	304	NULL	NULL	NULL	NULL
9	306	NULL	NULL	NULL	NULL

查询已成功执行。 ｜ XWA

图 6-10

（10）One-Hot 编码

One-Hot 编码是一种常用的分类变量编码方法，用于将离散的分类变量转换为二进制的向量表示。在 One-Hot 编码中，每个不同的类别都被表示为一个唯一的二进制向量，其中只有一个元素为 1，表示该类别，其他元素均为 0。

例如，假设有一个分类变量"颜色"，可能的取值有"红色"、"蓝色"和"绿色"，则进行 One-Hot 编码后的结果如下：

- "红色"：[1, 0, 0]
- "蓝色"：[0, 1, 0]
- "绿色"：[0, 0, 1]

One-Hot 编码的优点是能够保留分类变量的无序性，并且在一些机器学习算法中可以得到更好的应用。但是，需要注意的是，如果分类变量的取值数量非常大，进行 One-Hot 编码可能会导致特征空间的维度过大，增加计算的复杂性。在这种情况下，可以考虑使用其他编码方法或进行特征选择等处理。

例如，通过大语言模型对 Product 表进行 One-Hot 编码。

对 Product 表进行 One-Hot 编码。

AI 对于 Product 表进行 One-Hot 编码，你可以使用 SQL 中的 CASE 语句来实现。假设你想对 Product 表中的 `ProductLine` 列进行 One-Hot 编码，以下是一个示例查询：

```sql
SELECT
    ProductID,
    Name,
    ProductNumber,
    -- 添加其他非 One-Hot 编码的列...
    CASE WHEN ProductLine = 'R' THEN 1 ELSE 0 END AS
ProductLine_R,
    CASE WHEN ProductLine = 'S' THEN 1 ELSE 0 END AS
ProductLine_S,
    CASE WHEN ProductLine = 'T' THEN 1 ELSE 0 END AS
ProductLine_T,
    -- 添加更多 ProductLine 的 One-Hot 编码列...
    CASE WHEN ProductLine IS NULL THEN 1 ELSE 0 END AS
ProductLine_NULL
FROM
    Product;
```

在上述查询中，我们为每个可能的 ProductLine 值添加了一个 CASE 语句。如果

ProductLine 的值与 CASE 条件匹配，则生成 1；否则生成 0。这样，每个
ProductLine 的值都会有一个对应的 One-Hot 编码列。

你可以根据实际需要修改查询中的列名和条件。如果有其他需要进行 One-Hot 编
码的列，可以按照相同的方式添加相应的 CASE 语句。

请注意，这只是对 Product 表中的一个列进行 One-Hot 编码的示例。如果你
有多个需要进行编码的列，需要在查询中添加相应的 CASE 语句，还可以使
用其他编程语言或工具来进行 One-Hot 编码，具体方法取决于你使用的环境
和工具。

AI ChatGPT

执行结果如图 6-11 所示。

	ProductID	Name	ProductNumber	ProductLine_R	ProductLine_S	ProductLine_T	ProductLine_NULL
1	1	Adjustable Race	AR-5381	0	0	0	1
2	2	Bearing Ball	BA-8327	0	0	0	1
3	3	BB Ball Bearing	BE-2349	0	0	0	1
4	4	Headset Ball Bearings	BE-2908	0	0	0	1
5	316	Blade	BL-2036	0	0	0	1
6	317	LL Crankarm	CA-5965	0	0	0	1
7	318	ML Crankarm	CA-6738	0	0	0	1

查询已成功执行。　　　　　　　　　　XWAN (11.0 SP1) ︱ XWAN\14899 (57) ︱ ChatGPTSQL ︱ 00:00:00 ︱ 504 行

图 6-11

(11) 购物篮分析

购物篮分析是一种基于客户购买行为的数据分析方法。它通过挖掘
客户购物篮中的商品组合和关联规律，揭示商品之间的潜在关联和购买
模式。购物篮分析可用于推荐系统、市场营销和库存管理等领域。通过
分析客户购买的商品组合和频率，可以发现交叉销售机会、制定促销策
略、提高客户满意度，并优化库存管理和商品摆放策略，以提高业务效
果和实现利润增长。

例如，通过大语言模型对 SalesOrderDetail 表进行购物篮分析。

AI　**对 SalesOrderDetail 表进行购物篮分析。**

AI　要对 SalesOrderDetail 表进行购物篮分析，可以使用 SQL 中的自连接（self-join）
和聚合函数来实现。购物篮分析旨在找出同时购买的产品组合的频率。以下是一个
示例查询：

```sql
SELECT
    t1.ProductID AS Product1,
    t2.ProductID AS Product2,
    COUNT(*) AS Frequency
FROM
    SalesOrderDetail t1
```

223

```
        INNER   JOIN   SalesOrderDetail   t2   ON   t1.SalesOrderID   =
    t2.SalesOrderID
    WHERE
        t1.ProductID < t2.ProductID -- 确保只计算不同的产品组合
    GROUP BY
        t1.ProductID,
        t2.ProductID
    ORDER BY
        Frequency DESC;
    ```
```

在上述查询中，我们使用自连接将 SalesOrderDetail 表与自身连接，通过 SalesOrderID 进行关联，以获取同时出现在同一订单中的产品组合。

通过使用 WHERE 子句中的`t1.ProductID < t2.ProductID`条件，我们确保只计算不同的产品组合，并避免了重复计数。

最后，使用 GROUP BY 子句按照 Product1 和 Product2 对产品组合进行分组，并使用 COUNT(*)计算每个组合的频率。

查询结果将按照频率降序排列，以显示最常见的产品组合。

请根据实际情况修改表名和列名。购物篮分析可以根据具体需求进行进一步的调整和扩展，如添加更多产品列、设置最小支持度和置信度等。

[AI] ChatGPT

执行结果如图 6-12 所示。

| | Product1 | Product2 | Frequency |
|---|---|---|---|
| 1 | 870 | 871 | 1692 |
| 2 | 870 | 872 | 1521 |
| 3 | 712 | 715 | 1172 |
| 4 | 712 | 870 | 1019 |
| 5 | 711 | 712 | 1011 |
| 6 | 708 | 712 | 988 |
| 7 | 921 | 930 | 957 |

查询已成功执行。

图 6-12

(12)时间序列分析

时间序列分析是一种用于研究数据随时间变化的统计方法。通过对时间序列数据的趋势、季节性、周期性和随机性等特征进行建模和分析，可以揭示数据背后的模式、趋势和周期性变化。时间序列分析在经济学、金融学、气象学和市场预测等领域得到了广泛应用。它可以用于预测未来趋势、识别异常事件、制订计划和决策，并提供对时间序列数据的更深入理解，从而帮助使用者进行更准确的预测和决策分析。
```

例如，通过大语言模型辅助实现销售额的时间序列分析，以探索销售趋势、周期性或季节性变化。

进行时间序列分析，并计算每日、每周或每月的平均销售额，以探索销售趋势、周期性或季节性变化。

要进行时间序列分析，并计算每日、每周或每月的平均销售额，以探索销售趋势、周期性或季节性变化，您可以使用 SalesOrderHeader 表中的 OrderDate 列和 SalesOrderDetail 表中的 LineTotal 列。以下是一种可能的查询方法：

```sql
-- 按日计算平均销售额
SELECT
    CONVERT(date, oh.OrderDate) AS OrderDay,
    AVG(od.LineTotal) AS AverageSales
FROM
    SalesOrderHeader oh
    JOIN SalesOrderDetail od ON oh.SalesOrderID = od.SalesOrderID
GROUP BY
    CONVERT(date, oh.OrderDate)
ORDER BY
    OrderDay;
-- 按周计算平均销售额
SELECT
    DATEPART(week, oh.OrderDate) AS OrderWeek,
    AVG(od.LineTotal) AS AverageSales
FROM
    SalesOrderHeader oh
    JOIN SalesOrderDetail od ON oh.SalesOrderID = od.SalesOrderID
GROUP BY
    DATEPART(week, oh.OrderDate)
ORDER BY
    OrderWeek;
-- 按月计算平均销售额
SELECT
    DATEPART(month, oh.OrderDate) AS OrderMonth,
    AVG(od.LineTotal) AS AverageSales
FROM
    SalesOrderHeader oh
    JOIN SalesOrderDetail od ON oh.SalesOrderID = od.SalesOrderID
GROUP BY
    DATEPART(month, oh.OrderDate)
ORDER BY
    OrderMonth;
```

上述查询会根据 OrderDate 列和 LineTotal 列计算每日、每周或每月的平均销售额。您可以根据需要选择使用每日、每周或每月的聚合函数（如 CONVERT、DATEPART 和 AVG）来计算平均销售额。请根据实际情况调整表名和列名，以适应您的数据库结构。

这些查询将为您提供每日、每周或每月的平均销售额，从而帮助您了解销售趋势、周期性或季节性变化。

ChatGPT

执行结果如图 6-13 所示。

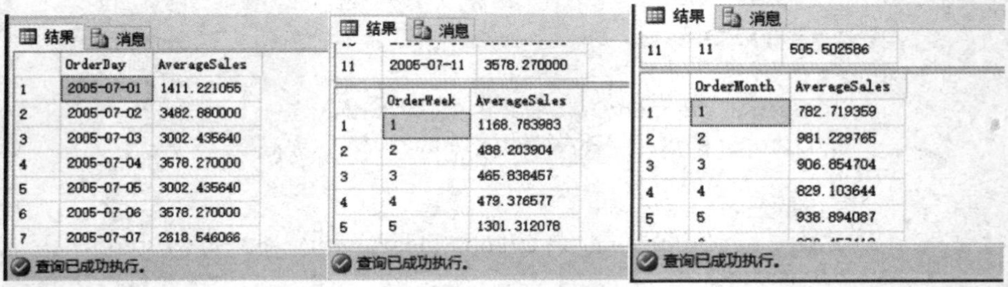

结果 消息

	OrderDay	AverageSales
1	2005-07-01	1411.221055
2	2005-07-02	3482.880000
3	2005-07-03	3002.435640
4	2005-07-04	3578.270000
5	2005-07-05	3002.435640
6	2005-07-06	3578.270000
7	2005-07-07	2618.546066

查询已成功执行。

结果 消息

11	2005-07-11	3578.270000

	OrderWeek	AverageSales
1	1	1168.783983
2	2	488.203904
3	3	465.838457
4	4	479.376577
5	5	1301.312078

查询已成功执行。

结果 消息

11	11	505.502586

	OrderMonth	AverageSales
1	1	782.719359
2	2	981.229765
3	3	906.854704
4	4	829.103644
5	5	938.894087

查询已成功执行。

图 6-13

①移动平均法。

移动平均法是一种常用的时间序列分析方法，用于平滑数据并识别趋势。它通过计算数据点的平均值来减少噪声和波动，从而更清晰地显示数据的长期趋势。移动平均法基于滑动窗口，每次移动窗口一步，重新计算窗口内数据的平均值。这种方法可以消除季节性和短期波动的影响，提供更稳定的趋势线，用于预测和分析数据的长期走势和周期性变化。

请用移动平均法预测最后日期后一日的销售额。

AI 使用移动平均法来预测最后日期后一日的销售额，你需要先计算历史销售额的移动平均值，然后使用该平均值来进行预测。以下是一个示例查询：

```sql
-- 计算历史销售额的移动平均值
SELECT
    DATEADD(dd, 0, DATEDIFF(dd, 0, soh.OrderDate)) AS OrderDate,
    AVG(soh.TotalDue) AS MovingAverage
INTO
    SalesMovingAverage
FROM
    SalesOrderHeader soh
GROUP BY
    DATEADD(dd, 0, DATEDIFF(dd, 0, soh.OrderDate))
```

```
ORDER BY
    OrderDate;
-- 预测最后日期后一日的销售额
DECLARE @LastDate DATE;
DECLARE @MovingAverage DECIMAL(18, 2);
DECLARE @PredictionDate DATE;
-- 获取最后日期
SELECT TOP 1 @LastDate = OrderDate
FROM SalesMovingAverage
ORDER BY OrderDate DESC;
-- 获取最后日期的移动平均值
SELECT TOP 1 @MovingAverage = MovingAverage
FROM SalesMovingAverage
WHERE OrderDate = @LastDate;
-- 计算预测日期
SET @PredictionDate = DATEADD(day, 1, @LastDate);
-- 打印预测结果
SELECT
    @PredictionDate AS PredictionDate,
    @MovingAverage AS SalesPrediction;
```

在上述查询中，我们首先计算历史销售额的移动平均值，并将结果存储在名为
SalesMovingAverage 的临时表中。

然后，我们获取最后日期和对应的移动平均值，并使用 DATEADD 函数计算预测
日期（最后日期后一日）。

最后，我们将预测日期和移动平均值作为结果进行打印。

请注意，移动平均法是一种简单的预测方法，可能无法捕捉到复杂的趋势或季节性
变化。如果你需要更准确的预测，可以考虑使用更高级的时间序列预测方法，如指
数平滑、ARIMA 模型或基于机器学习的方法。这些方法通常需要使用专门的工具
或编程语言进行实现。

[AI] ChatGPT

执行结果如图 6-14 所示。

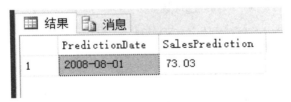

图 6-14

②指数平滑法。

指数平滑法是指通过加权平均的方法对时间序列数据进行平滑处理
和趋势预测，适用于捕捉数据的趋势性变化和短期预测。

SalesOrderHeader（销售订单头表）
列 :[SalesOrderID,RevisionNumber,OrderDate,DueDate,ShipDate,Status,Online OrderFlag,SalesOrderNumber,PurchaseOrderNumber,AccountNumber,CustomerID,SalesPersonID,TerritoryID,BillToAddressID,ShipToAddressID,ShipMethodID,CreditCardID,CreditCardApprovalCode,CurrencyRateID,SubTotal,TaxAmt,Freight,TotalDue,Comment,rowguid,ModifiedDate]
SalesOrderDetail（销售订单明细表）
列 :[SalesOrderID,SalesOrderDetailID,CarrierTrackingNumber,OrderQty,ProductID,SpecialOfferID,UnitPrice,UnitPriceDiscount,LineTotal,rowguid,ModifiedDate]
Customer（顾客表）
列 :[CustomerID,PersonID,StoreID,TerritoryID,AccountNumber,rowguid,ModifiedDate]
Product（产品表）
列 :[ProductID,Name,ProductNumber,MakeFlag,FinishedGoodsFlag,Color,SafetyStockLevel,ReorderPoint,StandardCost,ListPrice,Size,SizeUnitMeasureCode,WeightUnitMeasureCode,Weight,DaysToManufacture,ProductLine,Class,Style,ProductSubcategoryID,ProductModelID,SellStartDate,SellEndDate,DiscontinuedDate,rowguid,ModifiedDate]
进行时间序列分析，请用指数平滑法预测最后日期后一日的销售额。

AI　为了进行时间序列分析并使用指数平滑法预测销售额，我们需要按照以下步骤进行操作：
1. 首先，从销售订单头表（SalesOrderHeader）中获取历史销售数据，包括订单日期（OrderDate）和销售总额（TotalDue）。
2. 使用指数平滑法计算历史销售额的平滑值。指数平滑法的计算公式为平滑值 = α * 当前销售额 +（1 − α）* 上一个平滑值，其中 α 是平滑系数，一般取值在 0 到 1 之间。
3. 将计算得到的平滑值插入到一个临时表中，以备后续使用。
4. 获取最后一个日期的平滑值和日期。
5. 预测最后日期后一日的销售额，即将最后日期的平滑值作为预测值。
6. 输出预测结果。
下面是一个示例查询，演示如何使用指数平滑法预测销售额：

```sql
-- 创建临时表来存储历史销售额的指数平滑值
CREATE TABLE #SmoothedSales (
    OrderDate DATE,
    SmoothedSales DECIMAL (18, 2)
);
-- 计算历史销售额的指数平滑值并插入临时表
DECLARE @Alpha DECIMAL (18, 2) = 0.2; -- 平滑系数
DECLARE @PreviousSmoothedSales DECIMAL (18, 2) = 0; -- 上一个平滑值
INSERT INTO #SmoothedSales (OrderDate, SmoothedSales)
SELECT
    OrderDate,
    CASE
```

```
        WHEN ROW_NUMBER()  OVER  (ORDER  BY  OrderDate) = 1
    THEN TotalDue -- 初始值为第一个销售额
        ELSE   @Alpha   *   TotalDue   +   (1   -   @Alpha)   *
@PreviousSmoothedSales -- 指数平滑计算公式
    END AS SmoothedSales
FROM
    SalesOrderHeader
ORDER BY
    OrderDate;
-- 获取最后日期后一日的平滑值
DECLARE @PredictionDate DATE;
DECLARE @SmoothedSales DECIMAL（18, 2）;
SELECT TOP 1
    @PredictionDate = DATEADD（DAY, 1, OrderDate）,
    @SmoothedSales = SmoothedSales
FROM
    #SmoothedSales
ORDER BY
    OrderDate DESC;
-- 打印预测结果
SELECT
    @PredictionDate AS PredictionDate,
    @SmoothedSales AS SalesPrediction;

-- 删除临时表
DROP TABLE #SmoothedSales;
```
```

**请注意**，这只是一个示例查询，你可能需要根据实际情况调整查询中的表名、列名和
参数。同时，你还可以根据需要调整平滑系数（α）的值来适应你的数据特点。
希望这能帮助你进行时间序列分析和销售额预测。如果你还有其他问题，请随时提问。

AI ChatGPT

执行结果如图 6-15 所示。

移动平均法和指数平滑法在预测结
果上的差异取决于数据集的特征。在本
示例的数据集中，因为近期数据的值较
高，且数据集本身存在趋势，所以出现
了移动平均法预测结果高于指数平滑法

图 6-15

预测结果的情况。如果数据集包含较长期的趋势和非线性模式，那么指
数平滑法更适合，因为它可以更好地捕捉这些特征。然而，如果数据集
中存在较多的噪声或更多的短期波动，那么移动平均法更适合，因为它
可以通过较大的窗口平滑这些噪声。因此，选择哪种方法应该根据数据
集的特点和预测需求进行评估。
```

在本案例中，我们展示了如何与 ChatGPT 等大语言模型对话从而实现使用 SQL 对销售数据进行分析和预测。通过与 ChatGPT 等大语言模型进行对话和应用基于 SQL 的数据分析和挖掘技术，可以为企业和组织提供强大的分析工具，帮助企业和组织更好地理解数据、发现关联关系并做出准确的决策，从而取得竞争优势并实现业务增长。

6.3　项目实战：武汉房价分析（Python）

房价一直是与居民生活息息相关的话题，由于各地政府推出"限购令"，开发商纷纷捂盘销售，导致各地房价暴涨，新房一房难求。近年武汉市政府逐步推进百万大学生落户政策，更是加剧了新房的购买难度。鉴于此，二手房成为诸多购房者的首选目标。本案例以武汉市二手房房价为研究对象，旨在分析二手房房价的影响因素。研究者爬取链家的二手房交易网站数据，根据网页特征提取了小区名称、房屋户型、所在楼层、建筑面积、户型结构、房屋朝向、建成年代、挂牌时间、成交额、单价及优势等 20 个特征作为备用数据。

最终研究者确定了城市、楼盘、名字、房屋布局、面积、价格、总价、朝向、楼层、建成时间、优势共十一个特征作为分析数据。通过查看数据的各个特征值——数据类型和缺失情况，进行数据清洗，处理缺失值和异常值（包括连续性标签和离散标签），去除离群值。最终得到可分析数据，即武汉各个特征值可分析数据 13407 条（如图 6-16 所示）。

	city	name	size	floor	area	dire	buildtime	price_sum	price	advantage
0	武汉	建筑设计院西区	3室1厅1厨2卫	中楼层(共5层)	96	南	1970	307	31812	None
1	武汉	湖北省质量技术监督局	3室2厅1厨1卫	中楼层(共5层)	88	南北	1973	247	27923	该房满五唯一，南北向，省直集中供暖，生活方便，交通便利。
2	武汉	五彩社区	1室1厅1厨1卫	低楼层(共1层)	29	南北	1980	80	27398	房子在一楼，老证税费低，老房子公摊小，准chaiqian房
3	武汉	后补街	1室0厅1厨1卫	低楼层(共2层)	29	南	1980	36	12109	None
4	武汉	安装宿舍	2室1厅1厨1卫	低楼层(共3层)	43	南北	1980	65	14988	此房两证满二 南北通透 采光比较好
...	...	...	...	...	...	...	...	...	...	...
13402	武汉	泛悦城	3室2厅1厨2卫	高楼层(共57层)	120	南北	2021	368	30667	None
13403	武汉	泛悦城	3室2厅1厨2卫	高楼层(共57层)	119	南	2021	380	31678	此房全新精装交付，超 高层的次顶楼，楼层好，视野开阔
13404	武汉	常青花园恒大御景	4室2厅1厨2卫	中楼层(共32层)	140	南	2021	363	25892	恒大御景 南北通透 精装四房 电梯入户 户型方正
13405	武汉	常青花园恒大御景	4室2厅1厨2卫	中楼层(共32层)	140	南	2021	363	25892	恒大御景 南北通透 精装四房 电梯入户 户型方正
13406	武汉	常青花园恒大御景	3室2厅1厨1卫	中楼层(共32层)	106	南	2021	249	23449	None

13407 rows × 10 columns

图 6-16

通过与 ChatGPT 等大语言模型人机协同，分析数据的过程如下所示。

（1）数据清洗与处理

> 下面你作为一名专业的数据分析和挖掘工程师，根据我提供的数据，用 Python 指导我做一个武汉的房价分析，谢谢。

AI 好的，那么我们首先需要收集和整理数据。以下是我建议你采集的数据：

1. 房屋基本信息：房屋所在区域、面积、楼层、朝向、装修情况等；
2. 交通状况：房屋距离地铁站的距离、公交线路、附近主要道路和高速公路等；
3. 周边环境：房屋距离商场、超市、医院、学校等的距离；
4. 历史房价：武汉市过去几年的房价数据，可以从国家统计局或房产中介网站获取。

接下来，我们可以使用 Python 对数据进行分析和挖掘。以下是一个简单的分析示例：

```python
import pandas as pd
import matplotlib.pyplot as plt
# 读取数据
data = pd.read_csv('house_price.csv')
# 数据清洗和预处理
data = data.dropna()   # 去除缺失值
data = data[data['price']>0]   # 去除异常数据
# 探索性数据分析
plt.hist(data['price'], bins=50)
plt.xlabel('Price')
plt.ylabel('Count')
plt.show()
plt.scatter(data['area'], data['price'])
plt.xlabel('Area')
plt.ylabel('Price')
plt.show()
plt.scatter(data['distance'], data['price'])
plt.xlabel('Distance to Subway')
plt.ylabel('Price')
plt.show()
# 建立模型
from sklearn.linear_model import LinearRegression
from sklearn.model_selection import train_test_split
X = data[['area', 'distance']]
y = data['price']
X_train, X_test, y_train, y_test = train_test_split(X, y, test_size=0.2,
random_state=0)
model = LinearRegression()
model.fit(X_train, y_train)
# 模型评估
print('Training Score:', model.score(X_train, y_train))
print('Testing Score:', model.score(X_test, y_test))
# 预测房价
new_data = pd.DataFrame({'area': [80], 'distance': [500]})
```

```
print('Predicted Price:', model.predict(new_data))
```

其中，我们使用 `pandas` 库读取数据，使用 `matplotlib` 库进行数据可视化，使用 `sklearn` 库建立线性回归模型并对模型进行评估。这个例子中，我们使用房屋面积和距离地铁站的距离作为自变量，房价作为因变量，训练一个简单的线性回归模型，并用它来预测一个新的样本的房价。

当然，以上仅仅是一个简单的分析示例，具体的分析和挖掘工作还需要根据实际情况进行调整和优化。

AI ChatGPT

执行代码"data = pd.read_csv('wuhan.csv')"后，报错：Unicode DecodeError: 'utf-8' codec can't decode byte 0xce in position 68: invalid continuation byte。

通过查看 wuhan.csv 发现是该位置空值导致报错，于是继续向大语言模型寻求帮助。

AI

执行语句"data = pd.read_csv("wuhan.csv",encoding='gbk')"后，从 csv 中读取的数据示例如下：

"city name   size floor area dire buildtime price_sum price advantage
0   武汉 建筑设计院西区 3室1厅1厨2卫   中楼层（共5层）96   南 1970 307 31812   None
1   武汉 湖北省质量技术监督局 3室2厅1厨1卫   中楼层（共5层）88 南 北 1973 247 27923   该房满五唯一，南北向，省直集中供暖，生活方便，交通便利。
2   武汉 五彩社区   1室1厅1厨1卫   低楼层（共1层）29   南 北 1980 80 27398   房子在一楼，老证税费低，老房子公摊小，准 chaiqian 房
3   武汉 后补街   1室0厅1厨1卫   低楼层（共2层）29   南 1980 36 12109   None
4   武汉 安装宿舍   2室1厅1厨1卫   低楼层（共3层）43   南 北 1980 65 14988   此房两证满二 南北通透 采光比较好"

请对读取的数据进行过滤，去除面积为 None 的数据。

AI

可以使用 pandas 库的 'dropna()' 函数来去除缺失值，以下是一个示例代码：

```python
import pandas as pd
# 读取数据
data = pd.read_csv("wuhan.csv", encoding='gbk')
# 过滤数据
data = data.dropna(subset=['area'])
# 输出数据
print(data.head())
```

在这个示例中，我们使用 'dropna()' 函数去除缺失值。其中，'subset' 参数指定了要过滤的列，这里我们选择了 'area' 列，表示只保留该列不为空的数据。

AI ChatGPT

代码执行结果如图 6-17 所示。

```
 1  import pandas as pd
 2
 3  # 读取数据
 4  data = pd.read_csv("wuhan.csv", encoding='gbk')
 5
 6  # 过滤数据
 7  data = data.dropna(subset=['area'])
 8
 9  # 输出数据
10  print(data.head())
```

```
  city      name          size      floor        area   dire  buildtime  price_sum  \
0  武汉    建筑设计院西区    3室1厅1厨2卫  中楼层(共5层)    96      南        1970       307
1  武汉  湖北省质量技术监督局  3室2厅1厨1卫  中楼层(共5层)    88     南 北       1973       247
2  武汉     五彩社区       1室1厅1厨1卫  低楼层(共1层)    29     南 北       1980        80
3  武汉      后补街       1室0厅1厨1卫  低楼层(共2层)    29      南        1980        36
4  武汉     安装宿舍      2室1厅1厨1卫  低楼层(共3层)    43     南 北       1980        65

   price              advantage
0  31812                  None
1  27923  该房满五唯一，南北向，省直集中供暖，生活方便，交通便利。
2  27398   房子在一楼，老证税费低，老房子公摊小，准chaiqian房
3  12109                  None
4  14988       此房两证满二 南北通透 采光比较好
```

图 6-17

(2) 词云图

首先，绘制词云图查看小区的命名情况。

> **[AI]** 请读取小区的名字，绘制词云图。
>
> **AI** 可以使用第三方库 'wordcloud' 来绘制词云图。以下是一个示例代码，假设小区名称所在的列为 'name'：
>
> ```python
> import pandas as pd
> from wordcloud import WordCloud
> import matplotlib.pyplot as plt
> # 读取数据
> data = pd.read_csv("wuhan.csv", encoding='gbk')
> # 过滤数据
> data = data.dropna(subset=['name'])
> # 提取小区名称
> names = data['name'].tolist()
> # 制作词云
> wordcloud = WordCloud(background_color='white', width=800, height=600).generate(' '.join(names))
> # 显示词云
> plt.imshow(wordcloud, interpolation='bilinear')
> plt.axis('off')
> plt.show()
> ```

在这个示例中，我们首先使用 pandas 库读取数据，然后使用 'dropna()' 函数过滤掉小区名称为空的数据，接着使用 'tolist()' 函数将小区名称转换为列表，最后使用 'WordCloud' 类绘制词云图并显示出来。你可以根据需要调整词云图的参数，如背景颜色、宽度和高度等。

ChatGPT

代码执行后，发现汉字没有正常显示（如图 6-18 所示），于是继续向大语言模型寻求帮助。

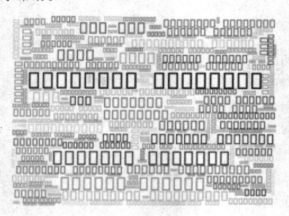

图 6-18

上面的代码中的汉字不能正常显示，全部是方框。小区的名字都是汉字，请重新写上面的代码，谢谢。

AI 如果你的代码中出现了方框，可能是因为默认的字体不支持中文字符。你可以指定一个支持中文字符的字体来解决这个问题。以下是一个示例代码：

```python
import pandas as pd
from wordcloud import WordCloud
import matplotlib.pyplot as plt
# 读取数据
data = pd.read_csv("wuhan.csv", encoding='gbk')
# 过滤数据
data = data.dropna(subset=['name'])
# 提取小区名称
names = data['name'].tolist()
# 制作词云
font_path = 'path/to/your/font.ttf'  # 替换成支持中文字符的字体路径
wordcloud = WordCloud(font_path=font_path, background_color='white',
width=800, height=600).generate(' '.join(names))
# 显示词云
plt.imshow(wordcloud, interpolation='bilinear')
```

```
plt.axis('off')
plt.show()
```

在这个示例中，我们添加了一个 'font_path' 参数来指定支持中文字符的字体路径。你需要将它替换成自己计算机上的字体路径。

AI ChatGPT

修改后的代码执行结果如图 6-19 所示。

图 6-19

从图 6-19 可以发现，代码没有对汉字进行分词，进一步寻求帮助。

AI | 上面的代码可以对中文进行分词吗？

AI | 可以，你可以使用 Python 中的第三方中文文本处理库 'jieba' 来进行中文分词。
以下是一个示例代码：
```python
import pandas as pd
import jieba
from wordcloud import WordCloud
import matplotlib.pyplot as plt
# 读取数据
data = pd.read_csv("wuhan.csv", encoding='gbk')
# 过滤数据
data = data.dropna(subset=['name'])
# 提取小区名称
names = data['name'].tolist()
# 中文分词
text = ' '.join(jieba.cut(' '.join(names)))
# 制作词云
font_path = 'path/to/your/font.ttf'   # 替换成支持中文字符的字体路径
```

```
wordcloud = WordCloud(font_path=font_path, background_color='white',
width=800, height=600).generate(text)
# 显示词云
plt.imshow(wordcloud, interpolation='bilinear')
plt.axis('off')
plt.show()
```

在这个示例中，我们使用 'jieba' 中的 'cut()' 函数将小区名称进行中文分词，然后将分词结果用空格连接成一个字符串。最后使用 'WordCloud' 类绘制词云图并显示出来。

AI ChatGPT

修改后代码的运行结果如图 6-20 所示。

图 6-20

(3) 数据分析与挖掘

首先，统计分析小区的命名偏好。

请对小区的名称进行分词后，统计分析小区的命名偏好。

AI　好的，我们可以使用 'jieba' 库进行中文分词，然后使用 pandas 库进行数据分析。以下是一个示例代码：

```python
import pandas as pd
import jieba
# 读取数据
data = pd.read_csv("wuhan.csv", encoding='gbk')
# 过滤数据
data = data.dropna(subset=['name'])
# 提取小区名称
names = data['name'].tolist()
# 中文分词
words_list = []
for name in names:
```

```
        words = jieba.cut(name)
        words_list.extend(words)
# 统计分析
words_df = pd.DataFrame({'word': words_list})
word_count                                                        =
words_df.groupby('word').size().reset_index(name='count')
word_count = word_count.sort_values('count', ascending=False)
# 输出结果
print(word_count.head())
```
```

在这个示例中，我们使用 'jieba' 库进行中文分词，然后将分词结果存储到一个
列表中。接着，使用 pandas 库将列表转换为 DataFrame,并使用 'groupby()'
和 'size()' 函数对分词结果进行统计分析，最后按照词频从高到低排序。你可
以根据需要调整统计分析的参数，如分词结果中要过滤掉的停用词、统计分析的
排序方式等。

AI ChatGPT

执行结果如图 6-21 所示。

```
        word   count
1461    花园    1812
653     小区    942
474     国际    912
703     常青    850
495     城      791
```

图 6-21

　　下面开始进行数据可视化分析。在分析的过程中，当没有提供分析
的字段名时，大语言模型会根据自己的认知来自行命名字段名，注意要
在生成的代码中换成自己的字段名(如图 6-22 所示)。

图 6-22

237
```

> 请绘制图表，分析房子面积与房价之间的关系。

AI　可以使用 Python 中的 'matplotlib' 库绘制散点图来分析房子面积与房价之间的关系。以下是一个示例代码：
```python
import pandas as pd
import matplotlib.pyplot as plt
# 读取数据
data = pd.read_csv("wuhan.csv", encoding='gbk')
# 过滤数据
data = data.dropna(subset=['area', 'price'])
# 提取面积和价格
area = data['area'].astype('int')
price = data['price'].astype('int')
# 绘制散点图
plt.scatter(area, price)
plt.xlabel('Area')
plt.ylabel('Price')
plt.show()
```

在这个示例中，我们首先使用 pandas 库读取数据，然后使用 'dropna()' 函数过滤掉面积或价格为空的数据。接着，将面积和价格提取出来，并使用 'astype()' 函数将它们转换为整数类型。最后，使用 'scatter()' 函数绘制散点图，并添加横轴和纵轴的标签。你可以根据需要调整散点图的参数，如点的大小、颜色、透明度等。

[AI] ChatGPT

代码执行后报错信息如下："ValueError: invalid literal for int() with base 10: '暂无数据'"，在大语言模型中直接粘贴报错信息，继续寻求帮助。

> 上面的代码报错：ValueError: invalid literal for int() with base 10: '暂无数据'.

AI　这个错误是因为在数据中出现了非数字的字符串 '暂无数据'，导致无法将它转换为整数类型。你需要在提取面积和价格之前，先将这些非数字的字符串过滤掉。以下是修改后的示例代码：
```python
import pandas as pd
import matplotlib.pyplot as plt

# 读取数据
data = pd.read_csv("wuhan.csv", encoding='gbk')
# 过滤数据
data = data.dropna(subset=['area', 'price'])
data = data[(data['area'] != '暂无数据') & (data['price'] != '暂无数据')]
# 提取面积和价格
area = data['area'].astype('int')
```

```
price = data['price'].astype('int')
# 绘制散点图
plt.scatter(area, price)
plt.xlabel('Area')
plt.ylabel('Price')
plt.show()
```

在这个示例中，我们在过滤数据之前，先使用逻辑运算符 '&' 将面积和价格都不为 '暂无数据' 的数据筛选出来。这样就避免了在转换类型时出现非数字的字符串。

AI ChatGPT

修改后的代码和执行结果如图 6-23 所示。

```
1   import pandas as pd
2   import matplotlib.pyplot as plt
3
4   # 读取数据
5   data = pd.read_csv("wuhan.csv", encoding='gbk')
6
7   # 过滤数据
8   data = data.dropna(subset=['area', 'price'])
9   data = data[(data['area'] != '暂无数据') & (data['price'] != '暂无数据')]
10
11  # 提取面积和价格
12  area = data['area'].astype('int')
13  price = data['price'].astype('int')
14
15  # 绘制散点图
16  plt.scatter(area, price)
17  plt.xlabel('Area')
18  plt.ylabel('Price')
19  plt.show()
```

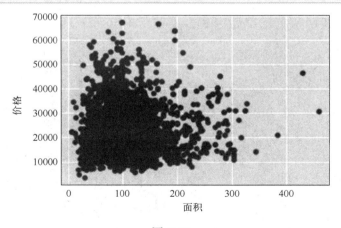

图 6-23

> 请对房屋的建设年份进行分析，字段名为 buildtime，并绘制统计结果柱状图，用中文显示图名为"建设年份统计"。

AI 好的，我们可以使用 pandas 库对房屋建设年份进行统计分析，并使用 'matplotlib' 库绘制柱状图。以下是一个示例代码：

```python
import pandas as pd
import matplotlib.pyplot as plt
# 读取数据
data = pd.read_csv("wuhan.csv", encoding='gbk')
# 过滤数据
data = data.dropna(subset=['buildtime'])
# 统计分析
buildtime_count = data['buildtime'].value_counts()
# 绘制柱状图
plt.rcParams['font.sans-serif'] = ['SimHei']  # 设置中文显示
plt.rcParams['axes.unicode_minus'] = False   # 设置正常显示符号
plt.figure(figsize=(8, 6))
plt.bar(buildtime_count.index, buildtime_count.values)
plt.xlabel('建设年份')
plt.ylabel('数量')
plt.title('建设年份统计')
plt.show()
```

在这个示例中，我们首先使用 pandas 库读取数据，然后使用 'dropna()' 函数过滤掉建设年份为空的数据。接着，使用 'value_counts()' 函数对建设年份进行统计分析。最后，使用 'bar()' 函数绘制柱状图，并添加横轴和纵轴的标签，以及标题。你可以根据需要调整柱状图的参数，如颜色、宽度、标签的旋转角度等。

AI ChatGPT

生成代码的执行结果如图 6-24 所示。

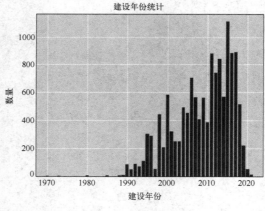

图 6-24

下面继续对房屋的热门户型进行分析。

请对房屋的热门户型进行分析，字段名为 size，并绘制统计结果图，用中文显示图名为"热门户型统计"。

AI

好的，我们可以使用 pandas 库对房屋户型进行统计分析，并使用 'matplotlib' 库绘制图表。以下是一个示例代码：

```python
import pandas as pd
import matplotlib.pyplot as plt
# 读取数据
data = pd.read_csv("wuhan.csv", encoding='gbk')
# 过滤数据
data = data.dropna(subset=['size'])
# 统计分析
size_count = data['size'].value_counts().head(10)
# 绘制柱状图
plt.rcParams['font.sans-serif'] = ['SimHei']  # 设置中文显示
plt.rcParams['axes.unicode_minus'] = False  # 设置正常显示符号
plt.figure(figsize=(8, 6))
plt.bar(size_count.index, size_count.values)
plt.xlabel('户型')
plt.ylabel('数量')
plt.title('热门户型统计')
plt.show()
```

在这个示例中，我们首先使用 pandas 库读取数据，然后使用 'dropna()' 函数过滤掉户型为空的数据。接着，使用 'value_counts()' 函数对户型进行统计分析，并使用 'head()' 函数筛选出前 10 个热门户型。最后，使用 'bar()' 函数绘制柱状图，并添加横轴和纵轴的标签，以及标题。你可以根据需要调整柱状图的参数，如颜色、宽度、标签的旋转角度等。

AI ChatGPT

生成代码的执行结果如图 6-25 所示。

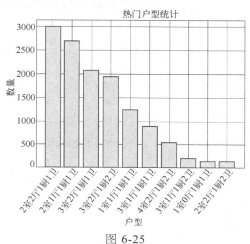

图 6-25

(4)机器学习预测

首先将房屋面积(area)、价格(price)、建设年份(buildtime)的值转换成数值型。

> 请将房屋面积(area),价格(price),建设年份(buildtime)的值转换为"float"类型。
>
> AI 好的,我们可以使用 pandas 库将房屋面积、价格和建设年份的数据类型改为浮点型。以下是一个示例代码:
> ```python
> import pandas as pd
> # 读取数据
> data = pd.read_csv("wuhan.csv", encoding='gbk')
> # 将数据类型改为浮点型
> data['area'] = data['area'].astype(float)
> data['price'] = data['price'].astype(float)
> data['buildtime'] = data['buildtime'].astype(float)
> # 输出数据类型
> print(data.dtypes)
> ```
> 在这个示例中,我们使用 'astype()' 函数将房屋面积、价格和建设年份的数据类型都改为浮点型。最后,使用 'dtypes' 属性输出数据类型。你可以在代码中添加其他操作,如过滤数据或进行其他分析。

ChatGPT

执行上述代码将房屋面积(area)、价格(price)、建设年份(buildtime)的值转换为"float"类型时报错:"ValueError: could not convert string to float: '暂无数据'",继续寻求帮助。

> data['area'] = data['area'].astype(float) 报错:ValueError: could not convert string to float: '暂无数据'
>
> AI 这个错误是因为在数据中出现了非数字的字符串 '暂无数据',导致无法将它转换为浮点型。你需要在将面积改为浮点型之前,先将这些非数字的字符串过滤掉或用其他值进行替换。以下是两个修改方案:
> 方案一:将非数字的字符串替换为缺失值
> ```python
> import pandas as pd
> # 读取数据
> data = pd.read_csv("wuhan.csv", encoding='gbk')
> # 将非数字的字符串替换为缺失值
> data['area'] = data['area'].replace('暂无数据', float('nan'))
> # 将数据类型改为浮点型
> data['area'] = data['area'].astype(float)
> # 输出数据类型
> print(data.dtypes)
> ```

```
```

在这个示例中，我们先使用 'replace()' 函数将面积中的非数字字符串'暂无数据'
替换为缺失值，然后使用 'astype()' 函数将面积改为浮点型。最后，使用 'dtypes'
属性输出数据类型。

方案二：过滤掉非数字的字符串

```python
import pandas as pd
# 读取数据
data = pd.read_csv("wuhan.csv", encoding='gbk')
# 过滤掉非数字的字符串
data = data[data['area'] != '暂无数据']
# 将数据类型改为浮点型
data['area'] = data['area'].astype(float)
# 输出数据类型
print(data.dtypes)
```

在这个示例中，我们使用布尔索引将面积中的非数字字符串 '暂无数据' 过滤掉，
然后使用 'astype()' 函数将面积改为浮点型。最后，使用 'dtypes' 属性输出数
据类型。

AI ChatGPT

按照大语言模型提供的方案一修改代码，执行修改后的代码时报错：
"ValueError: could not convert string to float: 'None'"，继续寻求帮助。

AI │ data['price'] = data['price'].astype(float) 报错：ValueError: could not convert string to float: 'None'

AI │ 这个错误是因为在数据中出现了非数字的字符串 'None'，导致无法将它转换为浮
点型。你需要在将价格改为浮点型之前，先将这些非数字的字符串过滤掉或用其他
值进行替换。以下是两个修改方案：

方案一：将非数字的字符串替换为缺失值

```python
import pandas as pd
# 读取数据
data = pd.read_csv("wuhan.csv", encoding='gbk')
# 将非数字的字符串替换为缺失值
data['price'] = data['price'].replace('None', float('nan'))
# 将数据类型改为浮点型
data['price'] = data['price'].astype(float)
# 输出数据类型
print(data.dtypes)
```

在这个示例中，我们先使用 'replace()' 函数将价格中的非数字字符串 'None' 替
换为缺失值，然后使用 'astype()' 函数将价格改为浮点型。最后，使用 'dtypes'
属性输出数据类型。

方案二：过滤掉非数字的字符串

```python
```

```
import pandas as pd
# 读取数据
data = pd.read_csv("wuhan.csv", encoding='gbk')
# 过滤掉非数字的字符串
data = data[data['price'] != 'None']
# 将数据类型改为浮点型
data['price'] = data['price'].astype(float)
# 输出数据类型
print(data.dtypes)
```

在这个示例中，我们使用布尔索引将价格中的非数字字符串 'None' 过滤掉，然后使用 'astype()' 函数将价格改为浮点型。最后，使用 'dtypes' 属性输出数据类型。

AI ChatGPT

按照提供的方案一修改代码，执行结果如图 6-26 所示。

```
1  import pandas as pd
2
3  # 读取数据
4  data = pd.read_csv("wuhan.csv", encoding='gbk')
5
6  # 将非数字的字符串替换为缺失值
7  data['area'] = data['area'].replace('暂无数据', float('nan'))
8  |
9  # 将非数字的字符串替换为缺失值
10 data['price'] = data['price'].replace('None', float('nan'))
11
12 # 将数据类型改为浮点型
13 data['area'] = data['area'].astype(float)
14 data['price'] = data['price'].astype(float)
15 data['buildtime'] = data['buildtime'].astype(float)
16
17 # 输出数据类型
18 print(data.dtypes)
```

```
city         object
name         object
size         object
floor        object
area         float64
dire         object
buildtime    float64
price_sum    int64
price        float64
advantage    object
dtype: object
```

图 6-26

下面开始进行数据准备，本案例增加三个字段"exemption of business tax"、"exemption of double tax" 和 "quality education"，默认值为 0。

将字段 advantage 房屋优势特征中含有"满二"的"exemption of business tax"字段赋值为 1，含有"满五"的"exemption of double tax"字段赋值为 1，含有"教育"的"quality education"字段转换为 1。预测它们对房价的影响。

增加三个字段"exemption of business tax"、"exemption of double tax"和"quality education"，默认值为 0，将字段 advantage 房屋优势特征中含有"满二"的"exemption of business tax"字段赋值为 1，含有"满五"的"exemption of double tax"字段赋值为 1，含有"教育"的"quality education"字段转换为 1。

AI 好的，我们可以使用 pandas 库对数据集进行操作，增加三个新字段并根据房屋优势特征中的关键词进行赋值。以下是一个示例代码：

```python
import pandas as pd

# 读取数据
data = pd.read_csv("wuhan.csv", encoding='gbk')

# 增加三个字段，初始值为 0
data['exemption of business tax'] = 0
data['exemption of double tax'] = 0
data['quality education'] = 0

# 根据关键词赋值
for index, row in data.iterrows():
    if '满二' in row['advantage']:
        data.at[index, 'exemption of business tax'] = 1
    if '满五' in row['advantage']:
        data.at[index, 'exemption of double tax'] = 1
    if '教育' in row['advantage']:
        data.at[index, 'quality education'] = 1

# 输出前 5 行数据
print(data.head())
```

在这个示例中，我们首先使用 'read_csv()' 函数读取数据，然后使用 'assign()' 函数增加三个新字段，并将初始值设置为 0。接着，使用 'iterrows()' 函数遍历数据集，判断每个房屋的优势特征中是否包含关键词，并根据关键词赋值。最后，使用 'head()' 函数输出前 5 行数据。你可以根据需要修改关键词和字段名。

[AI] ChatGPT

　　注意：在执行上述代码时，请注释掉 data = pd.read_csv("wuhan.csv", encoding='gbk')，因为经过前面的步骤，研究者已经对原始的 wuhan.csv 进行了清洗等操作（如图 6-27 所示）。

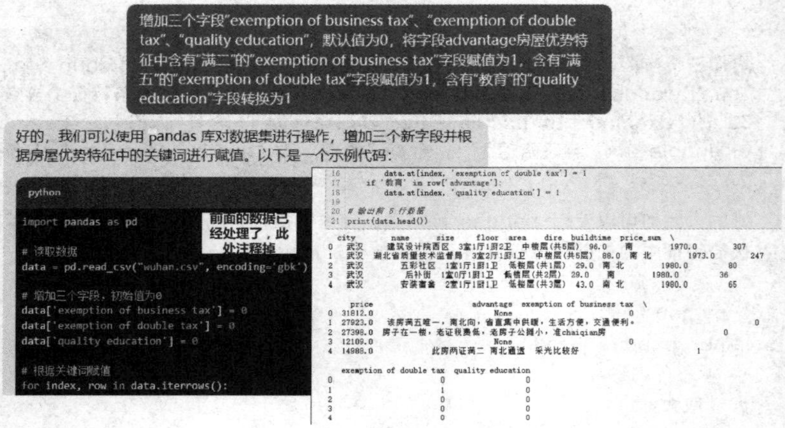

图 6-27

执行结果如图 6-28 所示。

```python
1  import pandas as pd
2
3  # 读取数据
4  #data = pd.read_csv("wuhan.csv", encoding='gbk')
5
6  # 增加三个字段，初始值为0
7  data['exemption of business tax'] = 0
8  data['exemption of double tax'] = 0
9  data['quality education'] = 0
10
11 # 根据关键词赋值
12 for index, row in data.iterrows():
13     if '满二' in row['advantage']:
14         data.at[index, 'exemption of business tax'] = 1
15     if '满五' in row['advantage']:
16         data.at[index, 'exemption of double tax'] = 1
17     if '教育' in row['advantage']:
18         data.at[index, 'quality education'] = 1
19
20 # 输出前 5 行数据
21 print(data.head())
```

```
  city       name         size      floor    area   dire buildtime price_sum \
0 武汉  建筑设计院西区   3室1厅2厨2卫  中楼层(共5层) 96.0   南      1970.0     307
1 武汉 湖北省质量技术监督局 3室2厅1厨1卫  中楼层(共5层) 88.0 南 北    1973.0     247
2 武汉    五彩社区    1室1厅1厨1卫  低楼层(共1层) 29.0   南      1980.0     80
3 武汉    后补街     1室0厅1厨1卫  低楼层(共2层) 29.0   南      1980.0     36
4 武汉    安装宿舍    2室1厅1厨1卫  低楼层(共3层) 43.0 南 北    1980.0     65

    price                advantage  exemption of business tax \
0  31812.0                    None
1  27923.0 该房满五唯一，南北向，省直集中供暖，生活方便，交通便利。              0
2  27398.0 房子在一楼，老证税费低，老房子公摊小，准chaiqian房              0
3  12109.0                    None                             0
4  14988.0     此房两证满二 南北通透 采光比较好                        1

   exemption of double tax  quality education
0                        0                  0
1                        1                  0
2                        0                  0
3                        0                  0
4                        0                  0
```

图 6-28

经过与大语言模型的多轮对话，得到数据如图 6-29 所示。

	city	name	size	floor	area	dire	buildtime	price_sum	price	advantage	exemption of business tax	exemption of double tax	quality education
0	武汉	建筑设计院西区	3室1厅1厨2卫	中楼层(共5层)	96.0	南	1970.0	307	31812.0	None	0	0	0
1	武汉	湖北省质监技术监督局	3室2厅1厨1卫	中楼层(共5层)	88.0	南北	1973.0	247	27923.0	该房满五唯一，南北向，有直接供暖，生活方便，交通便利。	0	1	0
2	武汉	五彩社区	1室1厅1厨1卫	低楼层(共1层)	29.0	南北	1980.0	80	27398.0	房子在一楼，老证税费低，老房子公摊小，池chaiqian房	0	0	0
3	武汉	后补街	1室0厅1厨1卫	低楼层(共1层)	29.0	南	1980.0	36	12109.0	None	0	0	0
4	武汉	安装宿舍	2室1厅1厨1卫	低楼层(共3层)	43.0	南北	1980.0	65	14988.0	此房南证满二 南北通透 采光比较好	1	0	0
...													
13402	武汉	沅悦城	3室2厅1厨2卫	高楼层(共57层)	120.0	南北	2021.0	368	30667.0	None	0	0	0
13403	武汉	沅悦城	3室2厅1厨2卫	高楼层(共57层)	119.0	南	2021.0	380	31678.0	此房全新精装交付，超高层的次顶层，楼层好，现房开口	0	0	0
13404	武汉	常青花园恒大御景	4室2厅1厨2卫	中楼层(共32层)	140.0	南	2021.0	363	25892.0	恒大御景 南北通透 随物四房 电梯入户 户型方正	0	0	0
13405	武汉	常青花园恒大御景	4室2厅1厨2卫	中楼层(共32层)	140.0	南	2021.0	363	25892.0	恒大御景 南北通透 随物四房 电梯入户 户型方正	0	0	0
13406	武汉	常青花园恒大御景	3室2厅1厨1卫	中楼层(共32层)	106.0	南	2021.0	249	23449.0	None	0	0	0

13407 rows × 13 columns

图 6-29

数据准备完成后，进行分析预测。

> **请用** buildtime、price、exemption of business tax、exemption of double tax、quality education，**基于回归模型进行价格（**price**）预测。**
>
> AI 好的，我们可以使用回归模型对房屋价格进行预测。在这个示例中，我们将建设年份、是否免征营业税、是否免征个人所得税、是否有优质教育资源，以及其他因素作为自变量，将房屋价格作为因变量，建立一个多元线性回归模型。以下是一个示例代码：
>
> ```python
> import pandas as pd
> from sklearn.linear_model import LinearRegression
> # 读取数据
> data = pd.read_csv("wuhan.csv", encoding='gbk')
> # 将非数字的字符串替换为缺失值
> data['buildtime'] = data['buildtime'].replace('未知年建', float('nan'))
> data['exemption of business tax'] = data['exemption of business tax'].replace('暂无数据', float('nan'))
> data['exemption of double tax'] = data['exemption of double tax'].replace('暂无数据', float('nan'))
> data['quality education'] = data['quality education'].replace('暂无数据', float('nan'))
> # 将数据类型改为浮点型
> data['buildtime'] = data['buildtime'].astype(float)
> data['exemption of business tax'] = data['exemption of business tax'].astype(float)
> ```

```
data['exemption of double tax'] = data['exemption of double tax'].astype(float)
data['quality education'] = data['quality education'].astype(float)
# 过滤掉缺失值
data = data.dropna(subset=['buildtime', 'exemption of business tax', 'exemption of double tax', 'quality education', 'price'])
# 定义自变量和因变量
X = data[['buildtime', 'exemption of business tax', 'exemption of double tax', 'quality education']]
y = data['price']
# 建立回归模型
model = LinearRegression()
model.fit(X, y)
# 进行预测
new_data = pd.DataFrame({
    'buildtime': [2010],
    'exemption of business tax': [1],
    'exemption of double tax': [0],
    'quality education': [1]
})
predict_price = model.predict(new_data)
print(predict_price)
```
```

在这个示例中，我们首先使用 pandas 库对数据进行预处理，将非数字的字符串替换为缺失值，并将数据类型改为浮点型。然后，使用 'dropna()' 函数过滤掉包含缺失值的行。接着，将建设年份、是否免征营业税、是否免征个人所得税、是否有优质教育资源作为自变量 X，将房屋价格作为因变量 y，建立一个多元线性回归模型。使用 'fit()' 函数对模型进行训练，使用 'predict()' 函数对新数据进行预测。最后，输出预测的房屋价格。你可以根据需要修改自变量和新数据的值。

AI ChatGPT

执行结果如图 6-30 所示。

```
37  predict_price = model.predict(new_data)
38  print(predict_price)
```

[20667.17753738]

图 6-30

注意：在执行上述代码时，请注释掉 data = pd.read_csv("wuhan.csv", encoding='gbk')，因为经过前面的步骤，研究者已经对原始的 wuhan.csv 进行了清洗等操作。

下面，进一步寻求大语言模型的帮助，尝试使用其他机器学习方法。
```

A

能否使用其他的回归模型进行预测？

AI 当然可以！除了线性回归模型，还有很多其他类型的回归模型可以用于对房屋价格进行预测，如决策树回归模型、支持向量回归模型、神经网络回归模型等。每个模型都有其优点和缺点，可以根据具体的需求和数据特征选择合适的模型。以下是一个使用决策树回归模型进行房屋价格预测的示例代码：

```python
import pandas as pd
from sklearn.tree import DecisionTreeRegressor
from sklearn.metrics import mean_squared_error
# 读取数据
data = pd.read_csv("wuhan.csv", encoding='gbk')
# 将非数字的字符串替换为缺失值
data['buildtime'] = data['buildtime'].replace('未知年建', float('nan'))
data['exemption of business tax'] = data['exemption of business tax'].replace('暂无数据', float('nan'))
data['exemption of double tax'] = data['exemption of double tax'].replace('暂无数据', float('nan'))
data['quality education'] = data['quality education'].replace('暂无数据', float('nan'))
# 将数据类型改为浮点型
data['buildtime'] = data['buildtime'].astype(float)
data['exemption of business tax'] = data['exemption of business tax'].astype(float)
data['exemption of double tax'] = data['exemption of double tax'].astype(float)
data['quality education'] = data['quality education'].astype(float)
# 过滤掉缺失值
data = data.dropna(subset=['buildtime', 'exemption of business tax', 'exemption of double tax', 'quality education', 'price'])
# 定义自变量和因变量
X = data[['buildtime', 'exemption of business tax', 'exemption of double tax', 'quality education']]
y = data['price']
# 建立决策树回归模型
model = DecisionTreeRegressor(max_depth=4)
model.fit(X, y)
# 进行预测
new_data = pd.DataFrame({
    'buildtime': [2010],
    'exemption of business tax': [1],
    'exemption of double tax': [0],
    'quality education': [1]
})
predict_price = model.predict(new_data)
print(predict_price)
```

> 在这个示例中，我们使用了决策树回归模型，并使用 'max_depth' 参数限制了决策树的最大深度。其他部分的代码和线性回归模型的示例类似。使用 'predict()' 函数对新数据进行预测，输出预测的房屋价格。你可以根据需要修改模型和参数。

ChatGPT

执行结果如图 6-31 所示。

```
37  })
38  predict_price = model.predict(new_data)
39  print(predict_price)
```

[21980.55279503]

图 6-31

注意：在执行上述代码时，请注释掉 data = pd.read_csv("wuhan.csv", encoding='gbk')，因为经过前面的步骤，研究者已经对原始的 wuhan.csv 进行了清洗等操作。

经过与 ChatGPT 等大语言模型的交互，成功构建了房价预测模型。

6.4 小 结

本章展示了提示工程在数据分析与挖掘中的应用案例。首先，介绍了基于市场数据的产品分析与决策案例，展示了如何通过零代码的方式利用提示工程进行产品数据分析和决策支持。其次，讨论了销售数据分析与挖掘案例，重点介绍了使用 SQL 进行销售数据的查询和分析。最后，通过基于 Python 的武汉房价分析项目实战，展示了如何使用提示工程进行复杂的数据挖掘和分析任务。

案例和项目充分展示了提示工程在数据分析与挖掘领域的强大功能和应用价值。无论是零代码分析、SQL 查询还是 Python 编程，提示工程都能提供实时的指导和支持，帮助数据分析人员更高效地处理和利用数据。通过提示工程，数据分析人员可以从海量的数据中提取有意义的信息和见解，为决策提供有力支撑。

随着数据不断增长和多样化，提示工程在数据分析与挖掘领域的应用将变得越来越重要。它为数据分析人员提供了一个强大的工具，辅助其发现数据中的模式和趋势，进行准确的预测和决策。同时，提示工程的不断创新和发展也将进一步拓宽数据分析与挖掘的应用领域，带来更多的机遇和挑战。

结　　语

随着本书的结束，读者对提示工程和大语言模型的应用与实践有了更深入的了解。希望本书所介绍的内容能够为读者提供有价值的指导，并激发读者对提示工程应用的兴趣和创新思维。

本书力求将复杂的概念和技术以通俗易懂的方式呈现给读者，并通过案例和实践指导，帮助读者更好地掌握和应用提示工程。希望本书能够成为读者学习和实践提示工程的有力工具，帮助读者在工作和研究中取得更好的成果。

在本书的撰写过程中，充分利用 ChatGPT 等强大的语言模型进行了部分改写和润色工作，并通过与大语言模型的互动来完善了部分内容。这种创作方式结合了人类创造力和机器智能的优势，力求为读者呈现一个更加丰富的作品。通过与大语言模型的互动，得以从多个角度获取灵感和意见。大语言模型作为一个高度智能的模型，能够提供丰富的信息和创意，为我们的创作提供新的视角和想法。通过向大语言模型提出问题、寻求建议，甚至进行角色扮演，从而更好地互动，使得创作过程更加富有趣味性和多样性，同时也激发了我们的创造力和想象力。在进行改写和润色时，大语言模型的回复和语言表达能力起到了很大的作用。作者团队将部分初稿输入大语言模型，然后通过与其交流讨论，一起推敲了每个句子的表达方式、调整了语气和修饰词，使得文字更加流畅。大语言模型的反馈和建议也为本书写作提供了宝贵的参考，帮助作者团队做出了更好的决策，提升作品的可读性。当然，尽管大语言模型提供了丰富的灵感和建议，但最终的创作还是需要作者团队的审慎和判断。作者团队对大语言模型的回复进行筛选和调整，确保了本书的质量。

总之，通过与大语言模型的互动，本书得以进行部分改写和润色，进一步提升了本书的可读性。这种人机合作的创作方式不仅丰富了创作过程，也为读者呈现了一个更加易读的作品。相信这样的创作模式将在未来得到更广泛的应用，为各个领域的创新带来更多可能性。

本书从人工智能的发展历程开始，逐步引入了机器学习、深度学习和自然语言处理等基础知识。随后，深入探讨了提示工程的概念、设计原则和评估方法，为读者提供了清晰的指导框架。

在策略和技巧章节中，详细介绍了提高提示信息量、提升一致性，以及其他策略和技巧。通过示例和案例的讲解，读者能够更好地理解和运用这些策略和技巧，为实际问题提供解决方案。

本书还介绍了提示工程的典型应用，包括职场、创作辅助和学习研究等。这些应用场景的案例帮助读者将提示工程与实际问题相结合，发挥其实际价值。

本书特别涵盖了数据分析与挖掘领域中的提示工程应用，并通过具体案例展示了在数据收集、数据清洗、数据探索、数据可视化和建模等方面的实际应用。读者可以通过学习这些案例，了解如何运用提示工程解决数据分析与挖掘中的难题和挑战。

提示工程作为一种创新的方法和技术，提供了更加高效和智能的工具和资源。大语言模型的出现和发展使得提示工程的应用更加广泛和强大。通过合理利用和应用提示工程，能够提升工作效率、增加创造力，并解决实际问题。

未来，提示工程将朝着以下几个方向发展。

①多模态提示：提示工程将与自然语言处理、计算机视觉等其他核心人工智能技术进行融合，实现多模态提示。这将使提示系统能够理解和处理多种感知信号，从而提高提示工程的准确性和灵活性。

②专业化的领域应用：提示工程将延伸至更多领域和场景，为不同行业提供专业化的提示服务。例如，在教育、医疗、金融等领域，提示工程可以提供个性化的学习建议、诊断建议和投资建议等。

③自动化和智能化：提示工程将朝着智能化和自动化方向发展。基于强化学习等技术的自主提示系统，以及能够自动生成高质量提示信息的系统有望应运而生。这些技术的进步将使提示工程更加高效、准确和个性化。

提示工程作为人工智能的重要分支，在其发展中充满着想象空间。随着与其他技术的融合创新、应用领域的拓展，以及核心技术的升级，提示工程必将取得新的进展，并在人工智能领域发挥更大的作用。未来，可以期待多模态提示、专业化的领域应用，以及自动化和智能化的提示系统的不断发展和创新。提示工程的进步将为人们提供更智能、个性化的提示服务，推动人工智能技术的广泛应用和社会进步。

最后，希望本书能够为读者提供启发和帮助，让读者能够更好地理解和应用提示工程。同时，我们也希望读者能够进一步探索和创新，在实践中发现更多提示工程的潜力和可能性。

祝愿大家阅读愉快，愿本书能对您有所启发和帮助！

参 考 文 献

[1] BUBECK S, CHANDRASEKARAN V, ELDAN R, et al. Sparks of artificial general intelligence: Early experiments with gpt-4[J]. arXiv preprint arXiv:2303.12712, 2023.

[2] SUTSKEVER I, VINYALS O, LE Q V. Sequence to sequence learning with neural networks[J]. Advances in neural information processing systems, 2014, 27.

[3] BAHDANAU D, CHO K, BENGIO Y. Neural machine translation by jointly learning to align and translate[J]. arXiv preprint arXiv:1409.0473, 2014.

[4] VASWANI A, SHAZEER N, PARMAR N, et al. Attention is all you need[J]. Advances in neural information processing systems, 2017, 30.

[5] RADFORD A, NARASIMHAN K, SALIMANS T, et al. Improving language understanding by generative pre-training[J]. 2018.

[6] DEVLIN J, CHANG M W, LEE K, et al. Bert: Pre-training of deep bidirectional transformers for language understanding[J]. arXiv preprint arXiv:1810.04805, 2018.

[7] CHURCH K W. Word2Vec[J]. Natural Language Engineering, 2017, 23(1): 155-162.

[8] OUYANG L, WU J, JIANG X, et al. Training language models to follow instructions with human feedback[J]. Advances in Neural Information Processing Systems, 2022, 35: 27730-27744.

[9] DOWLING M, LUCEY B. ChatGPT for (finance) research: The Bananarama conjecture[J]. Finance Research Letters, 2023, 53: 103662.

[10] LOPEZ-LIRA A, TANG Y. Can chatgpt forecast stock price movements? return predictability and large language models[J]. arXiv preprint arXiv:2304.07619, 2023.

[11] QIAN C, CONG X, YANG C, et al. Communicative Agents for Software Development[J]. arXiv preprint arXiv:2307.07924, 2023.

[12] LIM W M, GUNASEKARA A, PALLANT J L, et al. Generative AI and the future of education: Ragnarök or reformation? A paradoxical perspective from management educators[J]. The International Journal of Management Education,

2023, 21（2）: 100790.

[13] ELOUNDOU T, MANNING S, MISHKIN P, et al. Gpts are gpts: An early look at the labor market impact potential of large language models[J]. arXiv preprint arXiv:2303.10130, 2023.

[14] KORINEK A. Language models and cognitive automation for economic research[R]. National Bureau of Economic Research, 2023.

[15] QIN Y, HU S, LIN Y, et al. Tool learning with foundation models[J]. arXiv preprint arXiv:2304.08354, 2023.

[16] VASWANI A, SHAZEER N, PARMAR N, et al. Attention is all you need[J]. Advances in neural information processing systems, 2017, 30.

[17] VAN DIS E A M, BOLLEN J, ZUIDEMA W, et al. ChatGPT: five priorities for research[J]. Nature, 2023, 614（7947）: 224-226.

[18] CONROY G. Scientists used ChatGPT to generate an entire paper from scratch—but is it any good?[J]. Nature, 2023, 619（7970）: 443-444.

[19] DIAO S, WANG P, LIN Y, et al. Active prompting with chain-of-thought for large language models[J]. arXiv preprint arXiv:2302.12246, 2023.

[20] PARANJAPE B, LUNDBERG S, SINGH S, et al. ART: Automatic multi-step reasoning and tool-use for large language models[J]. arXiv preprint arXiv:2303.09014, 2023.

[21] ZHANG Z, ZHANG A, LI M, et al. Automatic chain of thought prompting in large language models[J]. arXiv preprint arXiv:2210.03493, 2022.

[22] SHIN T, RAZEGHI Y, LOGAN IV R L, et al. Autoprompt: Eliciting knowledge from language models with automatically generated prompts[J]. arXiv preprint arXiv:2010.15980, 2020.

[23] WEI J, WANG X, SCHUURMANS D, et al. Chain-of-thought prompting elicits reasoning in large language models[J]. Advances in Neural Information Processing Systems, 2022, 35: 24824-24837.

[24] CHRISTIANO P F, LEIKE J, BROWN T, et al. Deep reinforcement learning from human preferences[J]. Advances in neural information processing systems, 2017, 30.

[25] WEI J, BOSMA M, ZHAO V Y, et al. Finetuned language models are zero-shot learners[J]. arXiv preprint arXiv:2109.01652, 2021.

[26] LIU J, LIU A, LU X, et al. Generated knowledge prompting for commonsense reasoning[J]. arXiv preprint arXiv:2110.08387, 2021.

[27] LIU Z, YU X, FANG Y, et al. Graphprompt: Unifying pre-training and downstream tasks for graph neural networks[C]//Proceedings of the ACM Web Conference 2023. 2023: 417-428.

[28] LI Z, PENG B, HE P, et al. Guiding Large Language Models via Directional Stimulus Prompting[J]. arXiv preprint arXiv:2302.11520, 2023.

[29] HUANG S. Language is not all you need: aligning perception with language models（2023）[J]. arXiv preprint arXiv:2302.14045.

[30] BROWN T, MANN B, RYDER N, et al. Language models are few-shot learners[J]. Advances in neural information processing systems, 2020, 33: 1877-1901.

[31] LONG J. Large Language Model Guided Tree-of-Thought[J]. arXiv preprint arXiv:2305.08291, 2023.

[32] ZHOU Y, MURESANU A I, HAN Z, et al. Large language models are human-level prompt engineers[J]. arXiv preprint arXiv:2211.01910, 2022.

[33] KOJIMA T, GU S S, REID M, et al. Large language models are zero-shot reasoners[J]. Advances in neural information processing systems, 2022, 35: 22199-22213.

[34] TOUVRON H, LAVRIL T, IZACARD G, et al. Llama: Open and efficient foundation language models[J]. arXiv preprint arXiv:2302.13971, 2023.

[35] ZHANG Z, ZHANG A, LI M, et al. Multimodal chain-of-thought reasoning in language models[J]. arXiv preprint arXiv:2302.00923, 2023.

[36] LI X L, LIANG P. Prefix-tuning: Optimizing continuous prompts for generation[J]. arXiv preprint arXiv:2101.00190, 2021.

[37] BORDES A, CHOPRA S, WESTON J. Question answering with subgraph embeddings[J]. arXiv preprint arXiv:1406.3676, 2014.

[38] YAO S, ZHAO J, YU D, et al. React: Synergizing reasoning and acting in language models[J]. arXiv preprint arXiv:2210.03629, 2022.

[39] MIN S, LYU X, HOLTZMAN A, et al. Rethinking the role of demonstrations: What makes in-context learning work?[J]. arXiv preprint arXiv:2202.12837, 2022.

[40] LEWIS P, PEREZ E, PIKTUS A, et al. Retrieval-augmented generation for knowledge-intensive nlp tasks[J]. Advances in Neural Information Processing Systems, 2020, 33: 9459-9474.

[41] KAPLAN J, MCCANDLISH S, HENIGHAN T, et al. Scaling laws for neural

language models[J]. arXiv preprint arXiv:2001.08361, 2020.

[42] WANG X, WEI J, SCHUURMANS D, et al. Self-consistency improves chain of thought reasoning in language models[J]. arXiv preprint arXiv:2203.11171, 2022.

[43] LESTER B, AL-RFOU R, CONSTANT N. The power of scale for parameter-efficient prompt tuning[J]. arXiv preprint arXiv:2104.08691, 2021.

[44] YAO S, YU D, ZHAO J, et al. Tree of thoughts: Deliberate problem solving with large language models[J]. arXiv preprint arXiv:2305.10601, 2023.

[45] WEI J, TAY Y, BOMMASANI R, et al. Emergent abilities of large language models[J]. arXiv preprint arXiv:2206.07682, 2022.

[46] MOLLICK E R, MOLLICK L. Using AI to Implement Effective Teaching Strategies in Classrooms: Five Strategies, Including Prompts[J]. SSRN. doi:10. 2139/ssrn.4391243, 2023.

[47] OWENS B. How Nature readers are using ChatGPT[J]. Nature, 2023, 615(7950): 20-20.

[48] 万欣，夏火松，吴江. 大数据分析与挖掘实用案例教程[M]. 北京：电子工业出版社，2022.

[49] 张奇，桂韬，黄萱菁. 自然语言处理导论[M]. 北京：电子工业出版社，2023.

[50] AGRAWAL A, GANS J, GOLDFARB A. Power and prediction: The disruptive economics of artificial intelligence[M]. Harvard Business Press, 2022.